工智能

俊杰 ◎编著

清華大學出版社

北京

量子计算与人工智能的交叉融合，促使量
好的方式，构建量子人工智能应用。

全书共 13 章，第 1 章和第 2 章系统介绍
分别介绍不同的深度学习方法和在这些算法
神经网络的可学习参数，重构为量子神经网
和第 9 章是量子人工智能的进阶知识，讲
TorchScript 技术进行算子化的内容。第 10
带来可能的量子增强，并分别实现了对材料晶
虚拟筛选中亲和能力的预测及基因表达药物

本书可作为量子人工智能初学者的入门书
人工智能相关工作技术人员的应用指南。

图书在版编目(CIP)数据

量子人工智能/金贤敏，胡俊杰编著. —北京：清华大
ISBN 978-7-302-61919-2

Ⅰ. ①量… Ⅱ. ①金… ②胡… Ⅲ. ①人工智能

中国版本图书馆 CIP 数据核字(2022)第 178346 号

责任编辑：赵佳霓
封面设计：刘 键
责任校对：郝美丽
责任印制：沈 露

出版发行：清华大学出版社
　网　　址：https://www.tup.com.cn，https:/
　地　　址：北京清华大学学研大厦 A 座
　社 总 机：010-83470000
　投稿与读者服务：010-62776969，c-service@tu
　质量反馈：010-62772015，zhiliang@tup.tsingh
　课件下载：https://www.tup.com.cn，010-8347
印 装 者：北京联兴盛业印刷股份有限公司
经　　销：全国新华书店
开　　本：186mm×240mm　　**印　张**：16.75
版　　次：2023 年 6 月第 1 版
印　　数：3001～3500
定　　价：79.00 元

产品编号：093706-01

量子人

金贤敏　胡

内 容 简 介

量子人工智能不断发展。本书旨在采用对深度学习爱好者友

量子计算机发展脉络和量子计算编程的基础知识。第 3～7 章
去逻辑上构建量子启发算法的方式，用量子线路中的相位作为
络算子。这些算子可以在 PyTorch 环境中直接调用。第 8 章
讲解不同量子算法的可行评估方式和量子神经网络基于
～13 章通过在原生的深度学习 PyTorch 环境中引入量子算法，
晶体结构相变过程的搜索、冠状病毒 RNA 序列变异预测、药物
设计等案例。
和 PyTorch 深度学习爱好者的参考书，也可作为从事量子

大学出版社，2023.5（2025.1 重印）

Ⅳ. ①TP18

/www.wqxuetang.com
邮 编：100084
邮 购：010-62786544
.tsinghua.edu.cn
ua.edu.cn
0236

字 数：378 千字
印 次：2025 年 1 月第 4 次印刷

PREFACE
前　言

在20世纪中叶，量子论的建立和不断完善带来了技术的重大突破，耳熟能详的半导体、激光器、核能等都是这一次量子技术革命的产物。在摩尔定律和登纳德缩放比例都逐渐失效的同时，高级应用程序很难再直接受益于芯片性能的飞速提升。另外，信息化不断融入社会的每个角落，以及科学技术的进步，都在不断地产生数据，并产生算力的需求。在这些新增算力需求中，以运行人工智能程序为代表的智能算力占据着主要角色。这一趋势也带来了计算机体系架构的革新，为特定领域语言设计特定领域处理器，以软硬一体的方式带来应用程序运行效率的提升。在这其中，谷歌的TPU、华为的昇腾AI芯片、百度的昆仑AI芯片等不约而同地选择了对神经网络在芯片上的运行进行优化。接下来的十年会是芯片架构设计的黄金时期，这是领域同行的共识。半导体集成电路工艺对AI芯片算力的提升再一次助推智能算力需求，相应地，CPU算法持续提升的瓶颈也是硅电半导体AI处理器的难题。目前正在发生的第二次量子技术革命，产生的量子计算机和量子处理器是摩尔定律瓶颈的有效解决方案。解铃还须系铃人，自然界背后的量子理论定律产生的算力提升难题，只有深刻地认识并加以利用，以物理计算逻辑的革新解决量子物理的限制，才可以真正地再次带来算力飞速提升的黄金时代，而智能算力的极速扩张仍然会是许多年之后社会经济和科学研究的主要诉求，量子人工智能是迎合以上需求的开端。

量子人工智能是以量子物理底层芯片的运行逻辑尝试重新描述人工智能算法和应用。量子计算机已经在特定的问题上表现出相比传统算法和经典计算机的绝对优势，经典计算机也在这些案例的启发下进一步提升了算法实现。科学进步带来的技术发展过程中的曲折，并不影响描述自然规律的语言所揭示的技术方向。量子人工智能是衔接最具潜力的硬件技术与最迫切算力需求场景的必要尝试，也是用新的工具提升现有人工智能方法的有意义的措施。在这个过程中，来自这个领域的专家学者们迫切地希望能够寻找或是开发出新的、更有效的量子算法、AI架构或者更有意义的深入融合。量子人工智能不论在学术界还是工业界都是一颗冉冉升起的新星，上海交通大学和图灵量子技术团队的成员有幸见识到了它的魅力。

在这里，不乏会有一些让高才生或者高级专业技术人员望而却步的难题。软件分层和极简主义的设计风格是一个普适性的解决方案。通过量子神经网络的封装和实现方式的开源，一个受欢迎的量子人工智能框架需要做到易用性和专业性的平衡。易用性是一个因人而异的问题，对于一个量子物理专家，难的或许是人工智能算法，而对于深度学习的开发者，量子纠缠或许又会成为一些人脑子里的死结，这样看来易用性本身是一个与受众群体有关的词汇。相比量子计算编程，深度学习开发者已经颇具规模并形成了自己的生态，PyTorch 更是其中的佼佼者，重新开发一个深度学习工具包并不是最难的，难的是已经形成的开源代码和开发者技能、习惯的培养并不是一时能够改变的。在量子计算领域也有类似的现象，当大家提及量子编程时第一时间想到的、能接触到的专业资料很大概率上会是 IBM 的 Qiskit。同时我们也期待诸如 PaddlePaddle、MindSpore 等国产深度学习工具的用户生态能够不断完善。在现阶段，基于 PyTorch 开发环境构建 Qiskit 风格的量子神经网络开发工具，毫无疑问可以使更大规模的群体从正在进行的开源项目中获益。

以芯片最终要服务于行业场景的观点出发，行业用户和量子算力的解决方案是最终的诉求。以 AI 作为桥梁，量子计算可以使沿用更加成熟的人工智能应用实现的逻辑，通过赋能人工智能技术解决更加广泛的实际问题。作为在深度学习模型中加入量子计算模块，并用于多领域热点问题求解器的示例，我们策划的开源项目中也包含了冠状病毒 RNA 序列变异预测、光伏器件中的吸光材料结构相变搜索、药物设计中的蛋白靶点结合能力预测，以及基因表达用于分子设计等模块揭示量子计算可以在解决实际问题中发挥效用的一些可能性。我们也希望这些开源项目能够成为兴趣爱好者了解量子人工智能算法设计和应用的便捷路径，启发更多想法和方案的诞生，促进国内量子人工智能乃至量子计算行业的蓬勃发展。

在完成全书的过程中，来自图灵量子算法应用部门的靳羽欣、李翔宇、李昱霖、刘丹聃、孙瀛吉、田泽卉、王诗瑜、赵翔、张方言和软件组的徐晓俊等为完善各章节内容均贡献了自己的力量。张方言、郭晓敏、李昱霖在清华大学出版社编辑们的指导和帮助下一同修订了书中文字、代码样式、插图等内容。本书的完成离不开大家的共同努力。

本书主要包括以下内容：

第 1 章介绍量子计算和人工智能的背景。

第 2 章介绍量子计算的基础框架和量子物理知识。

第 3 章介绍经典自编码网络、变分自编码网络、量子自编码网络和案例分析。

第 4 章介绍卷积神经网络、量子卷积神经网络和量子图循环神经网络。

第 5 章介绍注意力机制，主要包括注意力机制背景、量子注意力机制、量子注意力机制代码实现，以及图注意力机制和代码实现。

第 6 章介绍量子对抗网络，主要包括经典生成对抗网络算法、量子对抗自编码网络和完全监督的对抗自编码网络算法等。

第 7 章介绍强化学习的概念与理论，包括什么是强化学习、强化学习方法和基于参数化量子逻辑门的强化学习方法。

第 8 章介绍量子机器学习的模型评估。

第 9 章介绍基于 TorchScript 的量子算子编译，包括术语、类型、类型注释、TorchScript 编译量子模型、自动求导机制和量子算子编译原理等。

第 10 章介绍经典的 StyleGAN 模型、量子 QuStyleGAN 模型及代码、生成表现。

第 11 章介绍强化学习的案例。

第 12 章介绍蛋白靶点亲和能力预测案例。

第 13 章介绍基因表达的案例分析。

附录部分主要介绍构建人工神经网络模型的基础知识。

编　者

2023 年 2 月

本书源代码

CONTENTS

目　录

第1章

量子计算和人工智能

追溯当今文明的起源，技术进步中总是伴随着计算工具的革新。无论是出现在中西方早期文明中的易学术数和神秘学占星术，还是近代欧洲数学家发明的乘法计算机机械装置，都能看到借用可观测、可控的自然系统的规律演化来推演那个时代生活里的大小事情。小到计算时间，大到部落战争，或是生产制造，可触及的角落不缺算术和计算工具的影子。

21世纪以来，科技的发展大步迈入信息时代新技术革命的巅峰，人工智能是涌现出的众多新兴科技中最让人兴奋的，引人无限遐思。过去十年，卷积神经网络在图像分类上的成功应用使深度学习进入人们的视野，生成对抗网络的提出又再次扩展了大家对人工智能处理边界问题的认识，深度强化学习模型 AlphaGo 系列在同专业棋手博弈中的胜利更是使人工智能成为目前社会最流行的科技词汇之一[1]。在那之后，AI 技术席卷各个交叉领域，不但被用于自动驾驶、设计新药物新材料、交通规划、金融交易等领域，GPT-3 和 AlphaFold 更是在自然语言处理和类似数据场景下取得了成功并已经颠覆了特定技术行业。这其中也有新提出的 Transformer 模型和注意力机制发挥作用，而这两者的潜在应用将不只局限在传统自然语言处理任务。

随着经济社会生活信息化程度的不断提高，海量用户数据及多样性的需求都在以超越指数的方式在迭代，这些是人工智能的温床，却导致了支撑这一大厦的底层基石——经典电子比特受到挑战。在过去这些年，集成电路芯片提供的算力一直随着半导体制造工艺的提升以摩尔定律不断迭代。0-1 电子比特需要通过电子能量的控制确定性区分半导体器件的不同状态，随着三星和台积电等先进半导体企业的制造工艺进入 1nm 及以下，制造工艺和芯片运行的能耗提升，更为重要的是，原子半径通常在埃(1/10nm)的尺度下，当制造工艺接近原子半径极限时，量子效应将发挥关键作用，挑战经典物理运行规律，0-1 不再是确定性保持的经典数字信号，反而会转换为纠缠在一起的量子态的线性叠加。

量子物理诞生于20世纪，是举世瞩目众多科学家集体智慧的结晶。大自然的微观物理机制被进一步揭示，经过多次科学论证，量子理论成为当代物理学的基础之一。“二战”后大量优秀科学家在美国汇集，其中犹太裔天才物理学家费曼在一次报告中最早提出，用量子物理演化过程模拟目标物理系统的思想，这被广泛认为是量子计算的原型。量子比特作为高维布洛赫球面上的态向量，在希尔伯特空间下产生了更强的针对数据信息的表示能力，通过量子态在包含可控参数下的演化实行量子程序的高度并行。在某些问题上，遵循量子规律对信息进行计算处理，即使用量子计算机，将拥有远超经典计算机的表现。量子计算真正广为人知是在Shor提出质因数分解算法之后，Shor质因数分解算法相比经典算法的指数加速及其在密码学上广泛而重大的现实意义，使该算法的提出成为量子计算的里程碑[1]。

量子计算机的基础理论早已成熟，并基于计算机体系架构发展了一系列的编程和量子软件编译工具。近年来以中国科学技术大学团队“九章”系列量子计算机、IBM和谷歌公司的超导量子计算机为代表，使量子计算逐渐进入大众视野。理性看待量子计算展现的量子计算优势，并比较不同物理实现目前的局限性，能够更好地深挖有潜力的技术路线。

1.1 量子计算机体系各个物理进展

当前主流量子计算机均采用量子线路模型，量子线路的核心是量子比特(qubit)与量子门(Quantum Gate)的设计与执行。人们研究了许多可能作为量子计算载体的物理系统，如超导线路、离子阱、光晶格、固态自旋、量子点、腔量子电动力学系统、线性光学系统等，但截至目前，超导体系是较成功并广为接受的量子计算物理体系，紧追其后的则是展现了高保真度门操作、较大线路深度的离子阱系统。在量子计算机的硬件实现层面，超导体系与离子阱体系走在了前面。

目前量子计算机硬件已进入NISQ(Noisy Intermediate Scale Quantum)时代，即无检错纠错、中等尺寸(几十个量子比特)的量子计算机，但NISQ距离实际应用尚有距离，使用量子计算机解决实际问题所要求的线路深度，相较于当前量子门的保真度而言，仍显得太大。当前各个物理体系两比特门的保真度勉强做到大于99%，这意味着，倘若需要处理一个实际问题，线路深度将导致量子门的误差逐层累计，最终导致结果的正确率低得不可接受。以谷歌公司2019年演示“量子霸权”的悬铃木量子计算机为例，该超导体系的量子计算机以小于1%的两比特门错误率执行深度为20的量子线路，最终结果的正确率不到五百分之一。谷歌公司的科研人员必须重复运行线路数百万次以获取结果的统计分布，才能从中统计出正确结果。

首先，量子计算机面临的最大问题是退相干(Decoherence)，即环境噪声与量子比特的耦合。相干时间(Coherence Time)是衡量一个物理系统抵抗外界噪声的能力，即系统中的量子比特在噪声影响下退相干之前能维持多长时间。相干时间与量子门执行耗时的比值，直接决定了量子门线路的深度规模。其次，还需要考虑量子门操作的保真度，一般来讲，单比特门保真度大于两比特门保真度，技术层面需要关心的往往是两比特门保真度，下文的保真度默认为两比特门保真度。由于量子门误差随着线路深度的累积，当给定了最终结果的正确率要求时，量子线路深度越大，对门的保真度的要求就越高；或者说，门的保真度越低，能执行的线路深度就越小。量子门操作的保真度和最终结果的正确率要求间接地限制了量子门线路的深度规模。最后，也是最基本的技术问题——量子比特的可扩展性，即最多能制备多少个全连接或至少邻近连接的量子比特，这里所谓的“量子比特的连接”是指能在这两个量子比特之间执行两比特门。综上所述，接下来将从可扩展性、相干时间、量子门保真度、量子门执行耗时这几方面衡量几个主流的量子计算物理体系。

（1）超导体系：作为当前最流行的实现方案之一，IBM 和谷歌公司已经分别实现了 65 量子比特和 54 量子比特的超导量子计算机，如图 1-1 所示。中国科学技术大学团队也实现了 66 量子比特超导量子计算机，如图 1-2 所示。为了减少环境噪声，超导体系必须借助稀释制冷机将超导线路的环境温度冷却到约 20mK[2]，其相干时间为 50～200μs[3]，门操作的执行耗时为 10～50ns，保真度最高可达 99.4%[4]。谷歌的 54 量子比特超导量子计算机只能在阵列中相邻量子比特之间执行两比特门[4]，属于最近邻连接的结构，在邻近连接的意义上可扩展性很好。

图 1-1　封装好的谷歌悬铃木 54 量子比特超导量子计算机

图 1-2　祖冲之号 66 量子比特超导量子计算机

（2）离子阱体系：美国 IonQ 公司和奥地利 AQT 公司分别实现了 79 量子比特和 20 量子比特的离子阱量子计算机。离子，如钙离子 $^{40}Ca^{+}$，以一维离子链的形式被束缚在线性 Paul 势阱中，将每个离子外层价电子的两个长寿命态组成一个量子比特，这种量子比特的相干时间约为 50s。借助离子振动模式之间耦合，以约 99.9% 的保真度实现任意两个量子比特之间的两比特操作，耗时为 3～50μs，但这种全连接两比特门只在离子链长度不太长时成立。

（3）硅量子比特：也称为半导体量子点体系，建立在已经高度成熟的 CMOS 半导体技术基础上，目前实验上实现了简单的两比特体系，相干时间可达秒量级[6]，并且实现了保真度约为 90%，耗时约为 800ps 的快速两比特交换门[5]。得益于半导体领域成熟的微纳制造技术，半导体量子比特有着极佳的扩展性，但在门的保真度方面仍需进一步探索。

（4）光量子体系：利用光子作为量子比特，光子天然适合用于量子信息处理，因光子难以与其他粒子耦合，并且便于远距离传输，而集成光子学技术使光量子体系具有更好的可扩展性，目前已成功在硅基光量子集成线路中实现了保真度 98%的受控非门[7]，但文献[7]中的方案需要的分束器、移相器数目会随着量子比特数呈指数增长，因此只适用于中小规模量子线路。虽然光子自身的性质带来了更长的相干时间，但代价是光量子体系的两比特门难以实现，往往要借助光学非线性晶体或者采用辅助光子测量后选择的方案，而非线性晶体对光子的吸收是损害保真度的一大因素，采用测量后选择方案又需要大量的辅助光子。最后，现有技术下的单光子探测器量子效率并不算高，这将降低量子信息的读出成功率。综合看来，光量子体系仍有许多技术难题亟待解决。

（5）拓扑量子计算体系：尚停留在理论层面，由于理论结果显示了其强大的抗干扰能力，预计量子门操作保真度可达约 99.9999%，人们一直在寻找合适的物理系统以实现拓扑量子计算，其中马约拉纳费米子是有望率先实现该理论方案的体系。

展望未来几十年，一方面，量子计算的发展目标将是依托各种技术进步，发展量子检错纠错、抗干扰技术，逐步实现容错量子计算（FTQC），这个过程可能会十分漫长，甚至耗费数十年；另一方面，也将在现有技术水平的限制下，努力寻找量子计算的应用场景，让 NISQ 量子计算机也能最大化地发挥作用。

1.2 量子线路介绍

HHL 算法（以 3 位算法发明人 Harrow、Hassidim 与 Lloyd 命名）致力于利用量子信息处理的方式求解 $\boldsymbol{Ax}=\boldsymbol{b}$ 形式的方程。求解同样的问题，已知最优的经典算法复杂度为 $O(N\log N)$，而 HHL 算法将问题映射到量子态空间 $\boldsymbol{A}|\boldsymbol{x}\rangle=|\boldsymbol{b}\rangle$ 形式的方程，仅需要 $O((\log N)^2)$ 步的量子操作。HHL 算法的核心思想是构建演化算子 e^{iAt}，作用于 $|\boldsymbol{b}\rangle$，随后结合量子相位估计算法，提取 $\boldsymbol{A}$ 的特征值信息。再通过受控旋转门，将特征值编码到辅助量子比特中，最后使用相位估计逆变换得到 $|\boldsymbol{x}\rangle$。

除了在机器学习中直接应用量子算法，使用参数化量子线路（Parameterized Quantum

Circuit,PQC)代替传统神经网络、进行监督学习是近年来又一大发展方向。人们相信传统的神经网络结构结合大量训练数据,能够拟合任意的映射关系。同时,人们发现简单的量子线路可以产生极其复杂的输出[8],那么简单的量子线路是否有足够的复杂度拟合任意的映射关系呢？参数化量子线路因此被提出。

“量子神经网络”一词越来越多地用于指代变分或参数化的量子线路。虽然在数学上与神经网络的内部工作原理有很大不同,但这个类比突出了线路中量子门的“模块化”性质,以及在参数化量子线路的优化中广泛使用的经典训练神经网络的技巧。

典型的参数化量子线路由三部分组成,即编码线路模块、变分线路模块与测量模块。编码线路模块负责将训练集输入的数据编码到量子态中,有两种编码方式：一是概率幅编码(Amplitude Encoding),即将一组数据归一化为$\{x_j\}$,然后制备$|\varphi_x\rangle=\sum_{j=1}^{2^n}x_j|j\rangle$,优点是$n$个量子比特可以编码$2^n$个输入数据,适合输入信息很多时使用；缺点是制备$|\varphi_x\rangle$的量子线路较复杂,并且无法学习关于$x_j$的非线性映射。二是动力学编码(Dynamic Encoding),又叫哈密顿编码(Hamiltonian Encoding),即将输入的数据编码到量子比特的动力学演化过程中,演化算子作用于初始态,进而把数据编码到量子态上。优点是量子线路简单,可以学习非线性映射；缺点是所需的量子比特数往往正比于输入数据的维度,在输入数据维度很大时不适合使用。

变分线路模块包含了所有待训练参数,一个线路的表达能力和纠缠能力很大程度上依赖于变分线路的结构。变分线路的典型结构是一个单比特旋转层加若干纠缠层,纠缠层使用固定结构的两比特门和参数化的单比特门在不同量子比特之间生成复杂纠缠。变分线路的参数数量一般不超过$O(n^2L)$,L为纠缠层层数,n为量子比特数,这些参数自然不可能执行2^n维希尔伯特空间的任意酉变换。希望在有限的参数下,线路的酉变换可以近似任意酉变换,输出的末态可以近似任意量子态,这是所谓的线路表达能力。

最后,选择一个合适的力学量,将力学量期望值作为模型预测。考虑到不同力学量的本征基底可以用一个酉变换互相转换而本征值不变,力学量的本征值则直接决定了期望值的上限,所以在选择合适的力学量时,要注意选择合适的力学量本征值,使模型预测值与标签值范围匹配。

以上简单描述了典型的参数化量子线路的结构。相比于传统的神经网络监督学习,参数化量子线路展现了参数数量小、抗干扰能力强、训练收敛速度快、不容易过拟合等诸多优点。由此可见,除了寻找指数加速的量子算法,即使规模不大的量子线路,也能在机器学习中发挥价值。

目前量子计算与人工智能的结合受限于硬件技术,只能以小规模、模块嵌入的方式辅助机器学习。人们希望随着量子计算技术的进步,有朝一日能够直接在通用量子计算机上完整地进行人工智能模型算法的设计、实施。相信到那时,量子计算机指数级加速的威力将被完全发挥出来。

1.3 量子神经网络及其应用

量子神经网络(参数化量子线路)与经典神经网络一样可以进行学习,一种显而易见的做法是将它们融合。混合了量子神经网络的经典深度学习算法往往具有更少的参数,并且在学习过程中能更快地收敛至稳定状态。

Deep Quantum 框架按照这一逻辑对当前各个领域最先进的深度学习算法进行了优化,融入了量子神经网络模块。在自然语言处理(NLP)领域,经典门控循环单元(Gated Recurrent Unit,GRU)的线性变换层被参数化量子线路替代,Transformer 的打分、加权、求和机制已经使用参数化量子线路实现。在计算机视觉领域,经典的循环神经网络(CNN)中的卷积核也可以由量子线路近似;经典生成对抗网络(GAN)中的判别器被参数化量子线路替换,使 GAN 的训练更加稳定。在材料领域,强化学习环境的搭建需要考虑量子效应,量子强化学习可以很好地解决这一问题。

本书将给出一些生物医药、新材料领域量子人工智能融合算法的具体应用。2019 年年末新型冠状病毒感染疫情爆发,大大阻碍了经济的发展,影响了每个人的生活。量子 GAN 可以识别病毒变异位点,预测病毒变异方向,做到未雨绸缪。同时,量子 GRU 能够有效地捕获病毒 RNA 序列的依赖关系,为制造易储存、易运输的 mRNA 疫苗提供指导。上班族每天工作非常忙碌,加上生活的压力也很大,出现焦虑也是比较常见的,因为这些问题导致的睡眠质量不好,会严重影响身体健康。基于量子 Transformer 的模型可以被用来处理睡眠产生的脑电图和心电图,准确预测深度睡眠时长,提高睡眠质量。量子卷积网络可以分析医疗图像数据,减轻医生的负担,降低看病成本。偶然发现的青霉素在二战期间立下了赫赫战功,将大量伤员从死亡线上拉了回来。量子人工智能可以大大加快新药物的发现,使人类不再依靠运气发现药物。在医药研发产业链条中最重要的一个环节是确定药物分子蛋白质靶点之间的结合位点及亲和力。量子 Transformer、量子卷积网络和量子对抗自编码器都可以被应用在亲和力预测任务上。

采用 1h 癫痫数据对量子 Transformer 和经典 Transformer 进行测试,对比如图 1-3 所示。

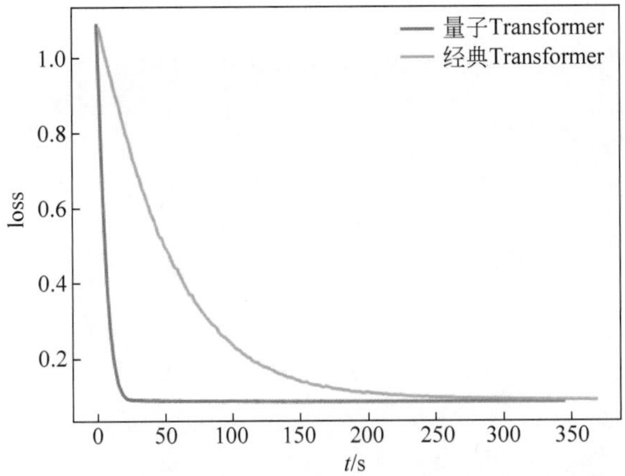

图 1-3　量子 Transformer 和经典 Transformer 对比

对比量子 Transformer 和经典 Transformer，在运行时间上，量子 Transformer 在 25s 左右 loss 收敛平稳，经典 Transformer 在 260s 左右 loss 收敛平稳，量子 Transformer 比经典 Transformer 加速了 10 倍多。

参考文献

[1] SILVER D，et al. Mastering the Game of Go with Deep Neural Networks and Tree Search[J]. Nature，2016，529：484-489.

[2] DEVORET M H，MARTINIS J H. Implementing Qubits with Superconducting Integrated Circuits [J]. Experimental Aspects of Quantum Computing，2005：163-203.

[3] KELLY J，et al. State Preservation by Repetitive Error Detection in a Superconducting Quantum Circuit[J]. Nature，2015，519：66-69.

[4] ARUTE F，et al. Quantum Supremacy Using a Programmable Superconducting Processor[J]. Nature，2019，574：505-510.

[5] HE Y，et al. A Two-qubit Gate Between Phosphorus Donor Electrons in Silicon[J]. Nature，2019，571：371-375.

[6] KANE B E. A Silicon-based Nuclear Spin Quantum Computer[J]. Nature，1998，393：133-137.

[7] QIANG X，et al. Large-scale Silicon Quantum Photonics Implementing Arbitrary Two-qubit Processing[J]. Nature Photonics，2018，12(9)：534-539.

[8] MICHAEL J B，ASHLEY M，et al. Achieving Quantum Supremacy with Sparse and Noisy Commuting Quantum Computations[J]. Quantum，2017，1：8.

第 2 章

量子计算基础框架

2.1 量子计算基本概念

量子计算基于量子力学原理,而量子系统可以用一个复希尔伯特空间(完备的复内积空间)表示。

2.1.1 复内积空间

设$\mathcal{L}$是复数域 C 上的线性空间。如果对于$\mathcal{L}$中的任意两个向量 $\boldsymbol{x}$ 和 $\boldsymbol{y}$,都对应着一个复数,则记为$\langle \boldsymbol{x},\boldsymbol{y}\rangle$,并且满足以下条件:

(1) 共轭对称性,对$\mathcal{L}$中的任意两个向量 $\boldsymbol{x}$ 和 $\boldsymbol{y}$,有$\langle \boldsymbol{x},\boldsymbol{y}\rangle=\langle \boldsymbol{y},\boldsymbol{x}\rangle^*$(* 表示共轭)。

(2) 可加性,对$\mathcal{L}$中的任意 3 个向量 $\boldsymbol{x},\boldsymbol{y},\boldsymbol{z}$,有

$$\langle \boldsymbol{x}+\boldsymbol{y},\boldsymbol{z}\rangle=\langle \boldsymbol{x},\boldsymbol{z}\rangle+\langle \boldsymbol{y},\boldsymbol{z}\rangle \tag{2-1}$$

(3) 齐次性,对$\mathcal{L}$中的任意两个向量$\langle \boldsymbol{x},\boldsymbol{y}\rangle$及复数 α,有

$$\langle \boldsymbol{x},\alpha\boldsymbol{y}\rangle=\alpha\langle \boldsymbol{x},\boldsymbol{y}\rangle \tag{2-2}$$

(4) 正定性,对$\mathcal{L}$中的任意向量 $\boldsymbol{x}$,有$\langle \boldsymbol{x},\boldsymbol{x}\rangle\geqslant 0$,并且$\langle \boldsymbol{x},\boldsymbol{x}\rangle=0$ 的充分必要条件是 $\boldsymbol{x}=\boldsymbol{0}$,则$\langle \boldsymbol{x},\boldsymbol{y}\rangle$称为$\mathcal{L}$中 $\boldsymbol{x}$ 和 $\boldsymbol{y}$ 的一个内积。定义了内积的复线性空间称为复内积空间。

2.1.2 狄拉克符号

狄拉克符号是量子力学的基本符号。狄拉克(Dirac)符号又称作 bra-ket 符号,是于 1939 年由狄拉克提出的。它有两种类型,一种是右矢$|\cdot\rangle$,表示列向量;另一种是左矢$\langle\cdot|$,表示行向量。在此基础上,还可以表示内积、外积、Kronecker 积运算,见表 2-1。

表 2-1　狄拉克符号

符　　号	说　　明
$\vert\boldsymbol{\psi}\rangle$	右矢，可表示量子态
$\langle\boldsymbol{\psi}\vert$	左矢，$\vert\boldsymbol{\psi}\rangle$的共轭转置
$\langle\boldsymbol{\zeta}\vert\boldsymbol{\psi}\rangle$	$\vert\boldsymbol{\zeta}\rangle$和$\vert\boldsymbol{\psi}\rangle$的内积
$\vert\boldsymbol{\zeta}\rangle\langle\boldsymbol{\psi}\vert$	$\vert\boldsymbol{\zeta}\rangle$和$\vert\boldsymbol{\psi}\rangle$的外积
$\vert\boldsymbol{\zeta}\rangle\vert\boldsymbol{\psi}\rangle$	$\vert\boldsymbol{\zeta}\rangle$和$\vert\boldsymbol{\psi}\rangle$的 Kronecker 积

需要注意的是，内积空间也可在实数域上定义，这里在复数域上作定义是为了后文描述量子系统。

2.1.3　量子比特

在经典计算中，信息是以比特(bit)来存储和计算的。一个比特的状态是一个确定的离散值 0 或 1。量子计算的基本单元是量子比特(qubit)，又称量子位。量子系统的状态称为量子态(Quantum State)，数学上可以用向量形式表示。

量子态空间假设表明，希尔伯特空间中的归一化向量，完备地描述了封闭量子系统的状态。具体而言，一个单量子比特的量子态可以由二维希尔伯特空间$\mathcal{H}^2$上的一组标准正交基线性表示。

空间$\mathcal{H}^2$的标准计算基为

$$|0\rangle=\begin{bmatrix}1\\0\end{bmatrix},\quad |1\rangle=\begin{bmatrix}0\\1\end{bmatrix} \tag{2-3}$$

任意单量子比特的量子态可表示为标准计算基的线性组合，即

$$|\boldsymbol{\psi}\rangle=\alpha|0\rangle+\beta|1\rangle \tag{2-4}$$

其中，α 和 β 为复数，并且满足归一性$\langle\boldsymbol{\psi}|\boldsymbol{\psi}\rangle=1$，即$|\alpha|^2+|\beta|^2=1$。复数 α 和 β 被称作概率幅(Probability Amplitude)。

封闭量子系统指的是跟外界没有能量交换和物质交换的量子系统，它的量子态是一个纯态。根据量子力学测量原理，当测量量子态$|\boldsymbol{\psi}\rangle$时，量子态将会以$|\alpha|^2$ 的概率塌缩到状态$|0\rangle$，以$|\beta|^2$ 的概率塌缩到状态$|1\rangle$。量子计算机无法准确测量并得到量子比特的 α 和 β 值。

根据系数的归一性，单量子比特上的量子态也可表示为

$$|\boldsymbol{\psi}\rangle=\mathrm{e}^{\mathrm{i}\omega}\left(\cos\frac{\theta}{2}|0\rangle+\mathrm{e}^{\mathrm{i}\varphi}\sin\frac{\theta}{2}|1\rangle\right) \tag{2-5}$$

其中，ω、θ 和 φ 都为实数。

由于在态向量的定义中 $e^{i\omega}$ 是一个没有物理意义的全局相位，不具有任何可观测效应，所以可以将括号外的 $e^{i\omega}$ 省略，于是可以将式(2-5)改写成如下的形式：

$$|\boldsymbol{\psi}\rangle=\cos\frac{\theta}{2}|0\rangle+e^{i\varphi}\sin\frac{\theta}{2}|1\rangle \tag{2-6}$$

通过式(2-6)，单量子比特可以可视化为三维单位球面上的一个点，如图 2-1 所示，这个球被称为 Bloch 球。Bloch 球是单量子比特状态的几何表示法，不能用于描述多量子比特上的状态。在这样一个球体上经典位只能位于“北极”或“南极”，分别位于 $|0\rangle$ 和 $|1\rangle$ 的位置，Bloch 球表面的其余部分是经典位所无法接近的。一个纯量子位状态(简称纯态)可以用表面上的任何一点来表示。例如，纯态 $(|0\rangle+i|1\rangle)/\sqrt{2}$ 位于正 y 轴的球体赤道上。

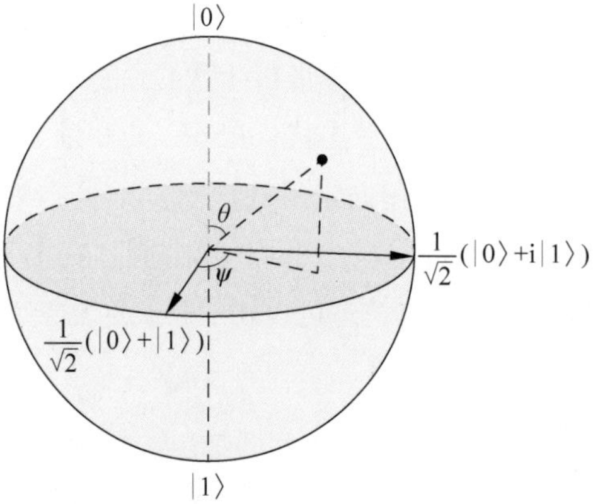

图 2-1 Bloch 球

一个 n 量子比特的量子态通常可表示为

$$|\boldsymbol{\psi}\rangle=\sum_{x\in\{0,1\}^n}\alpha_x|x\rangle \tag{2-7}$$

其中，$\alpha_x\in\mathbf{C}$ 且 $\sum_{x\in\{0,1\}^n}|\alpha_x|^2=1$。

状态 $|\boldsymbol{\psi}\rangle$ 可表示为一个列向量 $\boldsymbol{\psi}=[\psi_i]$，并且 $\psi_i=\alpha_x$，其中 i 是 x 的十进制表示。

例如，双量子比特系统具有一组正交基 $\{|00\rangle,|01\rangle,|10\rangle,|11\rangle\}$，该系统上任一量子态 $|\boldsymbol{\psi}\rangle$ 可以表示成 $|\boldsymbol{\psi}\rangle=\alpha_{00}|00\rangle+\alpha_{01}|01\rangle+\alpha_{10}|10\rangle+\alpha_{11}|11\rangle$，其中 $\alpha_{00},\alpha_{01},\alpha_{10},\alpha_{11}\in\mathbf{C}$，并且 $\sum_{x\in\{0,1\}^2}|\alpha_x|^2=1$。

2.2 矩阵的张量积

对于 n 阶矩阵 $\boldsymbol{A}=\{a_{ij}\}$ 和 m 阶矩阵 $\boldsymbol{B}=\{b_{kl}\}$，可定义矩阵的张量积(又称 Kronecker 积)为

$$\boldsymbol{A}\otimes\boldsymbol{B}=\begin{bmatrix}a_{11}&\cdots&a_{1n}\\\vdots&\ddots&\vdots\\a_{n1}&\cdots&a_{nn}\end{bmatrix}\otimes\begin{bmatrix}b_{11}&\cdots&b_{1m}\\\vdots&\ddots&\vdots\\b_{m1}&\cdots&b_{mm}\end{bmatrix}$$
$$=\begin{bmatrix}a_{11}\boldsymbol{B}&\cdots&a_{1n}\boldsymbol{B}\\\vdots&\ddots&\vdots\\a_{n1}\boldsymbol{B}&\cdots&a_{nn}\boldsymbol{B}\end{bmatrix}\tag{2-8}$$

(1) Kronecker 积运算满足双线性和结合律：若 $\boldsymbol{A}$ 与 $\boldsymbol{B}$ 是相同维数的矩阵，则有

$$(\boldsymbol{A}+\boldsymbol{B})\otimes\boldsymbol{C}=\boldsymbol{A}\otimes\boldsymbol{C}+\boldsymbol{B}\otimes\boldsymbol{C}\tag{2-9}$$

(2) Kronecker 积运算具有混合乘积性质：若在 4 个矩阵 $\boldsymbol{A}$、$\boldsymbol{B}$、$\boldsymbol{C}$ 和 $\boldsymbol{D}$ 中，矩阵乘积 $\boldsymbol{AC}$ 和 $\boldsymbol{BD}$ 都存在，则有

$$(\boldsymbol{A}\otimes\boldsymbol{B})(\boldsymbol{C}\otimes\boldsymbol{D})=(\boldsymbol{AC})\otimes(\boldsymbol{BD})\tag{2-10}$$

假设 $\boldsymbol{C}$ 取 $\boldsymbol{A}^{-1}$，$\boldsymbol{D}$ 取 $\boldsymbol{B}^{-1}$，则有

$$(\boldsymbol{A}\otimes\boldsymbol{B})^{-1}=\boldsymbol{A}^{-1}\otimes\boldsymbol{B}^{-1}\tag{2-11}$$

例如，对于一个相互独立的双量子比特系统(没有纠缠)，各自作用一个酉算子，有

$$(\boldsymbol{U}_1\otimes\boldsymbol{U}_2)\mid 00\rangle=(\boldsymbol{U}_1\otimes\boldsymbol{U}_2)(\mid 0\rangle\otimes\mid 0\rangle)$$
$$=(\boldsymbol{U}_1\mid 0\rangle)\otimes(\boldsymbol{U}_2\mid 0\rangle)\tag{2-12}$$

(3) Kronecker 积转置运算符合分配律：若 $\boldsymbol{A}$ 和 $\boldsymbol{B}$ 是两个矩阵，则有

$$(\boldsymbol{A}\otimes\boldsymbol{B})^{\mathrm{T}}=\boldsymbol{A}^{\mathrm{T}}\otimes\boldsymbol{B}^{\mathrm{T}}\tag{2-13}$$

2.3 封闭量子系统中量子态的演化(酉算子)

在经典计算中，连线和逻辑门构成了经典计算机线路，其中逻辑门负责处理信息，将信息从一种形式转换为另一种形式。类似地，在量子计算中，量子门用来处理量子态的演化。

量子计算是通过在量子位上应用量子门实现的。根据量子力学量子态演化假设，封闭量子系统的状态随时间演化的过程是幺正(Unitary)的。封闭量子系统指的是跟外界没有能量交换和物质交换的量子系统。形式上，量子门可以用幺正算子(或者叫酉算子)$\boldsymbol{U}$ 来表示，即满足 $\boldsymbol{U}^{\dagger}\boldsymbol{U}=\boldsymbol{I}$，其中 $\boldsymbol{U}^{\dagger}$ 为酉矩阵 $\boldsymbol{U}$ 的共轭转置，$\boldsymbol{I}$ 为单位矩阵。酉性重要的特性是可逆性，从而量子态是可逆的，因此量子计算是可逆计算。

$$|\boldsymbol{\psi}'\rangle=\boldsymbol{U}|\boldsymbol{\psi}\rangle \tag{2-14}$$

2.4 量子门

通常使用的单量子比特门有 Pauli-X 门、Pauli-Y 门、Pauli-Z 门、Hadamard 门等，其中 Pauli-X 门用于翻转量子比特的当前状态，Pauli-Z 门用于改变量子比特的局部相位，Hadamard 门用于将量子比特置为叠加态，它们的矩阵表示如下。

$$\boldsymbol{X}=\begin{bmatrix}0 & 1\\1 & 0\end{bmatrix},\quad \boldsymbol{Y}=\begin{bmatrix}0 & -1\\1 & 0\end{bmatrix},$$
$$\boldsymbol{Z}=\begin{bmatrix}1 & 0\\0 & -1\end{bmatrix},\quad \boldsymbol{H}=\frac{1}{\sqrt{2}}\begin{bmatrix}1 & 1\\1 & -1\end{bmatrix} \tag{2-15}$$

除了作用于单量子比特的量子门外，也有多量子比特门。受控门(CNOT 门)是常用的双量子比特门，它有两个输入量子位，一个是控制量子位；另一个是目标量子位。控制量子位的状态决定对目标量子位执行何种操作。当控制量子位是$|0\rangle$时，目标量子位不变；当控制量子位是$|1\rangle$时，目标量子位翻转。CNOT 门的矩阵表示如下。

$$\text{CNOT}=\begin{bmatrix}1 & 0 & 0 & 0\\0 & 1 & 0 & 0\\0 & 0 & 0 & 1\\0 & 0 & 1 & 0\end{bmatrix} \tag{2-16}$$

CNOT 门可以看作经典异或门的推广，使$|\boldsymbol{A},\boldsymbol{B}\rangle\rightarrow|\boldsymbol{A},\boldsymbol{A}\oplus\boldsymbol{B}\rangle$，即控制量子位和目标量子位做异或操作，并将操作结果存放在目标量子位。

2.5　量子电路

量子电路是由作用在量子比特上的一系列量子门连接而成的结构。量子电路用平行的横线表示，每一条横线表示一个量子比特；用方框表示量子门，将方框置于对应的横线上表示量子门作用于量子位。

Hadamard 门和 CNOT 门的电路如图 2-2 和图 2-3 所示。

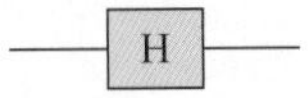

图 2-2　Hadamard 门

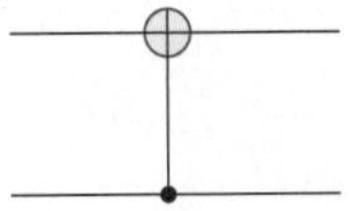

图 2-3　CNOT 门

一个简单的量子电路如图 2-4 所示，表示的是 Bell 态的制作。假设输入的量子态是 $|00\rangle$，则输出的量子态为

$$
\begin{aligned}
(\mathrm{CNOT} * (\boldsymbol{H} \otimes \boldsymbol{I}))\,|00\rangle &= \mathrm{CNOT}\left(\frac{|00\rangle + |10\rangle}{\sqrt{2}}\right) \\
&= \frac{|00\rangle + |11\rangle}{\sqrt{2}} := \beta
\end{aligned} \tag{2-17}
$$

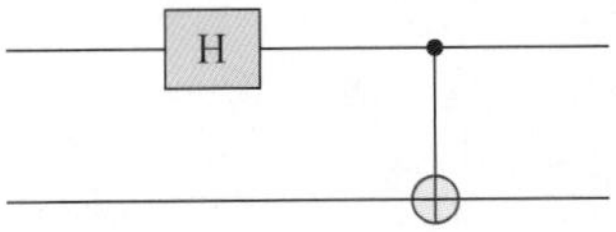

图 2-4　由 Hadamard 门和 CNOT 门组成的一个简单量子电路

2.6　量子测量

量子测量由一组测量算子 $\{\boldsymbol{M}_m\}$ 描述，其中，测量算子满足归一性方程：

$$
\sum_m \boldsymbol{M}_m^{\dagger} \boldsymbol{M}_m = \boldsymbol{I} \tag{2-18}
$$

这些算子作用在被测系统状态空间上,角标 m 表示实验中可能的测量结果。若在测量前,量子状态为$|\boldsymbol{\psi}\rangle$,则结果 m 发生的可能性由

$$p(m)=\langle\boldsymbol{\psi}|\boldsymbol{M}_m^{\dagger}\boldsymbol{M}_m|\boldsymbol{\psi}\rangle \tag{2-19}$$

给出,测量后得到的状态为

$$\frac{\boldsymbol{M}_m|\boldsymbol{\psi}\rangle}{\sqrt{\langle\boldsymbol{\psi}|\boldsymbol{M}_m^{\dagger}\boldsymbol{M}_m|\boldsymbol{\psi}\rangle}} \tag{2-20}$$

归一性方程保证了所有可能发生的结果的概率和为 1,即

$$\begin{aligned}\sum_m p(m)&=\sum_m\langle\boldsymbol{\psi}|\boldsymbol{M}_m^{\dagger}\boldsymbol{M}_m|\boldsymbol{\psi}\rangle\\&=\langle\boldsymbol{\psi}|\sum_m\boldsymbol{M}_m^{\dagger}\boldsymbol{M}_m|\boldsymbol{\psi}\rangle\\&=\langle\boldsymbol{\psi}|\boldsymbol{\psi}\rangle\\&=1\end{aligned} \tag{2-21}$$

2.7 密度算子

密度算子是量子态的另外一种表示,能表示混合态

$$\rho=|\boldsymbol{\psi}\rangle\langle\boldsymbol{\psi}| \tag{2-22}$$

密度算子为不完全已知的量子态提供了一种表示方式,设可能的量子态为$\{\psi_i\}$,量子系统以概率 p_i 处在量子态 ψ_i,其密度算子表示为

$$\rho=|\boldsymbol{\psi}\rangle\rho=\sum_i p_i|\psi_i\rangle\langle\psi_i|\langle\boldsymbol{\psi}| \tag{2-23}$$

其中,$\sum_i p_i=1$。

可以用密度算子描述量子态的演化。设有一个酉算子 $\boldsymbol{U}$ 作用在密度算子 ρ 上,其演化为

$$\begin{aligned}\rho=\sum_i p_i|\psi_i\rangle\langle\psi_i|&\rightarrow\sum_i p_i\boldsymbol{U}|\psi_i\rangle\langle\psi_i|\boldsymbol{U}^{\dagger}\\&=\boldsymbol{U}\rho\boldsymbol{U}^{\dagger}\end{aligned} \tag{2-24}$$

也可以用密度算子描述量子态的测量。设有一组测量算子$\{\boldsymbol{M}_m\}$,可以计算从初态$|\psi_i\rangle$得到结果 m 的概率为

$$\begin{aligned}p(m|i)&=\langle\psi_i|\boldsymbol{M}_m^{\dagger}\boldsymbol{M}_m|\psi_i\rangle\\&=\mathrm{tr}(\boldsymbol{M}_m^{\dagger}\boldsymbol{M}_m|\psi_i\rangle\langle\psi_i|)\end{aligned} \tag{2-25}$$

得到的量子态为

$$\frac{\boldsymbol{M}_m \mid \boldsymbol{\psi} \rangle}{\sqrt{\langle \psi_i \mid \boldsymbol{M}_m^{\dagger} \boldsymbol{M}_m \mid \psi_i \rangle}} \tag{2-26}$$

因此，由全概率公式 $P(A)=\sum_{i=1}^{n} P(A \mid B_i) P(B_i)$ 测量 ρ 得到结果 m 的概率为

$$\begin{aligned} p(m) &= \sum_i p_i p(m \mid i) = \sum_i p_i \operatorname{tr}(\boldsymbol{M}_m^{\dagger} \boldsymbol{M}_m \mid \psi_i \rangle \langle \psi_i \mid) \\ &= \operatorname{tr}\Big(\boldsymbol{M}_m^{\dagger} \boldsymbol{M}_m \sum_i p_i \mid \psi_i \rangle \langle \psi_i \mid\Big) \\ &= \operatorname{tr}(\boldsymbol{M}_m^{\dagger} \boldsymbol{M}_m \rho) \end{aligned} \tag{2-27}$$

测量后，得到相应的密度算子 ρ_m 为

$$\rho_m = \frac{\boldsymbol{M}_m \rho \boldsymbol{M}_m^{\dagger}}{\operatorname{tr}(\boldsymbol{M}_m^{\dagger} \boldsymbol{M}_m \rho)} \tag{2-28}$$

一个算子 ρ 定义为密度算子，当且仅当满足以下条件时：

(1) ρ 的迹等于 1，即 $\operatorname{tr}(\rho)=1$。

(2) ρ 是半正定算子，即 ρ 的特征值都大于或等于 0。

证明：首先证明必要性。由于 ρ 是密度算子，有

$$\begin{aligned} \operatorname{tr}(\rho) &= \operatorname{tr}\Big(\sum_i p_i \mid \psi_i \rangle \langle \psi_i \mid\Big) \\ &= \sum_i p_i \operatorname{tr}(\mid \psi_i \rangle \langle \psi_i \mid) = \sum_i p_i = 1 \end{aligned} \tag{2-29}$$

设 $|\boldsymbol{\varphi}\rangle$ 是状态空间中任意一个向量，有

$$\begin{aligned} \langle \boldsymbol{\varphi} \mid \rho \mid \boldsymbol{\varphi} \rangle &= \sum_i p_i \langle \boldsymbol{\varphi} \mid \psi_i \rangle \langle \psi_i \mid \boldsymbol{\varphi} \rangle \\ &= \sum_i p_i \mid \langle \psi_i \mid \boldsymbol{\varphi} \rangle \mid^2 \geqslant 0 \end{aligned} \tag{2-30}$$

必要性得证；其次，证明充分性。因为 ρ 是半正定算子，所以 ρ 有谱分解：

$$\rho = \sum_i \lambda_i \mid \boldsymbol{v}_i \rangle \langle \boldsymbol{v}_i \mid \tag{2-31}$$

其中，λ_i 是 ρ 的特征值；$|\boldsymbol{v}_i\rangle$ 是 λ_i 对应的特征向量。由 $\operatorname{tr}(\rho)=1$，可知 ρ 的特征值之和为 1，即有 $\sum_i \lambda_i = 1$。可以将 $\{\lambda_i, |\boldsymbol{v}_i\rangle\}$ 看作 ρ 的某个可能的初态及其对应的概率，以概率 λ_i 处于状态 $|\boldsymbol{v}_i\rangle$，因此 ρ 是密度算子。

判断一个量子态 ρ 是纯态还是混合态，只需计算 $\operatorname{tr}(\rho^2)$。若 $\operatorname{tr}(\rho^2)=1$，则 ρ 是纯态；若 $\operatorname{tr}(\rho^2)<1$，则 ρ 是混合态。

$$\operatorname{tr}(\rho^2) = \operatorname{tr}\Big(\sum_i p_i \mid \psi_i \rangle \langle \psi_i \mid\Big)^2$$

$$=\mathrm{tr}\Big(\sum_i p_i^2 \mid \psi_i\rangle\langle\psi_i \mid\Big)=\sum_i p_i^2 \tag{2-32}$$

由于 $\sum_i p_i=1$,因此由 $\mathrm{tr}(\rho^2)=\sum_i p_i^2=1$ 可以推导出存在一个 k。使 $p_k=1$,此时 $\rho=|\psi_k\rangle\langle\psi_k|$,可知 ρ 是纯态。

2.8 含参数的量子门表示

基于 Pauli 算子,定义 3 种常用的带参数的酉算子。关于 $\hat{x}$、$\hat{y}$ 和 $\hat{z}$ 轴角度为 θ 的旋转算子(Rotation Operator),定义如下:

$$R_x(\theta)\equiv \mathrm{e}^{-\mathrm{i}\theta X/2}=\cos\left(\frac{\theta}{2}\right)I-\mathrm{i}\sin\left(\frac{\theta}{2}\right)X \tag{2-33}$$

$$R_y(\theta)\equiv \mathrm{e}^{-\mathrm{i}\theta Y/2}=\cos\left(\frac{\theta}{2}\right)I-\mathrm{i}\sin\left(\frac{\theta}{2}\right)Y \tag{2-34}$$

$$R_z(\theta)\equiv \mathrm{e}^{-\mathrm{i}\theta Z/2}=\cos\left(\frac{\theta}{2}\right)I-\mathrm{i}\sin\left(\frac{\theta}{2}\right)Z \tag{2-35}$$

设 $\hat{\boldsymbol{n}}=(n_x,n_y,n_z)$ 为三维空间中的实单位向量,可将上述定义推广为关于 $\hat{\boldsymbol{n}}$ 角度为 θ 的旋转算子,定义如下:

$$R_{\hat{\boldsymbol{n}}}(\theta)\equiv \mathrm{e}^{-\mathrm{i}\theta\hat{\boldsymbol{n}}\cdot\boldsymbol{\sigma}/2}=\cos\left(\frac{\theta}{2}\right)I-\mathrm{i}\sin\left(\frac{\theta}{2}\right)(n_xX+n_yY+n_zZ) \tag{2-36}$$

其中,$\boldsymbol{\sigma}$ 表示 Pauli 算子的三元向量(X,Y,Z)。

任意一个单量子比特酉算子都可以表示成

$$\boldsymbol{U}=\exp(\mathrm{i}\alpha)R_{\hat{\boldsymbol{n}}}(\theta) \tag{2-37}$$

其中,α 和 θ 是两个实数;$\hat{\boldsymbol{n}}$ 是三维实单位向量。

单量子比特的 z-y 分解:设 $\boldsymbol{U}$ 是单量子比特上的酉算子,则存在实数 α,β,γ 和 δ,使

$$\boldsymbol{U}=\mathrm{e}^{\mathrm{i}\alpha}R_z(\beta)R_y(\gamma)R_z(\delta) \tag{2-38}$$

由此可定义广义旋转门 $\boldsymbol{U}_3(\theta,\phi,\varphi)$

$$\boldsymbol{U}_3(\theta,\phi,\varphi)=R_z(\phi)R_y(\theta)R_z(\varphi) \tag{2-39}$$

其矩阵表示为

$$\boldsymbol{U}_3(\theta,\phi,\varphi)=\begin{bmatrix}\cos\dfrac{\theta}{2} & -\mathrm{e}^{\mathrm{i}\varphi}\sin\dfrac{\theta}{2}\\ \mathrm{e}^{\mathrm{i}\phi}\sin\dfrac{\theta}{2} & \mathrm{e}^{\mathrm{i}(\phi+\varphi)}\cos\dfrac{\theta}{2}\end{bmatrix} \tag{2-40}$$

2.9 约化密度算子

约化密度算子是描述复合量子系统的有效工具。假设有两个量子系统 Q 和 R，其状态由 ρ^{QR} 表示，针对量子系统 Q 的约化密度算子定义为

$$\rho^{Q}=\mathrm{tr}_{R}(\rho^{QR}) \tag{2-41}$$

其中，tr_R 是一个算子映射，称为系统 R 上的偏迹。偏迹定义为

$$\begin{aligned}\mathrm{tr}_R(\rho^{QR}) &= \mathrm{tr}_R(|q_1\rangle\langle q_2|\otimes|r_1\rangle\langle r_2|)\\ &= |q_1\rangle\langle q_2|\ \mathrm{tr}_R(|r_1\rangle\langle r_2|)\\ &= \langle r_2|r_1\rangle\ |q_1\rangle\langle q_2|\end{aligned} \tag{2-42}$$

以一个不平凡的例子 Bell 态为例。Bell 态位于双量子比特系统，其密度算子表示为

$$\begin{aligned}\rho^{QR} &= \frac{|00\rangle+|11\rangle}{\sqrt{2}}\cdot\frac{\langle 00|+\langle 11|}{\sqrt{2}}\\ &= \frac{|00\rangle\langle 00|+|00\rangle\langle 11|+|11\rangle\langle 00|+|11\rangle\langle 11|}{2}\end{aligned} \tag{2-43}$$

对该密度算子关于第二量子比特做偏迹运算，得到对第一量子比特的约化密度算子为

$$\begin{aligned}\rho^{Q} &= \mathrm{tr}_R(\rho^{QR})\\ &= \frac{\mathrm{tr}_R(|00\rangle\langle 00|)+\mathrm{tr}_R(|00\rangle\langle 11|)+\mathrm{tr}_R(|11\rangle\langle 00|)+\mathrm{tr}_R(|11\rangle\langle 11|)}{2}=\frac{I}{2}\end{aligned} \tag{2-44}$$

由于 $\mathrm{tr}\left(\left(\frac{I}{2}\right)^2\right)=\frac{1}{2}$，该状态是一个混合态。这表示虽然 Bell 态的状态是纯态，但对于其中某个量子比特而言，其状态是混合态，并非完全已知。这个奇特性质，即系统的联合状态完全已知，而子系统却处于混合态，这是量子纠缠现象的一个特点。

2.10 量子信息的距离度量

在经典信息论中，用基于事件发生的概率定义自信息，用基于条件的概率定义互信息，用随机变量的概率分布来定义信息熵。

在定义量子态之间的距离之前，首先回顾经典比特串间的距离，以及两个概率分布之

间的距离。

可以用汉明(Hamming)距离来定量表示两个经典比特串间的距离。汉明距离被定义为两个比特串之间不相等比特位的个数。举个例子,比特串 001 和 100 之间的距离是 2。

在经典信息论中,信源通常被建模为随机变量。随机变量有概率分布,那么如何量化两个随机变量,或者说概率分布之间的距离呢?

设同一个指标集 $x \in X$ 下,两个概率分布分别为$\{\boldsymbol{p}_x\}$和$\{\boldsymbol{q}_x\}$,它们的迹距离为 $D(\boldsymbol{p}_x,\boldsymbol{q}_x)$,又称柯尔莫哥洛夫(Kolmogorov)距离,定义为

$$D(\boldsymbol{p}_x,\boldsymbol{q}_x)=\frac{1}{2}\sum_x |\boldsymbol{p}_x-\boldsymbol{q}_x| \tag{2-45}$$

当两个概率分布越接近时,它们的迹距离越小;反之,则迹距离越大。

迹距离满足非负性、对称性和三角不等式。

(1) 非负性:$D(\boldsymbol{p}_x,\boldsymbol{q}_x)\geqslant 0$,其中,等号成立当且仅当对于指标集 X 中任意 x,有 $\boldsymbol{p}_x=\boldsymbol{q}_x$。

(2) 对称性:$D(\boldsymbol{p}_x,\boldsymbol{q}_x)=D(\boldsymbol{q}_x,\boldsymbol{p}_x)$。

(3) 三角不等式:设同一个指标集下有 3 个概率分布$\{\boldsymbol{p}_x\}$、$\{\boldsymbol{q}_x\}$和$\{\boldsymbol{r}_x\}$,则有 $D(\boldsymbol{p}_x,\boldsymbol{r}_x)\leqslant D(\boldsymbol{p}_x,\boldsymbol{q}_x)+D(\boldsymbol{q}_x,\boldsymbol{r}_x)$。

设同一个指标集 x 下,两个概率分布分别为$\{\boldsymbol{p}_x\}$和$\{\boldsymbol{q}_x\}$,它们的保真度 $F(\boldsymbol{p}_x,\boldsymbol{q}_x)$定义为

$$F(\boldsymbol{p}_x,\boldsymbol{q}_x)=\sum_x \sqrt{\boldsymbol{p}_x\boldsymbol{q}_x} \tag{2-46}$$

当两个概率分布越接近时,它们的保真度越大;反之,则保真度越小。当两个概率分布完全相同时,可得 $F(\boldsymbol{p}_x,\boldsymbol{p}_x)=\sum\limits_x \sqrt{\boldsymbol{p}_x\boldsymbol{p}_x}=1$。几何意义上,保真度解释为位于单位球上的向量$\sqrt{\boldsymbol{p}_x}$和$\sqrt{\boldsymbol{q}_x}$之间的内积。

保真度满足非负性和对称性,但不满足三角不等式。

(1) 非负性:$F(\boldsymbol{p}_x,\boldsymbol{q}_x)\geqslant 0$,其中,等号成立当且仅当向量化的$\sqrt{\boldsymbol{p}_x}$与$\sqrt{\boldsymbol{q}_x}$相互垂直。

(2) 对称性:$D(\boldsymbol{p}_x,\boldsymbol{q}_x)=D(\boldsymbol{q}_x,\boldsymbol{p}_x)$。

两个量子态有多近?即,如何量化两个量子态之间的距离?常用的量子距离包括量子迹距离和量子保真度,这是经典概念在量子领域的扩展。

设两个相同比特数的量子态 ρ 和 σ,它们的量子迹距离定义为

$$D(\rho,\sigma)=\frac{1}{2}\mathrm{tr}|\rho-\sigma| \tag{2-47}$$

其中,矩阵的模具体指$|\mathbf{A}|=\sqrt{\mathbf{A}^\dagger\mathbf{A}}$,因为$\mathbf{A}^\dagger\mathbf{A}$ 是半定矩阵,所以可以开平方根。

量子迹距离的度量性质满足非负性、对称性和三角不等式。

(1) 非负性：$D(\rho,\sigma)\geqslant 0$，其中，等号成立当且仅当 $\rho=\sigma$。

(2) 对称性：$D(\rho,\sigma)=D(\sigma,\rho)$。

(3) 三角不等式：设有 3 个量子态 ρ, σ 和 γ，且满足 $D(\rho,\gamma)\leqslant D(\rho,\sigma)+D(\sigma,\gamma)$。

开放量子系统相对于封闭量子系统，体现在可能存在环境噪声而对主系统产生一定影响。一个开放量子系统的行为可建模为

$$\varepsilon(\rho)=\sum_k E_k\rho E_k^{+} \tag{2-48}$$

其中，运算元 E_k 满足 $\sum\limits_k E_k^{+}E_k\leqslant I$。如果量子运算保迹，即 $\mathrm{tr}(\varepsilon(\rho))=1$，则等号成立。原因如下：

$$\begin{aligned}\forall\rho,\mathrm{tr}(\varepsilon(\rho))=\mathrm{tr}\Big(\sum_k E_k\rho E_k^{+}\Big)=\mathrm{tr}\Big(\sum_k E_k^{+}E_k\rho\Big)=1\\ \Leftrightarrow\sum_k E_k^{+}E_k=I\end{aligned} \tag{2-49}$$

设 ε 为保迹量子运算，ρ 和 σ 为两个密度算子，量子迹距离的压缩性（保迹量子运算具有压缩性）表示为

$$D(\varepsilon(\rho),\varepsilon(\sigma))\leqslant D(\rho,\sigma) \tag{2-50}$$

其中，保迹量子运算指对任意密度算子 ρ 都有 $\mathrm{tr}(\varepsilon(\rho))=1$，即 $\sum\limits_k E_k^{+}E_k=I$。

设两个相同比特数的量子态 ρ 和 σ，它们的量子保真度定义为

$$F(\rho,\sigma)=\mathrm{tr}\sqrt{\rho\sigma} \tag{2-51}$$

两个量子态越相似，它们的保真度越大；反之，则保真度越小。

量子保真度有一个重要定理——Uhlmann 定理：设 ρ 和 σ 为量子系统 Q 的状态，现引入另一量子系统 R，则有

$$F(\rho,\sigma)=\max_{|\boldsymbol{\psi}\rangle,|\boldsymbol{\varphi}\rangle}|\langle\boldsymbol{\psi}|\boldsymbol{\varphi}\rangle| \tag{2-52}$$

其中，$|\boldsymbol{\psi}\rangle$ 和 $|\boldsymbol{\varphi}\rangle$ 表示 ρ 和 σ 在复合系统 RQ 中的纯化。

证明过程需要知道矩阵的极分解、关于 Hilbert-Schmidt 内积的 Cauchy-Schwarz 不等式、迹的循环性质和 Schmidt 分解，还需要了解写引入额外系统后，原量子态在复合系统上的纯化。

上述定理能直观地得到量子保真度的一些性质。①对称性：$F(\rho,\sigma)=F(\sigma,\rho)$。②上下界范围：$0\leqslant F(\rho,\sigma)\leqslant 1$。若 $\rho=\sigma$，则 $F(\rho,\sigma)=1$；若 $\rho\neq\sigma$，则 ρ 和 σ 的任一纯化 $|\boldsymbol{\psi}\rangle$ 和 $|\boldsymbol{\varphi}\rangle$，都有 $|\boldsymbol{\psi}\rangle\neq|\boldsymbol{\varphi}\rangle$，所以 $F(\rho,\sigma)<1$。$F(\rho,\sigma)=0$，当且仅当 ρ 和 σ 具有正交支集。

迹距离和保真度是密切相关的。在纯态下，迹距离和保真度是等价的。设两个纯态分

别为 $|0\rangle$ 和 $\cos\theta|0\rangle+\mathrm{e}^{\mathrm{i}\varphi}\sin\theta|1\rangle$，对应的密度算子是 $|0\rangle\langle 0|$ 和 $\cos^2\theta|0\rangle\langle 0|+\mathrm{e}^{\mathrm{i}\varphi}\cos\theta\sin\theta|0\rangle\cdot\langle 1|+\mathrm{e}^{\mathrm{i}\varphi}\cos\theta\sin\theta|1\rangle\langle 0|+\mathrm{e}^{2\mathrm{i}\varphi}\sin^2\theta|1\rangle\langle 1|$。它们的保真度是 $|\cos\theta|$；它们的迹距离是

$$\begin{aligned}
D(\rho,\sigma)&=\frac{1}{2}\mathrm{tr}(\rho-\sigma)=\frac{1}{2}\mathrm{tr}\left(\sqrt{(\rho-\sigma)^{\dagger}(\rho-\sigma)}\right)\\
&=\frac{1}{2}\mathrm{tr}\left(\sqrt{\begin{bmatrix}1-\cos^2\theta & -\mathrm{e}^{-\mathrm{i}\varphi}\cos\theta\sin\theta\\ -\mathrm{e}^{\mathrm{i}\varphi}\cos\theta\sin\theta & -\sin^2\theta\end{bmatrix}\begin{bmatrix}1-\cos^2\theta & -\mathrm{e}^{-\mathrm{i}\varphi}\cos\theta\sin\theta\\ -\mathrm{e}^{\mathrm{i}\varphi}\cos\theta\sin\theta & -\sin^2\theta\end{bmatrix}}\right)\\
&=\frac{1}{2}\mathrm{tr}\left(\sqrt{\begin{bmatrix}(1-\cos^2\theta)^2+\cos^2\theta\sin^2\theta & 0\\ 0 & \sin^4\theta+\cos^2\theta\sin^2\theta\end{bmatrix}}\right)\\
&=|\sin\theta|=\sqrt{1-F(\rho,\sigma)^2}
\end{aligned}\tag{2-53}$$

由此可知在纯态下，迹距离和保真度是等价的。一般情况下，迹距离和保真度的关系是

$$1-F(\rho,\sigma)\leqslant D(\rho,\sigma)\leqslant\sqrt{1-F(\rho,\sigma)^2}\tag{2-54}$$

2.11 经典的量子算法和工具

Deutsch 问题：阿姆斯特丹的 Alice，在从 0 到 2^n-1 的数中选择一个数 z，通过信把它邮寄给波士顿的 Bob，Bob 计算出某个函数值 f，不是 0 则是 1，并把它寄回给 Alice。Bob 保证只用两类函数之一：要么 $f(x)$ 对所有的 x 是常数函数；要么 $f(x)$ 是平衡的(balanced)，即恰好有一半基数的 x 使函数为 1，另一半使函数取 0。Alice 的目的是用尽可能少的通信，确定出 Bob 用的是常数函数还是平衡函数。他能做到多快？

通常 Alice 需要问 $2^{n-1}+1$ 次才能得出结论，但 Deutsch 算法能更高效地求解以上问题。在两量子比特系统上运行 Deutsch 算法的量子电路如图 2-5 所示。

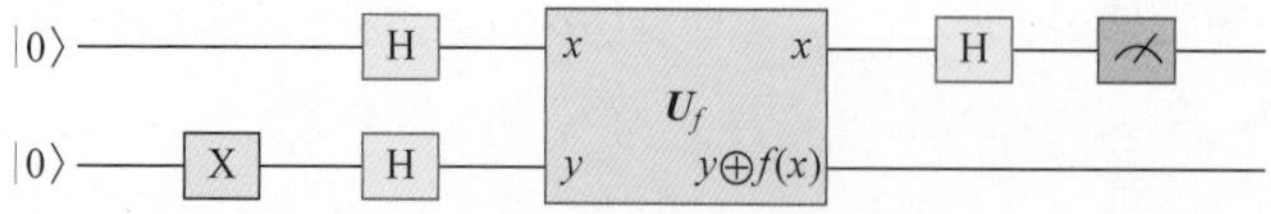

图 2-5 两量子比特系统运行 Deutsch 算法的量子电路

判断该函数是常数函数还是平衡函数，经典方法需要计算 $2^{n-1}+1$ 次，Deutsch 算法仅需计算 n 次。

以两量子比特系统为例，设初始态为 $|00\rangle$，

$$
\begin{aligned}
&|0\rangle|0\rangle \xrightarrow{I\otimes X} |0\rangle|1\rangle \\
&\xrightarrow{H\otimes H} \frac{|0\rangle+|1\rangle}{\sqrt{2}} \otimes \frac{|0\rangle-|1\rangle}{\sqrt{2}} \\
&\xrightarrow{\boldsymbol{U}_f} \frac{(-1)^{f(0)}|0\rangle+(-1)^{f(1)}|1\rangle}{\sqrt{2}} \otimes \frac{|0\rangle-|1\rangle}{\sqrt{2}} \\
&\xrightarrow{H\otimes H} \pm|f(0)\oplus f(1)\rangle \otimes \frac{|0\rangle-|1\rangle}{\sqrt{2}}
\end{aligned}
\tag{2-55}
$$

当 $f(0)=f(1)$时，测量得到$|0\rangle$，函数为常数函数；当 $f(0)\neq f(1)$时，测量得到$|1\rangle$，函数为平衡函数。

判断一个函数的类型，经典方法需要计算 2 次，Deutsch 算法仅需计算 1 次。

第 3 章

量子自编码网络

神经网络中的参数与连接网络内部的权重直接相关，通常采用梯度下降的方式在整个训练集上完成算法的优化过程。自编码网络（Autoencoder Network）由编码和重构两个过程组成。其中，编码过程对应编码器（Encoder），它将输入映射为内部表示；重构过程对应解码器（Decoder），它将内部表示映射到输出。自编码网络有助于减弱传统机器学习模型对特征工程的依赖。早期机器学习任务中的特征工程为了提取更有效的特征，需要在专业领域有深入的理解来提取用于算法学习的特征，这加大了对专业算法和特征工程的依赖。一方面，自编码网络能够在不依赖数据标注的情况下，对数据内容的组织形式进行一定程度的学习，频繁出现的特征容易被提取出来；另一方面，它通过内部的多层隐藏层能够实现特征的逐层抽象，从而构建高阶特征。自编码网络常用于学习数据集的降维表示，从而提供输入数据更高效的表示方式。在结构上，它的输入层和输出层含有相同的单元个数，并且，可以直接从无标注的数据开始进行无监督机器学习，并通过反馈信号来更新自编码网络自身的权重值。

在量子线路下构建自编码网络，可以借助量子计算机相比于经典计算机的优势，来优化自编码网络的学习过程。类似于经典计算机中的自编码网络，量子自编码网络也可以分为编码器和解码器两部分。当量子编码器将输入映射到内部表示时，依赖偏迹运算来输入数据进行降维。当评估输入态与重构态之间的差异时，涉及保真度的概念。输入态与输出态之间的保真度将作为构造量子自编码网络损失函数的基础。本章关注经典自编码网络的实现、量子自编码器相关的基础知识及量子线路自编码网络的实现方案。

3.1 经典自编码网络

经典自编码网络的结构如图 3-1 所示，输入层由 5 个节点组成，并以全连接的方式依次输到 4 节点层和 2 节点层，它们构成了整个网络的前半部分，也是自编码网络的编码器

(Encoder)；相应地，后半部分层与层之间的连接构成了解码器(Decoder)。层与层之间的连接对应的权重值构成了自编码网络的参数，这些参数常常依赖梯度下降过程进行优化。自编码网络的解码器则依次从 2 节点层用全连接的方式连接到 4 节点层和 5 节点层。输出层代表拥有同输入层相同的节点个数，而中间部分相对较少的节点个数对应更低的数据维度，这样便组成了一个类似瓶颈的结构，实现输入高维数据的先压缩再解压，同时达到高阶抽象特征提取的目的和信息的合理表达。

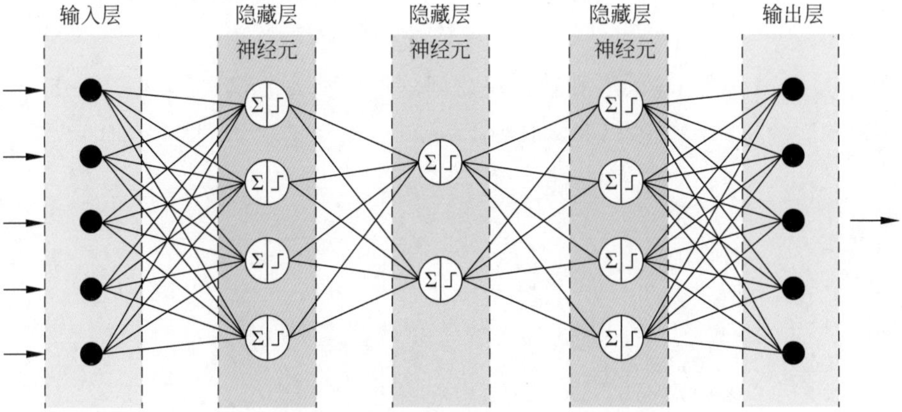

图 3-1　经典自编码网络结构

接下来，基于 PyTorch 框架实现图 3-1 所示的自编码网络。

首先，进入 conda 安装路径的 bin 目录下，用以下命令激活机器学习的 Python 环境：

```
#激活环境
$ conda activate "YOUR_ENV_NAME"          #将引号中的内容替换为已搭建的环境名
$ conda deactivate                        #退出当前环境
```

在激活环境后，进入工作目录并启动 Jupyter，便可在浏览器中启用 Python 环境：

```
#启动 Jupyter
$ Jupyter Notebook
```

通过以下命令来加载环境中的 Torch 框架，其中，torch. nn 中包含了不同神经网络模型的基础函数；torch. autograd 提供了模型优化需要的梯度下降机制。该计算依赖 Torch 的变量类型，在处理数据时需要注意 NumPy 数据类型与 Torch 数据类型的转换。

```
#导入库文件
import torch
```

```
import torch.nn as nn
from torch.autograd import Variable
import numpy as np
```

接着用 torch.nn 工具构建自编码网络。首先，构建一个 nn.Module 的 AENet 自定义类，也是自编码网络，并在构建函数中声明输入数据的维度 input_size。nn.Linear 包含两个参数，分别是输入维度 m 和输出维度 n，并且定义了一个线性变换：

$$y = x\boldsymbol{A}^{\mathrm{T}} + b \tag{3-1}$$

在式(3-1)中，$\boldsymbol{A}^{\mathrm{T}}$ 是与输入层和输出层之间的连接相关的权重值。采用 nn.Linear 来构建自编码网络的编码器和解码器，同时用 forward 模块定义不同层之间的数据流，代码如下：

```
#第 3 章/3.1 自编码网络
#自定义自编码网络的类
class AENet(nn.Module):
#定义构造函数进行结构初始化
    def __init__(self, input_size = (1,1,5)):
        super(AENet, self).__init__()
        #定义编码器网络
            self.encoder = nn.Sequential(
            #定义一个输入为 5,输出为 4 的全连接层
            nn.Linear(5,4),
            nn.Linear(4,2)
        )
        #定义解码器网络
        self.decoder = nn.Sequential(
            nn.Linear(2,4),
            nn.Linear(4,5)
        )
    #定义数据流
    def forward(self,x):
       #数据 x 经过编码器输出为 x_encode
       x_encode = self.encoder(x)
       #编码器输出 x_encode 作为输入,输出 x_decode 作为自编码网络的输出
       x_decode = self.decoder(x_encode)
       return x_encode, x_decode
```

在声明 AENet 类后，采用新创建 AENet 类的实例来处理一个随机变量，以此来演示自编码网络的数据处理过程，需要注意的是，在这里目前没有提及自编码网络的反馈训练。同时，考虑 Torch 的变量环境，声明默认变量类型为 torch.float64，这部分声明的缺失和

NumPy 变量数据类型的转换经常会导致模型的运行错误，代码如下：

```
#第 3 章/3.1 自编码网络
#Torch 模型变量类型声明
torch.set_default_dtype(torch.float64)
#自编码网络实例
ae_instance = AENet()
#初始化随机样本
sample01 = np.ones(5)
#改变数组维度
sample01 = np.asarray([[sample01]])
#将 NumPy 变量转换为 Torch 变量
sample01 = Variable(torch.from_numpy(sample01),requires_grad = True)
#采用自编码网络对随机样本进行处理，得到模型的输出
s_encode,s_decode = ae_instance(sample01)
```

3.2　变分自编码网络

变分自编码(Variational Autoencoder，VAE)网络是由 Kingma 和 Welling 等提出的。变分自编码网络保留了初始算法的绝大多数特征，但是，VAE 的训练机制与原自编码网络有着显著差异，因为其采用了概率化的方法进行前馈传播，这一过程可描述为数据样本 X 来自未知的数据分布 $P(X)$，VAE 的目标则是学习采样模型 P，使 P 和 $P(X)$ 尽可能相似。具体地，VAE 的算法框架基于潜变量模型，这一模型按照如下步骤处理问题：

首先，假定 z 是输入隐空间 Z 的潜变量，并可根据概率密度函数 $P(Z)$ 进行采样；其次，存在一个函数簇 $X'=f(z;\theta)$ 使潜变量能够映射为数据 X'，在这里 θ 是固定参数。同时，将模型的优化目标定义为通过调整参数 θ 最大化概率函数 $P(x)$。

当选择高斯等分布构建潜变量模型时，模型可通过梯度下降过程进行优化，此时构成自编码网络；当不使用潜在量模型时，此模型等效为自编码网络中的自编码器模型。这两者在结构上相似，但模型遵循的内部原理则明显不同。在手写数字数据集 MINST 中训练 VAE 模型进行分类任务，代码如下：

```
#第 3 章/3.2 变分自编码网络
#加载库文件
import torch
```

```
from torch import nn
from torch import tanh
import torch.nn.functional as F
from torch.autograd import Variable
from torch.utils.data import DataLoader
from torchvision.utils import save_image
from torchvision.datasets import MNIST
from torchvision import transforms as tfs
import os
import numpy as np
```

加载 MNIST 数据集，并将数据集划分，代码如下：

```
#第 3 章/3.2 变分自编码网络
#数据划分
im_tfs = tfs.Compose([
    tfs.ToTensor(),
    tfs.Lambda(lambda x: x.repeat(3,1,1)),
    tfs.Normalize([0.5, 0.5, 0.5], [0.5, 0.5, 0.5]) ])
train_set = MNIST('./data', transform = im_tfs, download = True)
train_data = DataLoader(train_set, batch_size = 128, shuffle = True)
```

借助 PyTorch 实现的 VAE 网络如图 3-2 所示。

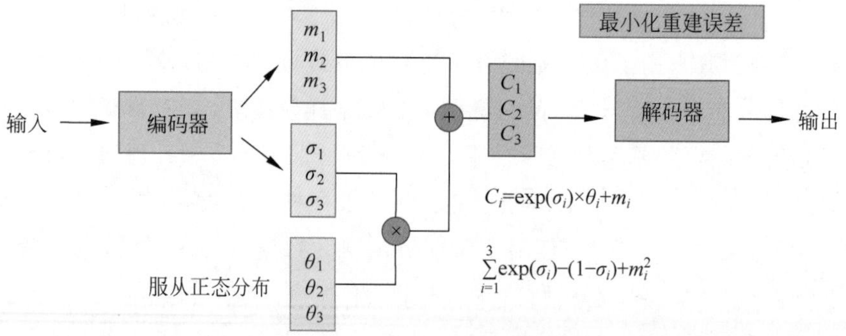

图 3-2 变分自编码网络

考虑到 MNIST 数据集中单个手写数字样本的尺寸为 1×28×28，构造了 VAENet 类实现变分图中的变分自编码网络，在 VAE 的编码器中采用，代码如下：

```
#第 3 章/3.2 变分自编码网络
#声明变分自编码类
class VAENET(nn.Module):
```

```
    #初始化
    def __init__(self, input_size = (1,28,28)):
        super(VAENET, self).__init__()
        #根据数据维度定义各个全连接层
        self.layer1 = nn.Linear(28 * 28, 256)
        self.layer2_a = nn.Linear(256, 25)
        self.layer2_b = nn.Linear(256, 25)
        self.layer3 = nn.Linear(25, 256)
        self.layer4 = nn.Linear(256, 784)
    #VAE 的编码器
    def encode(self, x):
        out = self.layer1(x)
        out = F.ReLU(out)#激活函数
        mu = self.layer2_a(out)
        logvar = self.layer2_b(out)
        return mu, logvar
    #潜变量模型参数
    def reparametrize(self, mu, logvar):
        eps = Variable(torch.randn(mu.size(0), mu.size(1)))
        z = mu + eps * torch.exp(logvar/2)
        return z
    #VAE 的解码器
    def decode(self, z):
        out = self.layer3(z)
        out = F.ReLU(out)
        out = self.layer4(out)
        out = tanh(out)
        return out
    #VAE 的数据流
    def forward(self, x):
        mu, logvar = self.encode(x)
        z = self.reparametrize(mu, logvar)
        x_decode = self.decode(z)
        return x_decode, mu, logvar
```

进一步，抽取其中单个数据并加载到 VAENet 类的实例中，结果及代码如下：

```
#采用 VAENet 类的实例处理样本
x, _ = train_set[0]
x = x.view(x.shape[0], -1)
net = VAENET()
x = Variable(x)
a,b,c = net(x)
```

对于 VAE 的损失函数，采用交叉损失熵和 KL 散度。同时，调用 Adam 优化器对模型进行训练，代码如下：

```
#第 3 章/3.2 变分自编码网络
#采用 VAENet 类的实例处理样本
#定义 VAE 的损失函数,包括交叉损失熵(cross_entropy)和 KL 散度
def loss_func(x_decode, x, mu, logvar):
    BCE = F.binary_cross_entropy(x_decode, x, size_average = False)
    KLD = -0.5 * torch.sum(1 + logvar - mu.pow(2) - logvar.exp())
    LOSS = BCE + KLD
    return LOSS
#优化器选择
optimizer = torch.optim.Adam(net.parameters(), lr = 1e-3)
#输入图片的格式转化
def to_img(x):
    x = 0.5 * (x + 1.)
    x = x.clamp(0, 1)
    x = x.view(x.shape[0], 1, 28, 28)
    return x
#训练部分
for epoch in range(5):
    #遍历训练集
    for i in range(len(train_set)):
        im, _ = train_set[i]
        im = im.view(im.shape[0], -1)
        im = Variable(im)
        a,b,c = net(im)
        loss = loss_function(recon_im, im, mu, logvar) / im.shape[0]
        optimizer.zero_grad()
        loss.backward()
        optimizer.step()
    #自编码网络处理图片效果的展示
    if (e + 1) % 5 == 0:
        print('epoch: {}, Loss: {:.4f}'.format(e + 1, loss.item()))
        save = to_img(recon_im.cpu().data)
        if not os.path.exists('./vae_img'):
            os.mkdir('./vae_img')
        save_image(save, './vae_img/image_{}.png'.format(e + 1))
```

3.3 量子自编码网络的量子信息学基础

量子自编码网络在量子计算机上实现高级应用程序,依赖量子进程等逻辑对基本的量子门上的操作进行控制和管理。通用量子线路模型是目前量子计算平台构建计算框架广

泛采用的模型之一。自编码网络在学习过程中被更新的参数，在量子线路下对应为 Pauli 旋转门中的旋转角。在通用量子线路下，量子编码器将输入态映射为内部表示或编码的过程，依赖偏迹运算。偏迹运算这一概念来自量子信息学，通过损失函数在经典优化器辅助下的训练过程，完成量子线路中旋转角的学习和优化。需要注意的是，量子自编码器的损失函数与保真度有关。本节将具体解释量子信息学中的偏迹运算和保真度。

3.3.1　量子信息学中的偏迹运算

描述量子力学原理可以基于态空间的框架，而为了更好地解释偏迹运算，需要借助密度矩阵或密度算符。这两者在数学上是相互等价的。当描述的量子系统以一定的概率 p_i 处于量子态 $|\psi_i\rangle$ 时，纯态系统可以定义为 $\{p_i, |\psi_i\rangle\}$，此时这一系统的密度算符被定义为

$$\rho \equiv \sum_i p_i \mid \psi_i \rangle\langle \psi_i \mid \tag{3-2}$$

类似于基于态向量对量子系统的描述，也可以采用密度矩阵描述封闭量子系统的演化过程，演化算符为 $\boldsymbol{U}$，系统的初态为 $\{c_i|\psi_i\rangle, |c_i|^2 = p_i\}$，演化后的系统为 $\{c_i\boldsymbol{U}|\psi_i\rangle, |c_i|^2 = p_i\}$。根据密度算符的定义，系统再演化后可以表示为

$$\sum_i p_i \boldsymbol{U} \mid \psi_i \rangle\langle \psi_i \mid \boldsymbol{U}^\dagger = \boldsymbol{U}\rho\boldsymbol{U}^\dagger \tag{3-3}$$

3.3.2　保真度与量子自编码网络的损失函数

量子自编码网络的损失函数，依然需要对比原始输入数据和自编码网络重构的数据，这里引入了保真度来衡量输入态和输出态的差异。保真度的计算公式如下：

$$\text{fidelity} = \text{tr}(\rho\sigma) + \sqrt{1 - \text{tr}(\rho^2)} \times \sqrt{1 - \text{tr}(\sigma^2)} \tag{3-4}$$

其中，ρ 代表输入态；σ 代表输出态。

在其他一些场景下，也常采用 Uhlmann-Josza 保真度进行相似度的衡量。

3.4　量子自编码网络

本节以 PyTorch 框架下实现的量子自编码网络作为示例来展示采用量子比特门组成的量子线路实现自编码网络的具体方案。通过量子自编码网络压缩和重构输入量子态，需要用量子线路实现编码器网络和解码器网络。

如图 3-3 所示，编码器对输入态压缩的过程对应量子比特的测量操作。在编码器中，对输入的量子态进行压缩，在编码器压缩的过程中一部分信息编码的量子比特被保留；在测量过程中，另一部分信息编码的量子比特被丢弃，最终得到压缩后的量子态。解码器需要引入与编码器丢弃量子态相同维度的态，再通过解码器解码在编码器保留压缩的量子态和引入的量子态。最后希望输出的量子态和输入的量子态尽可能相似，用保真度来衡量它们之间的相似度。

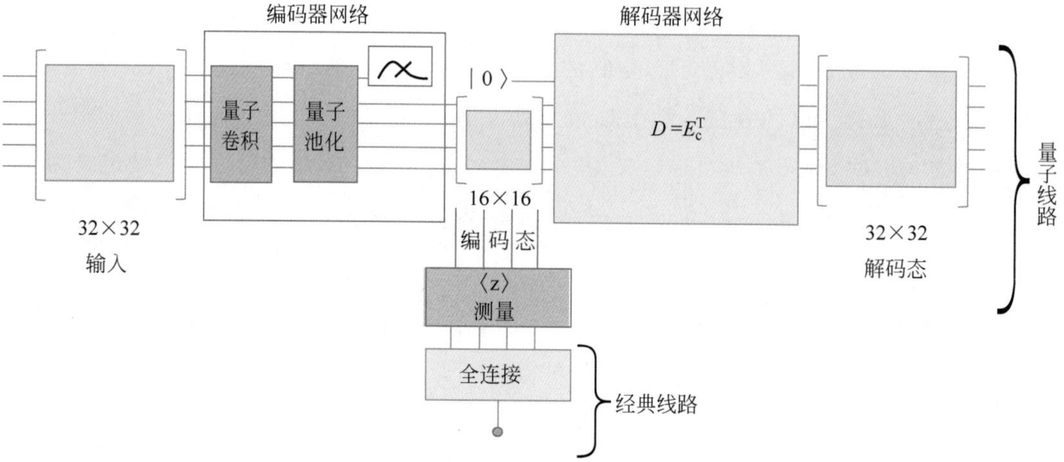

图 3-3　量子自编码网络

首先，通过代码加载运行量子自编码网络的环境，代码如下：

```
#加载库文件
from deepquantum.utils import dag, ptrace, encoding
from deepquantum import Circuit
```

然后，构建量子线路编码器中的卷积层和池化层，代码如下：

```
#第 3 章/3.4 量子自编码网络
#量子卷积层的构建
class Q_Conv0(nn.Module):
    #放置 5 个量子门,即有 5 个参数
    def __init__(self, n_qubits,gain = 2 ** 0.5, use_wscale = True, lrmul = 1):
        super().__init__()
        #定义卷积层和卷积层参数
        #初始化参数
        he_std = gain * 5 ** (-0.5)
        if use_wscale:
            init_std = 1.0 / lrmul
```

```
            self.w_mul = he_std * lrmul
        else:
            init_std = he_std / lrmul
            self.w_mul = lrmul
        #nn.Parameter 对每个 Module 的参数进行初始化
        self.weight = nn.Parameter(nn.init.uniform_(torch.empty(5), a = 0.0, b = 2 * np.pi) *
init_std)
        self.n_qubits = n_qubits
    def qconv0(self):
    #定义参数
        w = self.weight * self.w_mul
        cir = Circuit(self.n_qubits)
        for which_q in range(0, self.n_qubits, 2):
            cir.rx(which_q, w[0])
            cir.rx(which_q, w[1])
            cir.ryy(which_q, which_q + 1, w[2])
            cir.rz(which_q, w[3])
            cir.rz(which_q + 1, w[4])
        U = cir.U()
        return U
    #定义卷积层数据流
    #对输入 x 与 E_qconv0 做乘积运算
    #qconv0_out 作为输出
    def forward(self, x):
        E_qconv0 = self.qconv0()
        qconv0_out = dag(E_qconv0) @ x @ E_qconv0
        return qconv0_out
#构建量子线路中池化层
class Q_Pool(nn.Module):
#放置 4 个量子门,即有 2 个参数
    def __init__(self, n_qubits, gain = 2 ** 0.5, use_wscale = True, lrmul = 1):
        super().__init__()
    #定义池化层和池化层参数
    #初始化池化层参数
        he_std = gain * 5 ** (-0.5)
        if use_wscale:
            init_std = 1.0 / lrmul
            self.w_mul = he_std * lrmul
        else:
            init_std = he_std / lrmul
            self.w_mul = lrmul
        self.weight = nn.Parameter(nn.init.uniform_(torch.empty(6), a = 0.0, b = 2 * np.pi) *
init_std)
        self.n_qubits = n_qubits
    def qpool(self):
```

```
        w = self.weight * self.w_mul
        cir = Circuit(self.n_qubits)
        for which_q in range(0, self.n_qubits, 2):
            cir.rx(which_q, w[0])
            cir.rx(which_q + 1, w[1])
            cir.ry(which_q, w[2])
            cir.ry(which_q + 1, w[3])
            cir.rz(which_q, w[4])
            cir.rz(which_q + 1, w[5])
            cir.cnot(which_q, which_q + 1)
            cir.rz(which_q + 1, - w[5])
            cir.ry(which_q + 1, - w[3])
            cir.rx(which_q + 1, - w[1])
        U = cir.get()
        return U
    def forward(self, x):
        E_qpool = self.qpool()
        qpool_out = E_qpool @ x @ dag(E_qpool)
        return qpool_out
```

接下来，构建编码器网络，代码如下：

```
#第 3 章/3.4 量子自编码网络
#构建编码器
class Q_Encoder(nn.Module):
    def __init__(self):
        super(Q_Encoder, self).__init__()
        #定义卷积层
        self.embed_drug = drug
        #对 8 比特量子进行卷积(注: 需根据数据规格选择量子比特数量)
        self.qconv1 = Q_Conv0(8)
        #对 8 比特量子进行一次池化
        self.pool = Q_Pool(8)
    def forward(self, x):
        #x 为输入数据,最终输出作为后面解码器的输入
        x = self.embed_drug
        x = self.qconv1(x)
        x = self.pool(x)
        #偏迹运算,最终输出作为解码器的输入
        x = ptrace(x, 7, 1)
        return x
```

再接下来是构建解码器，在构建解码器之前需先构建解码器的卷积层和池化层，代码如下：

```
#第3章/3.4 量子自编码网络
#构建解码器的卷积层和池化层
class D_Q_Conv(nn.Module):
#放置5个量子门,即有5个参数
    def __init__(self, n_qubits, gain=2 ** 0.5, use_wscale=True, lrmul=1):
        super().__init__()
        #初始化参数
        he_std = gain * 5 ** (-0.5)
        if use_wscale:
            init_std = 1.0 / lrmul
            self.w_mul = he_std * lrmul
        else:
            init_std = he_std / lrmul
            self.w_mul = lrmul
        self.weight = nn.Parameter(nn.init.uniform_(torch.empty(5), a=0.0, b=2 * np.pi) *
init_std)
        self.n_qubits = n_qubits
    def de_qconv(self):
        w = self.weight * self.w_mul
        cir = Circuit(self.n_qubits)
        for which_q in range(0, self.n_qubits, 2):
            cir.rx(which_q, w[0])
            cir.rx(which_q, w[1])
            cir.ryy(which_q, which_q + 1, w[2])
            cir.rz(which_q, w[3])
            cir.rz(which_q + 1, w[4])
        U = cir.get()
        U = dag(U)
        return U
    def forward(self, x):
        E_qconv = self.de_qconv()
        qconv0_out = dag(E_qconv) @ x @ E_qconv
        return qconv0_out
#构建池化层
class D_Q_Pool(nn.Module):
        #放置4个量子门,即有2个参数
#初始化参数
        def __init__(self, n_qubits, gain=2 ** 0.5, use_wscale=True, lrmul=1):
        super().__init__()
        he_std = gain * 5 ** (-0.5)  #He 初始化
        if use_wscale:
            init_std = 1.0 / lrmul
            self.w_mul = he_std * lrmul
        else:
            init_std = he_std / lrmul
```

```
            self.w_mul = lrmul
        self.weight = nn.Parameter(nn.init.uniform_(torch.empty(6), a = 0.0, b = 2 * np.pi) * init_std)
        self.n_qubits = n_qubits

    def dequpool(self):
        w = self.weight * self.w_mul
        cir = Circuit(self.n_qubits)
        for which_q in range(0, self.n_qubits, 2):
            cir.rx(which_q, w[0])
            cir.rx(which_q + 1, w[1])
            cir.ry(which_q, w[2])
            cir.ry(which_q + 1, w[3])
            cir.rz(which_q, w[4])
            cir.rz(which_q + 1, w[5])
            cir.cnot(which_q, which_q + 1)
            cir.rz(which_q + 1, - w[5])
            cir.ry(which_q + 1, - w[3])
            cir.rx(which_q + 1, - w[1])
        U = cir.get()
        U = dag(U)
        return U
    def forward(self, x):
        E_qpool = self.dequpool()
        qpool_out = E_qpool @ x @ dag(E_qpool)
        return qpool_out
#构建解码器
class Q_Decoder(nn.Module):
    def __init__(self):
        super(Q_Decoder, self).__init__()
        #对 8 比特量子进行卷积
        self.depool = D_Q_Pool(8)
        #对 8 比特量子进行池化
        self.deqconv = D_Q_Conv(8)
    def forward(self, x, y):
        #x: 编码器编码保留的量子态
        #y: 引入的量子态
        #对 x 和 y 做 kron 运算
        deinput = torch.kron(x, y)
        #编码器是先卷积后池化的过程,而解码器是做先池化后卷积的操作进行数据升维
        out = self.depool(deinput)
        out = self.deqconv(out)
        return out
```

构建好编码器和解码器后,对编码器和解码器进行联合,代码如下:

```
#第 3 章/3.4 量子自编码网络
#定义量子自编码网络的类
class Q_AEnet(nn.Module):
    def __init__(self):
        super(Q_AEnet, self).__init__()
        #定义编码器和解码器
        self.encoder = Q_Encoder()
        self.decoder = Q_Decoder()
    def forward(self, x, y):
        #输入 x,编码器 encoder_output 作为解码器的输入,并引入 y
        encoder_output = self.encoder(x)
        decoder_output = self.decoder(encoder_output, y)
        return decoder_output
```

类似于经典自编码网络的结构，量子自编码网络需要在编码器线路的基础上考虑解码器及损失函数，量子线路与希尔伯特空间的紧密联系，使解码器的构建变得更为直接。量子自编码网络通过编码器线路的共轭转置运算来直接定义解码器线路。保真度计算公式中输入的是量子态，进一步考虑偏迹运算中基于向量和密度矩阵之间的对应关系，给出了基于密度矩阵进行保真度计算的方案。在具体的训练过程中，量子自编码网络旨在提高模型的保真度值，这就意味着需要通过调整参数化的量子线路，使在偏迹运算中丢弃的量子态与$|0...0\rangle$态尽可能相似。上述代码依次初始化了输入混合态、量子线路的随机参数、编码器网络和解码器网络，下面用代码实现量子自编码网络的模型返回保真度、损失函数及偏迹运算。

偏迹运算的代码如下：

```
#第 3 章/3.4 量子自编码网络
#偏迹运算
def ptrace(rhoAB, dimA, dimB):
    #rhoAB: 密度矩阵
    #dimA:保留的量子比特
    #dimB:要丢弃的量子比特
    mat_dim_A = 2 ** dimA
    mat_dim_B = 2 ** dimB
    #torch.eye()生成的对角线全为 1,其余部分全为 0
    #requires_grad = True, 梯度反传时对该 Tensor 计算梯度
    id1 = torch.eye(mat_dim_A, requires_grad = True) + 0.j
    id2 = torch.eye(mat_dim_B, requires_grad = True) + 0.j
    pout = 0
    #偏迹运算
    for i in range(mat_dim_B):
```

```
        p = torch.kron(id1, id2[i]) @ rhoAB @ torch.kron(id1, id2[i].reshape(mat_dim_B, 1))
        pout += p
    return pout
```

测量保真度的代码如下：

```
# 第 3 章/3.4 量子自编码网络
# 保真度
def get_fid(true_sp, gen_sp):
# true_sp:输入的数据,gen_sp: 经过自编码网络重构后的数据
 # 根据公式计算保真度: fidelity = tr(AB) + √(1 - tr(A²)) * √(1 - tr(B²))
    # A: rho_in 输入数据
    # B: rho_out 经过自编码网络的输出数据
    rho_in = true_sp
    rho_out = gen_sp
    fid = (rho_in @ rho_out).trace() + torch.sqrt((1 - (rho_in @ rho_in).trace())) * \
        torch.sqrt((1 - (rho_out @ rho_out).trace()))
    return fid.real
```

定义损失函数：

$$\text{Loss} = 1 - \langle 0\ldots0 \mid \rho\text{trash} \mid 0\ldots0 \rangle \tag{3-5}$$

其中，ρtrash 是经过编码后丢弃的量子态，即损失函数可以理解为 1－保真度。损失函数的代码如下：

```
# 损失函数
def Loss(true_sp, gen_sp):
    fid = get_fid(true_sp,gen_sp)
    loss = 1 - fid
    return loss.requires_grad_(True)
```

最后完成量子自编码网络的训练，代码如下：

```
# 第 3 章/3.4 量子自编码网络
# 对自编码网络完成训练
# 设置迭代次数
epochs = 200
# 加载数据
drug = smiles2qstate_test()
# 加载模型
model = Q_AEnet()
# 定义损失函数
```

```
loss_func = Loss
#选择优化器,设置学习率
optimizer = torch.optim.Adam(model.parameters(), lr = 0.01)
for enpoch in range(epochs):
    #将数据输入模型中,rho_C 为引入解码器输入
    output = model(drug, rho_C)
    #计算 loss
    loss = loss_func(drug, output)
    #建模三件套:梯度归零、反向传播计算梯度值及参数更新
    optimizer.zero_grad()
    loss.backward()
    optimizer.step()
    #计算保真度
    fid = get_fid(drug, output)
    #显示损失值和保真度
    print('enpochs:', enpoch + 1, 'loss:', '%.4f' % loss.detach().NumPy(), 'fid:', '%.4f' %
fid)
```

3.5　案例

以癫痫数据为例训练量子自编码网络。癫痫(Epilepsy)是影响全年龄的一种由脑部神经元阵发性异常超同步电导致的慢性非传染性疾病,是全球常见的神经性疾病之一。癫痫疾病的特征是反复发作,且有不可预测性。全球患病率接近 1%,大约 30%的患者使用抗癫痫药物依然难以治愈,损害人们的生活质量。癫痫的反复发作对患者的精神认知功能会造成持续性的负面影响,甚至危及生命,因此对癫痫预测的研究有很重要的临床意义。在癫痫预测的过程中,特征提取阶段可以利用量子自编码网络提取特征[1]。

案例代码中运用癫痫脑电波数据 CHB MIT 处理后的数据集对量子自编码网络进行训练。该数据集收集自波士顿儿童医院,其中包括患有难治性癫痫发作的儿科患者的脑电图记录。该头皮脑电图数据集由波士顿儿童医院与麻省理工学院合作记录,并在 pysionet.org 上公开,通过在癫痫患者头皮上放置 23 个电极记录数据集。该数据集从 22 名受试者收集,包括 17 名女性和 5 名男性,年龄不同,女性的年龄为 1.5 岁至 19 岁,男性的年龄为 3 岁至 22 岁。

在量子自编码网络中,编码器对输入数据进行压缩,在编码器压缩的过程中一部分信息编码的量子比特被保留;另一部分信息编码的量子比特被丢弃,最终得到压缩后的量子

态。解码器需要引入与编码器丢弃量子态相同维度的态，再通过解码器作用在编码器保留压缩的量子态和引入的量子态进行解码。最后希望输出的量子态和输入的量子态尽可能相似，用保真度来衡量它们之间的相似度。在加载癫痫数据时，截取256长度癫痫数据作为输入数据，输入模型，用的量子比特数是8个。

导入库及加载数据集，代码如下：

```
#第3章/3.5案例
#导入库
import torch
from torch import nn
import numpy as np
from NumPy import diag
from deepquantum import Circuit
from deepquantum.utils import dag, ptrace, encoding
import json
#加载数据
def data_test():
    path = "E:/data/preictal/chb01_01_time1.json"
    #打开数据
    with open(path, "r") as f:
        data = json.load(f)
        #定义一次截取的步长
        step = 256
        #提取通道
        data_torch = data["FP1 - F7"]
        #截取数据
        d = [data_torch[i:i + step] for i in range(0, len(data_torch), step)]
        data_torch = d[0]
        #将数据转换为tensor类型
        data_torch = torch.tensor(diag(data_torch))
        data_torch = data_torch.T @ data_torch
        #编码数据量子态
        out_data = encoding(data_torch)
    return out_data
```

构建网络，代码如下：

```
#第3章/3.5案例
#构建编码器
class Q_Encoder(nn.Module):
    def __init__(self):
        super(Q_Encoder, self).__init__()
        #定义卷积层
```

```
        self.embed_drug = drug
        # 对 8 比特量子进行卷积(注: 需根据数据规格选择量子比特数量)
        self.qconv1 = Q_Conv0(8)
        # 对 8 比特量子进行一次池化
        self.pool = Q_Pool(8)
    def forward(self, x):
        # x 为输入数据,最终输出作为后面解码器的输入
        x = self.embed_drug
        x = self.qconv1(x)
        x = self.pool(x)
        # 偏迹运算,最终输出作为解码器的输入
        x = ptrace(x, 7, 1)
        return x
# 构建解码器
class Q_Decoder(nn.Module):
    def __init__(self):
        super(Q_Decoder, self).__init__()
        # 对 8 比特量子进行卷积
        self.depool = D_Q_Pool(8)
        # 对 8 比特量子进行池化
        self.deqconv = D_Q_Conv(8)
    def forward(self, x, y):
        # x: 编码器编码保留的量子态
        # y: 引入的量子态
        # 对 x 和 y 做 kron 运算
        deinput = torch.kron(x, y)
        # 编码器是先卷积后池化的过程,而解码器是做先池化后卷积的操作进行数据升维
        out = self.depool(deinput)
        out = self.deqconv(out)
        return out
# 定义量子自编码网络的类,联合编码器和解码器
class Q_AEnet(nn.Module):
    def __init__(self):
        super(Q_AEnet, self).__init__()
        # 定义编码器和解码器
        self.encoder = Q_Encoder()
        self.decoder = Q_Decoder()
    def forward(self, x, y):
        # 输入 x,编码器 encoder_output 作为解码器的输入,并引入 y
        encoder_output = self.encoder(x)
        decoder_output = self.decoder(encoder_output, y)
        return decoder_output
```

训练模型,代码如下:

```
#第 3 章/3.5 案例
#对自编码网络完成训练
#设置迭代次数
epochs = 200
#加载数据
drug = data_test()
#加载模型
model = Q_AEnet()
#定义损失函数
loss_func = Loss
#选择优化器 Adma/SGD 等,设置学习率
optimizer = torch.optim.Adam(model.parameters(), lr = 0.01)
for enpoch in range(epochs):
    #将数据输入模型中,rho_C 为引入解码器输入
    output = model(drug, rho_C)
    #计算 loss
    loss = loss_func(drug, output)
    #建模三件套:梯度归零、反向传播计算梯度值和参数更新
    optimizer.zero_grad()
    loss.backward()
    optimizer.step()
    #计算保真度
    fid = get_fid(drug, output)
    #显示损失值,保真度
    print('enpochs:', enpoch + 1, 'loss:', '%.4f' % loss.detach().NumPy(), 'fid:', '%.4f' %
fid)
```

在具体的训练过程中,使用保真度作为模型的评估指标,量子自编码网络旨在提高模型的保真度。可视化保真度结果如图 3-4 所示。

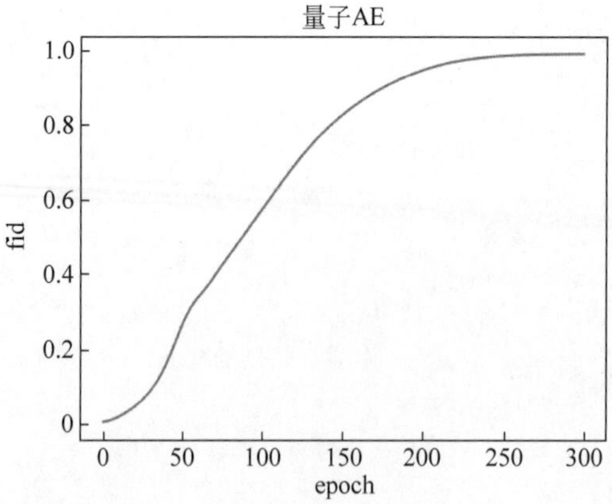

图 3-4 保真度曲线

用于癫痫数据的完整代码如下：

```
#第3章/3.5案例
#完整代码
import json
import time
import numpy as np
import torch
import torch.nn as nn
from deepquantum import Circuit
from deepquantum.utils import dag, ptrace, encoding

#量子卷积层的构建
class Q_Conv0(nn.Module):
    #放置5个量子门,即有5个参数
    def __init__(self, n_qubits,gain = 2 ** 0.5, use_wscale = True, lrmul = 1):

        super().__init__()
        #定义卷积层和卷积层参数
        #初始化参数
        he_std = gain * 5 ** (-0.5)
        if use_wscale:
            init_std = 1.0 / lrmul
            self.w_mul = he_std * lrmul
        else:
            init_std = he_std / lrmul
            self.w_mul = lrmul
        #nn.Parameter对每个Module的参数进行初始化
        self.weight = nn.Parameter(nn.init.uniform_(torch.empty(5), a = 0.0, b = 2 * np.pi) *
init_std)
        self.n_qubits = n_qubits
    def qconv0(self):
        #参数定义
        w = self.weight * self.w_mul
        cir = Circuit(self.n_qubits)
        for which q in range(0, self.n_qubits, 2):
        cir.rx(which_q,w[0])
        cir.rx(which_q,w[1])
        cir.ryy(which_q,which_q + 1,w[2])
        cir.rz(which_q,w[3])
        cir.rz(which_q + 1,w[4])
        U = cir.get()
        return U
    #定义卷积层数据流
    #对输入x与E_qconv0做乘法运算
```

```
    #qconv0_out 作为输出
    def forward(self, x):
        E_qconv0 = self.qconv0()
        qconv0_out = dag(E_qconv0) @ x @ E_qconv0
        return qconv0_out
#量子线路中池化层的构建
class Q_Pool(nn.Module):
    #放置 4 个量子门,即有 2 个参数
    def __init__(self, n_qubits, gain = 2 ** 0.5, use_wscale = True, lrmul = 1):

        super().__init__()
        #定义池化层和池化层参数
        #初始化池化层参数
        he_std = gain * 5 ** (-0.5)
        if use_wscale:
            init_std = 1.0 / lrmul
            self.w_mul = he_std * lrmul
        else:
            init_std = he_std / lrmul
            self.w_mul = lrmul
        self.weight = nn.Parameter(nn.init.uniform_(torch.empty(6), a = 0.0, b = 2 * np.pi) *
init_std)
        self.n_qubits = n_qubits
    def qpool(self):
        w = self.weight * self.w_mul
        cir = Circuit(self.n_qubits)
        for which_q in range(0, self.n_qubits, 2):
            cir.rx(which_q, w[0])
            cir.rx(which_q + 1, w[1])
            cir.ry(which_q, w[2])
            cir.ry(which_q + 1, w[3])
            cir.rz(which_q, w[4])
            cir.rz(which_q + 1, w[5])
            cir.cnot(which_q, which_q + 1)
            cir.rz(which_q + 1, -w[5])
            cir.ry(which_q + 1, -w[3])
            cir.rx(which_q + 1, -w[1])
        U = cir.get()
        return U
    def forward(self, x):
        E_qpool = self.qpool()
        qpool_out = E_qpool @ x @ dag(E_qpool)
        return qpool_out
#构建解码器的卷积层和池化层
class D_Q_Conv(nn.Module):
```

```
    #放置5个量子门,即有5个参数
    def __init__(self, n_qubits, gain = 2 ** 0.5, use_wscale = True, lrmul = 1):

        super().__init__()
        #初始化参数
        he_std = gain * 5 ** (-0.5)
        if use_wscale:
            init_std = 1.0 / lrmul
            self.w_mul = he_std * lrmul
        else:
            init_std = he_std / lrmul
            self.w_mul = lrmul
        self.weight = nn.Parameter(nn.init.uniform_(torch.empty(5), a = 0.0, b = 2 * np.pi) *
init_std)
        self.n_qubits = n_qubits
    def de_qconv(self):
        w = self.weight * self.w_mul
        cir = Circuit(self.n_qubits)
        for which_q in range(0, self.n_qubits, 2):
            cir.rx(which_q, w[0])
            cir.rx(which_q, w[1])
            cir.ryy(which_q, which_q + 1, w[2])
            cir.rz(which_q, w[3])
            cir.rz(which_q + 1, w[4])
        U = cir.get()
        U = dag(U)
        return U
    def forward(self, x):
        E_qconv = self.de_qconv()
        qconv0_out = dag(E_qconv) @ x @ E_qconv
        return qconv0_out
#构建池化层
class D_Q_Pool(nn.Module):
        #放置4个量子门,即有2个参数
        #初始化参数
        def __init__(self, n_qubits, gain = 2 ** 0.5, use_wscale = True, lrmul = 1):
            super().__init__()
            he_std = gain * 5 ** (-0.5)
            if use_wscale:
                init_std = 1.0 / lrmul
                self.w_mul = he_std * lrmul
            else:
                init_std = he_std / lrmul
                self.w_mul = lrmul
            self.weight = nn.Parameter(nn.init.uniform_(torch.empty(6), a = 0.0, b = 2 * np.
pi) * init_std)
```

```
            self.n_qubits = n_qubits
    def dequpool(self):
        w = self.weight * self.w_mul
        cir = Circuit(self.n_qubits)
        for which_q in range(0, self.n_qubits, 2):
            cir.rx(which_q, w[0])
            cir.rx(which_q + 1, w[1])
            cir.ry(which_q, w[2])
            cir.ry(which_q + 1, w[3])
            cir.rz(which_q, w[4])
            cir.rz(which_q + 1, w[5])
            cir.cnot(which_q, which_q + 1)
            cir.rz(which_q + 1, -w[5])
            cir.ry(which_q + 1, -w[3])
            cir.rx(which_q + 1, -w[1])
        U = cir.get()
        U = dag(U)
        return U
    def forward(self, x):
        E_qpool = self.dequpool()
        qpool_out = E_qpool @ x @ dag(E_qpool)
        return qpool_out
#构建编码器
class Q_Encoder(nn.Module):
    def __init__(self):
        super(Q_Encoder, self).__init__()
        #定义卷积层
        self.embed_drug = drug
        #对8比特量子进行卷积(注:需根据数据规格选择量子比特数量)
        self.qconv1 = Q_Conv0(8)
        #对8比特量子进行一次池化
        self.pool = Q_Pool(8)
    def forward(self, x):
        #x为输入数据,最终输出作为后面解码器的输入
        x = self.embed_drug
        x = self.qconv1(x)
        x = self.pool(x)
        #偏迹运算,最终输出作为解码器的输入
        x = ptrace(x, 7, 1)
        return x
#构建解码器
class Q_Decoder(nn.Module):
    def __init__(self):
        super(Q_Decoder, self).__init__()
        #对8比特量子进行卷积
```

```
        self.depool = D_Q_Pool(8)
        #对8比特量子进行池化
        self.deqconv = D_Q_Conv(8)
    def forward(self, x, y):
        #x: 编码器编码保留的量子态
        #y: 引入的量子态
        #对x和y做kron运算
        deinput = torch.kron(x, y)
        #编码器是先卷积后池化的过程,而解码器是做先池化后卷积的操作进行数据升维
        out = self.depool(deinput)
        out = self.deqconv(out)
        return out
#定义量子自编码网络的类,联合编码器和解码器
class Q_AEnet(nn.Module):
    def __init__(self):
        super(Q_AEnet, self).__init__()
        #定义编码器和解码器
        self.encoder = Q_Encoder()
        self.decoder = Q_Decoder()
    def forward(self, x, y):
        #输入x,编码器encoder_output作为解码器的输入,并引入y
        encoder_output = self.encoder(x)
        decoder_output = self.decoder(encoder_output, y)
        return decoder_output
#加载数据
def data_test():
    path = "E:/data/preictal/chb01_01_time1.json"
    #打开数据
    with open(path, "r") as f:
        data = json.load(f)
        #定义一次截取的步长
        step = 256
        #提取通道
        data_torch = data["FP1 - F7"]
        #截取数据
        d = [data_torch[i:i + step] for i in range(0, len(data_torch), step)]
        data_torch = d[0]
        #将数据转换为tensor类型
        data_torch = torch.tensor(diag(data_torch))
        data_torch = data_torch.T @ data_torch
        #编码数据量子态
        out_data = encoding(data_torch)
    return out_data
rho_C = torch.tensor(np.diag([1,0]))
#保真度
```

```
def get_fid(true_sp, gen_sp):
    #true_sp:输入的数据,gen_sp: 经过自编码网络重构后的数据
    #根据公式计算保真度: fidelity = tr(AB) + √(1 - tr(A²)) * √(1 - tr(B²))
    #A: rho_in 输入数据
    #B: rho_out 经过自编码网络的输出数据
    rho_in = true_sp
    rho_out = gen_sp
    fid = (rho_in @ rho_out).trace() + torch.sqrt((1 - (rho_in @ rho_in).trace())) * \
        torch.sqrt((1 - (rho_out @ rho_out).trace()))
return fid.real
#定义 loss 函数
def Loss(true_sp, gen_sp):
    fid = get_fid(true_sp,gen_sp)
    loss = 1 - fid
    #print(type(loss))
    return loss.requires_grad_(True)
torch.manual_seed(90)
#对自编码网络完成训练
#设置迭代次数
epochs = 200
#加载数据
drug = data_test()
#加载模型
model = Q_AEnet()
#定义损失函数
loss_func = Loss
#选择优化器 Adma/SGD 等,设置学习率
optimizer = torch.optim.Adam(model.parameters(), lr = 0.01)
for enpoch in range(epochs):
    #将数据输入模型中,rho_C 为引入解码器输入
    output = model(drug, rho_C)
    #计算 loss
    loss = loss_func(drug, output)
    #建模三件套:梯度归零、反向传播计算梯度值及参数更新
    optimizer.zero_grad()
    loss.backward()
    optimizer.step()
    #计算保真度
    fid = get_fid(drug, output)
    #显示损失值和保真度
    print('enpochs:', enpoch + 1, 'loss:', '%.4f' % loss.detach().NumPy(), 'fid:', '%.4f' %
fid)
```

参考文献

[1] HUSSEIN A, DJANDJI M, MAHMOUD R A, et al. Augmenting DL with Adversarial Training for Robust Prediction of Epilepsy Seizures[J]. Journal of the ACM, 2020, 1(3): 18.

第 4 章

卷积、图、图神经网络相关算法

4.1 卷积神经网络

卷积神经网络(Convolutional Neural Network, CNN)是一种专门用来处理具有类似网格结构数据的神经网络。卷积神经网络指至少在网络的一层中使用卷积运算替代一般的矩阵乘法运算的神经网络。

卷积神经网络一般由 5 个主要部分组成：输入层、卷积层、激活函数、池化层和全连接层。本章将介绍卷积神经网络的基本模块、经典卷积神经网络的实现、与量子卷积神经网络相关的基础及实现方案。

4.1.1 经典卷积神经网络

首先了解一下神经网络的概念。

神经网络有两个特点：第 1 个特点是层次的结构，分为输入层、隐藏层和输出层，中间的有向线段代表每两层之间的权重参数可以简单用 $f=\boldsymbol{wx}+b$ 来表示；第 2 个特点，层与层之间的连接是非线性的，加入了激活函数，激活函数可以泛化模型结构，如果不用激活函数，多层神经网络和一层神经网络就没什么区别了，经过多层神经网络的加权计算，都可以展开成一次的加权计算。总结来讲，神经网络展示了一种特征提取的方式，即优化出一组共享权重。卷积神经网络对一组样本的学习过程，本质上是优化出一组共享权重，神经网络如图 4-1 所示。

4.1.2 AlexNet

2012 年 AlexNet 的发表，成为深度学习爆发期的开端，那么什么叫深度学习呢？深度

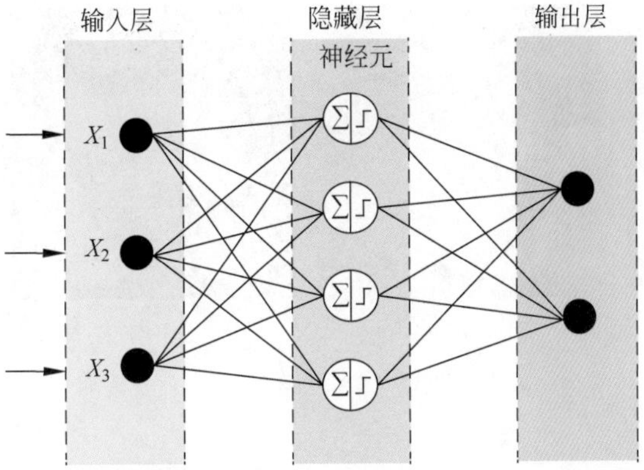

图 4-1　神经网络

指的是网络的深度，层数越多表示网络越深。在 AlexNet 的基础上，逐渐演化出了多种深度学习模型。这里以 AlexNet 为例，介绍一下模型训练过程中的几个组成模块，如图 4-2 所示。

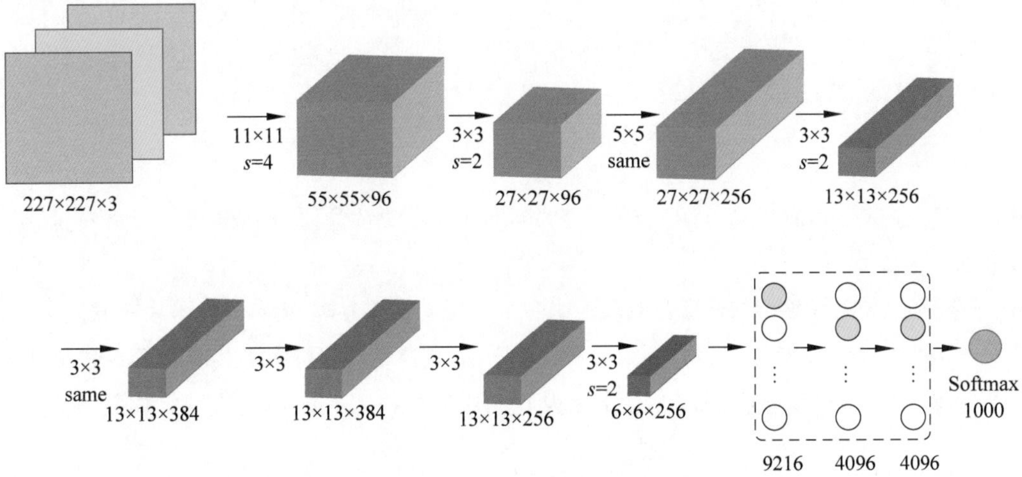

图 4-2　AlexNet 网络

AlexNet 包含输入层，卷积层，卷积层中涉及的激活函数、池化层、全连接层 5 个模块。

首先是输入层，CNN 不仅可以处理简单的单维数据，也可以处理复杂的多维数据，输入可以是一维语音样本、文本参数，也可以是二维灰度图像，三维的 RGB 图像等，如图 4-3(a)所示的是一张图片的原图，它的 r 层、g 层、b 层是经过一次卷积呈现的效果，如图 4-3(b)～图 4-3(d)所示。

完成输入之后，要进行卷积操作，卷积过程如图 4-4 所示。

输入一组二维特征向量，取一个大小为 3×3 的卷积核(图 4-4 中阴影部分大小)。将卷积核中的值和特征向量对应位置的值计算点积，得到上面这个小特征向量的第 1 个数值。随后，卷积核向右移动，移动的长度叫作步长，再将对应位置的值计算点积，得到第 2 个值。

图 4-3　图像卷积效果

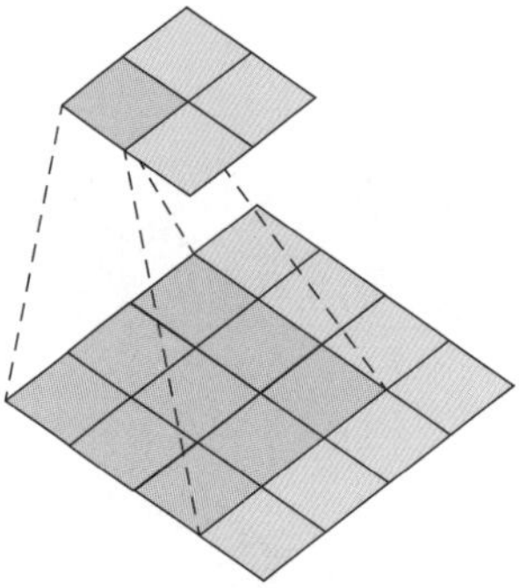

图 4-4　卷积

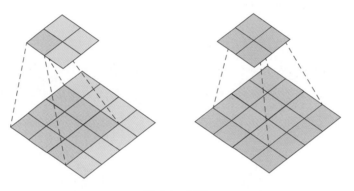

以此类推，多次计算后得到一组新的二维特征向量，称为特征图谱。得到一张新特征图谱的过程称为卷积。

这里涉及输入和输出的通道数概念。用一个三通道输入为例，例如彩色图片有 r、g、b 三层输入。经过一个卷积核计算，综合成为一张特征图谱，在这个卷积层中一共使用了 4 个卷积核，最终得到 4 张特征图谱，这 4 张特征图谱成为下一层的输入，是一个四通道输入，如图 4-5 所示。

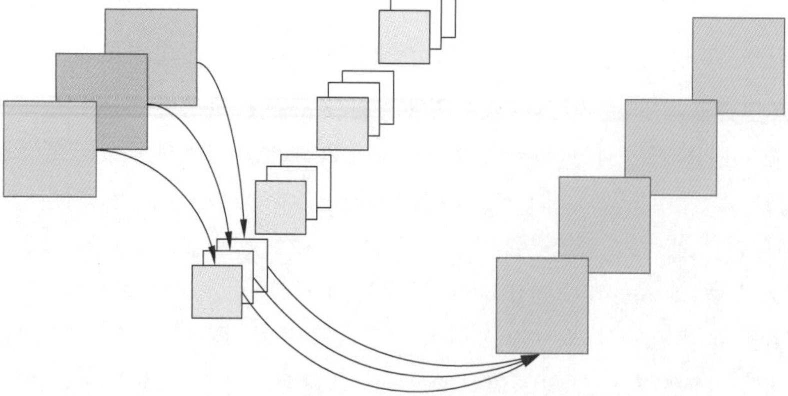

图 4-5　特征图谱

一个三通道输入经过一个卷积核操作，通过单位数值直接相加的形式叠加成一张特征图谱，如图 4-6 所示，在通过卷积操作后，得到对应的 3 个矩阵，将 3 个矩阵的值单位相加，得到最终输出的特征图，例如在第 1 个位置，它的数值分别是 235、179、211，相加等于 625。

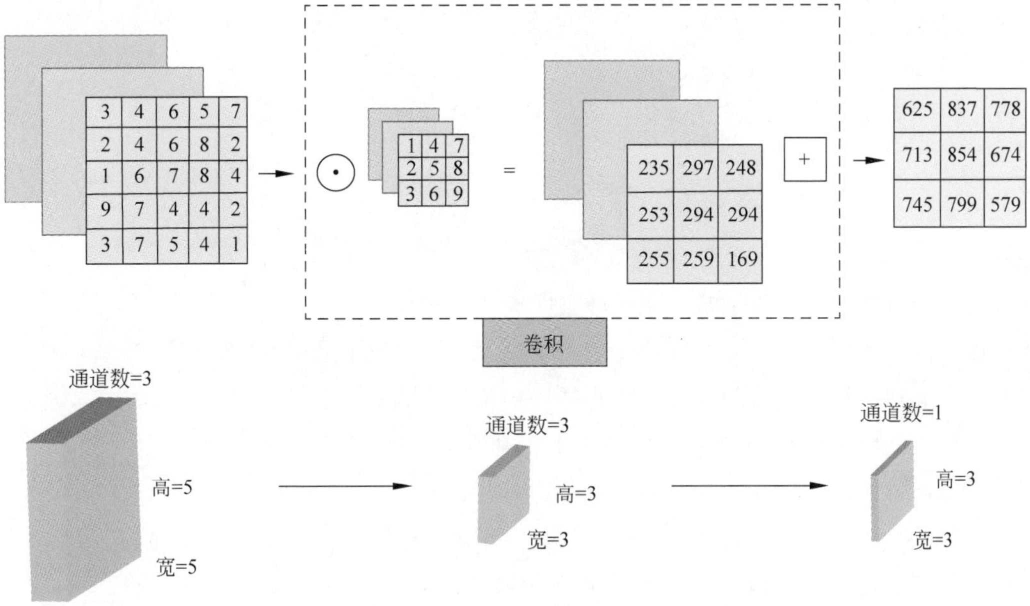

图 4-6　卷积运算

在卷积完后，会将得到的特征使用激活函数进行一次非线性变换，最终的结果是为了让网络的表达能力更加强大。如果不用激励函数，则每一层节点的输入就是上层输出的线性函数，很容易验证，无论神经网络有多少层，输出都是输入的线性组合，与没有隐藏层效果相当，这种情况是最原始的感知机（Perceptron），网络的逼近能力相当有限。正因这个原因，决定引入非线性函数作为激活函数，这样深层神经网络的表达能力就更加强大（不再是输入的线性组合，而是几乎可以逼近任意函数），如图 4-7 所示。有多种激活函数可以挑选，比较常用的有 ReLU 等。

在几个卷积层的后面，常常会添加一个池化层作为衔接，有助于加深 CNN 的网络层数，以提取更深层次的特征。池化的方法有多种，包括最大池化等，接下来以最大池化为例介绍池化过程。

一组 4×4 大小的特征图如图 4-8 所示，即对每个指定区域大小的特征数据，保留其中的最大值（第一步池化左侧红色区域最大元素值是 5，对应池化后右侧图中同颜色位置的 5；以此类推），作为池化后的输出，最终得到一个 2×2 大小的特征图。显而易见，通过池化操作，很大程度地减少了模型的计算量和特征图谱的尺寸。这个过程起到了保留有意义信

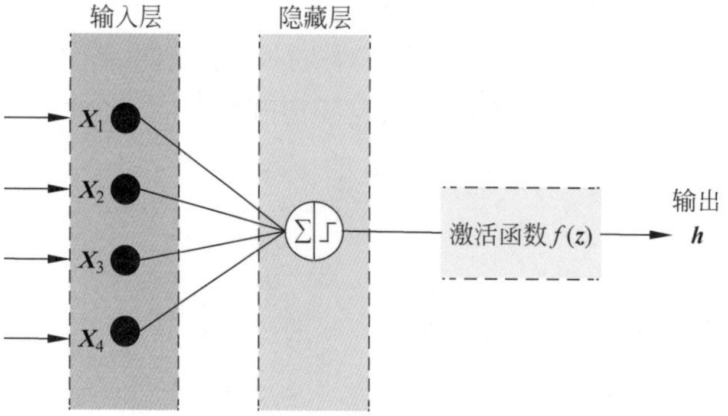

图 4-7 激活函数

息、剔除冗余信息的作用,一定程度上增强了模型的泛化能力。

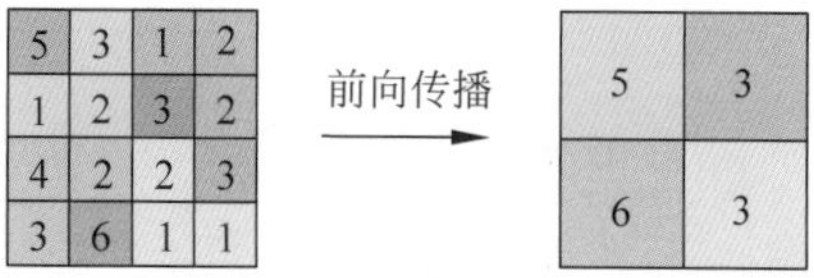

图 4-8 池化过程

然后来到了整个网络的最后一个模块——全连接层。全连接层在模型中往往起到分类器的作用,利用前面通过卷积和池化得到的高阶特征进行匹配分类,得到模型分类结果。特征图转化成全连接网络的过程在 AlexNet 中进行,最后一层卷积层的输出是 3×3×5 大小的矩阵,在经过激活函数后,还是可以得到一个 3×3×5 的矩阵。那么,怎样将矩阵转换成 1×4096 的神经元模式呢?用一个 3×3×5×4096 的卷积层去卷积激活函数的输出,如图 4-9 所示。绿色表示一个大小和特征图一样的卷积核,经过卷

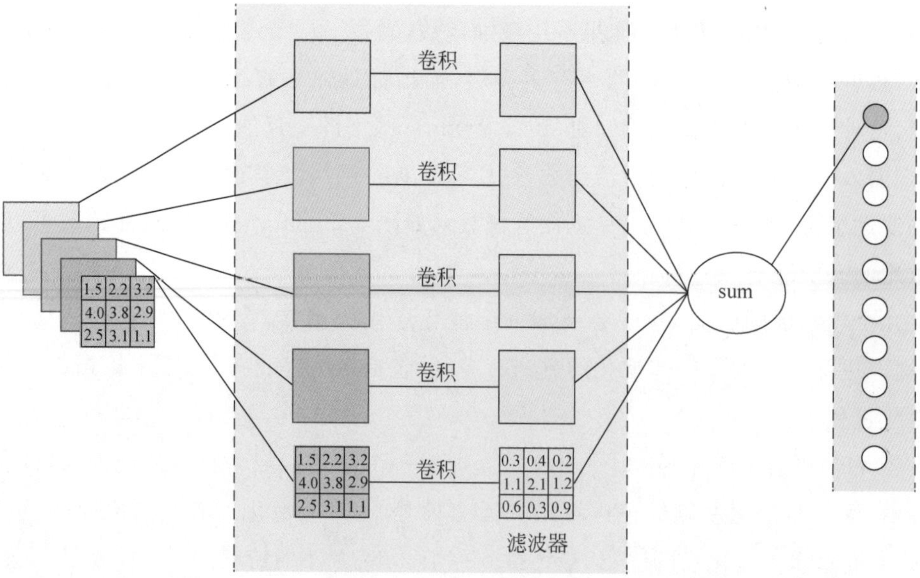

图 4-9 全连接层

积核操作之后可以得到一个值，这个值是第 1 个神经元，以此类推，使用 4096 个卷积核，最终可以得到 1×4096 的矩阵。全连接层可以大大减少特征位置对分类带来的影响。

接下来，使用 PyTorch 框架实现经典的卷积神经网络。

首先，进入 conda 安装路径的 bin 目录下，用以下命令激活机器学习的 Python 环境：

```
#激活环境
$ conda activate "YOUR_ENV_NAME" #将引号内容替换为已搭建的环境名
$ conda deactivate                #退出当前环境
```

在激活环境后，进入工作目录并启动 Jupyter，便可在浏览器中启用 Python 环境：

```
#启动 Jupyter
$ Jupyter Notebook
```

通过以下命令来加载环境中的 Torch 框架，其中，torch. nn 中包含了不同神经网络模型的基础函数。

```
#导入库文件
import torch
import torch.nn as nn
import torchvision
import torchvision.transforms as transforms
```

然后，用 torch. nn 工具构建卷积神经网络，设定一些已知参数，并用 MNIST 数据集进行试运行，代码如下：

```
#第 4 章/4.1.2 AlexNet
num_epochs = 5              #训练 5 遍
num_classes = 10            #目标类别
batch_size = 100            #训练批次中,每个批次要加载的样本数量(默认值为 1)
learning_rate = 0.001       #学习率为 0.001

#加载数据集,并将数据集分为测试集和训练集
train_dataset = torchvision.datasets.MNIST(root = '../../data/',
                                           train = True,
                                           transform = transforms.ToTensor(),
                                           download = False)


test_dataset = torchvision.datasets.MNIST(root = '../../data/',
```

```
                                            train = False,
                                            transform = transforms.ToTensor())

train_loader = torch.utils.data.DataLoader(dataset = train_dataset,
                                            batch_size = batch_size,
                                            shuffle = False)

test_loader = torch.utils.data.Dataloader(dataset = test_dataset,
                                            batch_size = batch_size,
                                            shuffle = False)
```

声明 ConvNet 类，代码如下：

```
#第 4 章/4.1.2 AlexNet
class ConvNet(nn.Module):
    #声明 torch.nn.Module 所有神经网络模块的基类
    def __init__(self,num_classes = 10):
        super(ConvNet,self).__init__()
        #继承基类的构造函数,固定写法为 super(NewModel, self).__init__()
        self.layer1 = nn.Sequential(
            nn.Conv2d(1,16,Kernel_size = 5,stride = 1,padding = 2),   #输入维度为 1×28×28
            nn.BatchNorm2d(16),
            nn.Relu(),
            nn.MaxPool2d(Kernel_size = 2,stride = 2)
        )
self.layer2 = nn.Sequential(
            nn.Conv2d(16,32,Kernel_size = 5,stride = 1,padding = 2),
            nn.BatchNorm2d(32),
            nn.Relu(),
            nn.MaxPool2d(Kernel_size = 2,stride = 2)
        )
        self.fc = nn.Linear(7 * 7 * 32,num_classes)

    def forward(self,x):
        out = self.layer1(x)
        out = self.layer2(out)
        out = out.reshape(out.size[0], - 1)
        out = self.fc(out)
        return out
```

定义完 ConvNet 类，创建一个实例实现数据集的训练过程。这部分还包括卷积神经网络的反馈训练及模型存储等，代码如下：

```
#第 4 章/4.1.2 AlexNet
model = ConvNet(num_classes).to(device)
criterion = nn.CrossEntropyLoss()
total_step = len(train_loader)
for epoch in range(total_step):
    for i,(images,labels) in enumerate(train_loader):
        images = images.to(device)
        labels = labels.to(device)
        outputs = model(images)
        loss = criterion(outputs,labels)
        optimizer.zero_grad()
        loss.backward()
        optimizer.step()
        if (i+1) % 100 == 0:
            print('Epoch [{}/{}],Step [{}/{}].Loss:{:.4f}'
            .format(epoch+1,num_epochs,i+1,total_step,loss.item()))
with torch.no_grad():
    correct = 0
    total = 0
    for images,labels in test_loader:
        images = images.to(device)
        labels = labels.to(device)
        outputs = model(images)
        _,predicted = torch.max(outputs.data,1)
        total += labels.size(0)
        correct += (predicted == labels).sum().item()#计算准确率
print('Test Accuracy of the model on the 1000 test images: {} % '.format(100 * correct/
total))#打印准确率

torch.save(model.state_dict(),'model.ckpt')#存储模型
```

4.2 量子卷积神经网络

本节讲解量子卷积神经网络(Quantum Convolutional Neural Network,QNN),这是一种量子机器学习模型,最初由 Henderson 等引入。

4.2.1 回顾经典卷积

卷积神经网络(CNN)是经典机器学习中的标准模型,特别适用于图像处理。该模型基

于卷积层的思想，不使用全局函数处理完整的输入数据，而是使用局部卷积。

如果输入的是图像，则使用相同的内核顺序处理小的局部区域。每个区域获得的结果通常与单个输出像素的不同通道关联。所有输出像素的并集产生一个新的类似图像的对象，该对象可以通过附加层进行进一步处理。

4.2.2 量子卷积

也可以将同样的想法推广到量子变分电路中，如图 4-10 所示，该电路与参考文献[1]中使用的电路非常相似。

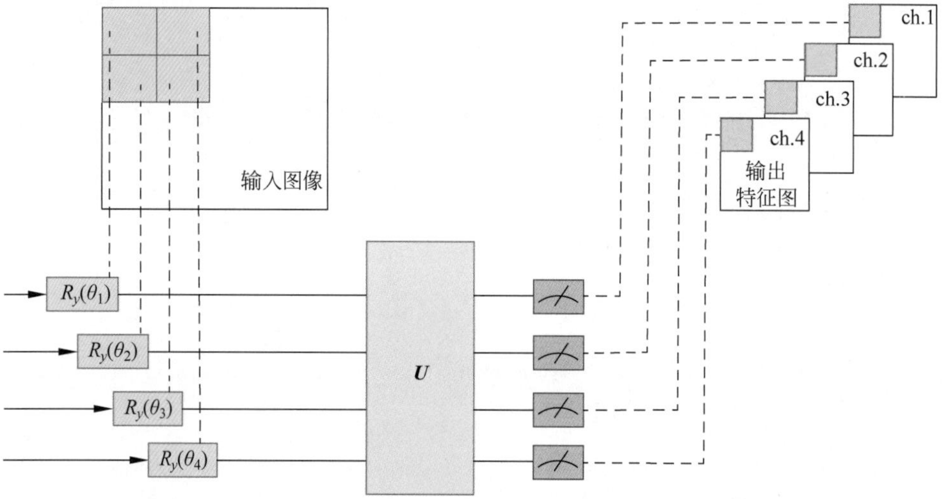

图 4-10 量子变分电路

(1) 输入图像的一个小区域是一个 2×2 的正方形，嵌入量子电路中，通过对基态中初始化的量子位进行参数化旋转实现。

(2) 在系统上执行与 **U** 矩阵相关联的量子计算。幺正性可以由量子变分电路产生，或者更简单地说，由参考文献[1]中提出的随机电路产生。

(3) 测量量子系统，得到经典期望值列表。测量结果也可以按照参考文献[1]中的建议进行处理，但为了简单起见，在本示例中直接使用原始期望值。

(4) 与经典卷积层类似，将每个期望值映射到单个输出像素的不同通道。

(5) 通过在不同区域重复相同的过程，可以扫描完整的输入图像，生成一个输出对象，该对象将被构造为多通道图像。

(6) 量子卷积之后可以是量子层或经典层。

量子卷积与经典卷积的主要区别在于，量子卷积可以生成高度复杂的内核，其计算至少在原则上是经典卷积难以处理的。

本书遵循参考文献[1]中的方法，使用固定的、不可训练的量子电路作为量子进化内核，而随后的经典层则针对感兴趣的分类问题进行训练。

4.2.3 代码实现

首先导入包，代码如下：

```
#导入库文件
import numpy as np
import torch
from torch.autograd import Function
from torchvision import datasets, transforms
import torch.optim as optim
import torch.nn as nn
import torch.nn.functional as F
import matplotlib.pyplot as plt
from torch.utils.data import Dataset, DataLoader
from deepquantum.utils import dag, measure_state
from deepquantum import Circuit
```

然后设置超参数，代码如下：

```
#第 4 章/4.2.2 量子卷积
#自定义自编码网络的类
BATCH_SIZE = 4
EPOCHS = 30                          #优化迭代次数
n_layers = 1                         #网络层数
n_train = 10                         #训练数据集的大小
n_test = 3                           #测试数据集的大小

SAVE_PATH = "./"                     #数据保存地址
PREPROCESS = True
#如果为 False,则跳过量子处理并从 SAVE_PATH 读取数据
seed = 42
np.random.seed(seed)                 #NumPy 随机数生成器的种子
torch.manual_seed(seed)              #PyTorch 随机数生成器的种子
if torch.CUDA.is_available():
    DEVICE = torch.device('CUDA')
else:
    DEVICE = torch.device('cpu')
```

再从 PyTorch 导入 MNIST 数据集。为了加快评估速度，本示例仅使用少量的训练和

测试图像。显然,使用完整的数据集可以获得更好的结果,代码如下:

```
#第4章/4.2.2量子卷积
train_dataset = datasets.MNIST(root = "./data",
                               train = True,
                               download = True,
                               transform = transforms.ToTensor())

train_dataset.data = train_dataset.data[:n_train]
train_dataset.targets = train_dataset.targets[:n_train]

test_dataset = datasets.MNIST(root = "./data",
                              train = False,
                              transform = transforms.ToTensor())

test_dataset.data = test_dataset.data[:n_test]
test_dataset.targets = test_dataset.targets[:n_test]

train_images = torch.unsqueeze(train_dataset.data, -1)
test_images = torch.unsqueeze(test_dataset.data, -1)
```

如图4-10所示,模拟一个由4个量子位组成的系统。量子电路包括局部Ry旋转的嵌入层(角度按π因子缩放)和量子变分线路。计算最终测量,估计4个期望值,代码如下:

```
#第4章/4.2.2量子卷积
def measure(state, n_qubits):
    cir = Circuit(n_qubits)
    for i in range(n_qubits):
        cir.z_gate(i)
    m = cir.get()
    return measure_state(state, m)
class QuanConv2D(nn.Module):
    def __init__(self, n_qubits, gain = 2 ** 0.5, use_wscale = True, lrmul = 1):

        super().__init__()
        #初始化参数
        he_std = gain * 5 ** (-0.5)
        if use_wscale:
            init_std = 1.0 / lrmul
            self.w_mul = he_std * lrmul
        else:
            init_std = he_std / lrmul
            self.w_mul = lrmul
```

```
        self.weight = nn.Parameter(nn.init.uniform_(torch.empty(12), a = 0.0, b = 2 * np.pi) *
init_std)
        self.n_qubits = n_qubits

    def input(self, data):
        cir1 = Circuit(self.n_qubits)
        for which_q in range(0, self.n_qubits, 1):
            cir1.ry(target_qubit = which_q, phi = np.pi * data[which_q])
        out = cir1.get()
        return out

    def qconv(self):
        cir2 = Circuit(self.n_qubits)
        w = self.weight * self.w_mul
        for which_q in range(0, self.n_qubits, 1):
            cir2.rx(target_qubit = which_q, phi = w[3 * which_q + 0])
            cir2.rz(target_qubit = which_q, phi = w[3 * which_q + 1])
            cir2.rx(target_qubit = which_q, phi = w[3 * which_q + 2])
        for which_q in range(0, self.n_qubits, 1):
            cir2.cnot(which_q, (which_q + 1) % self.n_qubits)
        U = cir2.get()
        return U

    def forward(self, x):
        E_qconv = self.qconv()
        qconv_out = dag(E_qconv) @ x @ E_qconv
        classical_value = measure(qconv_out, self.n_qubits)
        return classical_value
circuit = QuanConv2D(4)
```

下一个函数定义卷积方案：图像被分成 2×2 像素的正方形，量子电路对每个方块进行处理，并将 4 个期望值映射到单个输出像素的 4 个不同通道中。此过程将使输入图像的分辨率减半。在经典卷积神经网络中，这相当于一个步长为 2、大小为 2×2 的卷积核，代码如下：

```
#第 4 章/4.2.2 量子卷积
def quanv(image):
"""将输入图像与同一量子电路的许多应用进行卷积"""
    out = np.zeros((14, 14, 4))

    #循环遍历 2×2 方块左上角像素的坐标
    for j in range(0, 28, 2):
        for k in range(0, 28, 2):
```

```
        #用量子电路处理图像的 2×2 平方区域
            x = torch.FloatTensor(([image[j, k, 0],
                        image[j, k + 1, 0],
                        image[j + 1, k, 0],
                        image[j + 1, k + 1, 0]]))
            q_input = circuit.input(x)
            q_results = circuit.forward(q_input)
            #对输出像素的不同通道赋期望值(j/2, k/2)
            for c in range(4):
                out[j //2, k //2, c] = q_results[c]
    return out
```

因为不打算训练量子卷积层，所以将其作为预处理层应用于数据集的所有图像更有效。之后，一个完全经典的模型将直接在预处理的数据集上进行训练和测试，避免不必要的重复计算。

预处理的图像将保存在文件夹 SAVE_PATH 中。保存后，可以通过设置 PREPROCESS=False 直接加载它们，否则量子卷积将在每次运行代码时进行计算，代码如下：

```
#第 4 章/4.2.2 量子卷积
if PREPROCESS == True:
    q_train_images = []
    print("Quantum pre-processing of train images:")
    for idx, img in enumerate(train_images):
        print("{}/{}".format(idx + 1, n_train), end="\r")
        q_train_images.append(quanv(img))
    q_train_images = np.asarray(q_train_images)

    q_test_images = []
    print("\nQuantum pre-processing of test images:")
    for idx, img in enumerate(test_images):
        print("{}/{}".format(idx + 1, n_test), end="\r")
        q_test_images.append(quanv(img))
    q_test_images = np.asarray(q_test_images)

    #保存预处理图像
    np.save(SAVE_PATH + "q_train_images.npy", q_train_images)
    np.save(SAVE_PATH + "q_test_images.npy", q_test_images)

#下载预处理图像
q_train_images = np.load(SAVE_PATH + "q_train_images.npy")
q_test_images = np.load(SAVE_PATH + "q_test_images.npy")
```

可视化量子卷积层对一批样品的影响，代码如下：

```
#第 4 章/4.2.2 量子卷积
n_samples = 4
n_channels = 4
fig, axes = plt.subplots(1 + n_channels, n_samples, figsize = (10, 10))
for k in range(n_samples):
    axes[0, 0].set_ylabel("Input")
    if k != 0:
        axes[0, k].yaxis.set_visible(False)
    axes[0, k].imshow(train_images[k, :, :, 0], cmap = "gray")
    #绘制所有的输出通道
    for c in range(n_channels):
        axes[c + 1, 0].set_ylabel("Output [ch. {}]".format(c))
        if k != 0:
            axes[c, k].yaxis.set_visible(False)
        axes[c + 1, k].imshow(q_train_images[k, :, :, c], cmap = "gray")
plt.tight_layout()
plt.show()
```

在每个输入图像下方，量子卷积产生的 4 个输出通道用灰度显示。可以清楚地注意到分辨率的下降采样和量子核引入的一些局部失真。另外，图像的全局形状被保留，这与卷积层所期望的一样，可视化结果如图 4-11 所示。

在应用量子卷积层之后，将得到的特征输入一个经典的神经网络中，该神经网络将被训练以对 MNIST 数据集的 10 个不同数字进行分类。

使用一个非常简单的模型：只有一个完全连接的层，有 10 个输出节点，最后有一个 Softmax 激活功能。

该模型采用随机梯度下降优化器和交叉熵损失函数进行训练，代码如下：

```
#第 4 章/4.2.2 量子卷积
class Net(nn.Module):
    def __init__(self):
        super(Net, self).__init__()
        self.fc1 = nn.Linear(14 * 14 * 4, 64)
        self.fc2 = nn.Linear(64, 10)

    def forward(self, x):
        x = torch.flatten(x,1)
        x = F.ReLU(self.fc1(x))
        x = self.fc2(x)
        return x

model = Net().to(DEVICE)
```

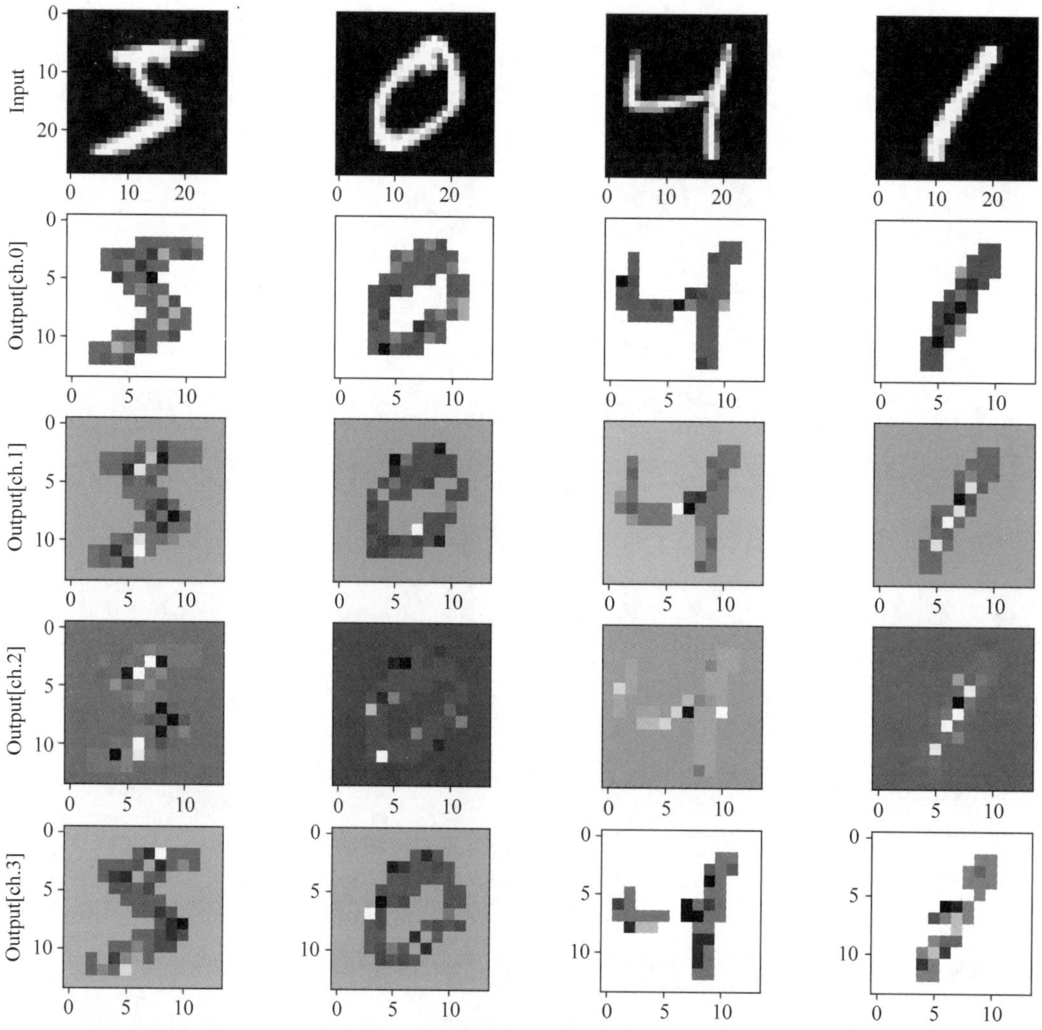

图 4-11　手写数字可视化结果

```
optimizer = optim.Adam(model.parameters(), lr = 0.001)
loss_func = nn.CrossEntropyLoss()
train_data = []
train_target = []
for i in range(len(q_train_images)):
    train_data.append(q_train_images[i])
    train_target.append(train_dataset.targets[i])
test_data = []
test_target = []
for i in range(len(q_test_images)):
    test_data.append(q_test_images[i])
```

```
    test_target.append(test_dataset.targets[i])
#构建迭代器
class Train_dataset(Dataset):
    def __init__(self):
        self.src = train_data
        self.trg = train_target

    def __len__(self):
        return len(self.src)

    def __getitem__(self, index):
        return self.src[index], self.trg[index]
class Test_dataset(Dataset):

    def __init__(self):
        self.src = test_data
        self.trg = test_target

    def __len__(self):
        return len(self.src)

    def __getitem__(self, index):
        return self.src[index], self.trg[index]

train_dataset = Train_dataset()
test_dataset = Test_dataset()
train_loader = torch.utils.data.DataLoader(dataset = train_dataset,
                                           batch_size = BATCH_SIZE,
                                           shuffle = False)
test_loader = torch.utils.data.DataLoader(dataset = test_dataset,
                                          batch_size = BATCH_SIZE,
                                          shuffle = False)
model = Net().to(DEVICE)
optimizer = optim.Adam(model.parameters(), lr = 0.001)
loss_func = nn.CrossEntropyLoss()
loss_list = []
#开始训练
model.train().to(DEVICE)
for epoch in range(EPOCHS):
    total_loss = []
    for batch_idx, (data, target) in enumerate(train_loader):
        target = target.to(DEVICE)
        optimizer.zero_grad()
        data = data.to(torch.float32).to(DEVICE)
        #前向传播
```

```
        output = model(data).to(DEVICE)
        #计算损失
        loss = loss_func(output, target).to(DEVICE)
        #反向传播
        loss.backward()
        #优化权重
        optimizer.step()
        total_loss.append(loss.item())
    loss_list.append(sum(total_loss) / len(total_loss))
    print('Training [{:.0f}%]\tLoss: {:.4f}'.format(100. * (epoch + 1) / EPOCHS, loss_list
[-1]))
```

4.3 量子图循环神经网络

4.3.1 背景介绍

循环神经网络(Recurrent Neural Network，RNN)是一类以序列(Sequence)数据为输入,在序列的演进方向进行递归(Recursion)且所有节点(循环单元)按链式连接的递归神经网络(Recursive Neural Network) 。循环神经网络具有记忆性,在对序列的非线性特征进行学习时具有一定的优势 。循环神经网络的记忆单元模块的设计思路,也被广泛地引入不同领域和模型优化中。

图网络在推荐、材料应用、分子生物等领域被广泛应用。对于图来讲,数据样本之间并非彼此独立,图中的每个数据样本(节点)都会有边与图中其他实数据样本(节点)相关,这些信息可用于捕获实例之间的相互依赖关系,大大增加了图网络的可解释性。可解释性富有极大意义,因为如果无法对预测背后的底层机制进行推理,则深层模型就无法得到完全信任。同时,提供准确的预测和人类能领会的解释,会帮助深度模型被安全、可信地部署。特别是对于跨学科领域的用户而言,效率和功用会极大地提升。

循环图神经网络运用了类似 RNN 的图网络,通常在图上递归地应用相同的参数来提取高级表示。

4.3.2 经典 GGRU

在介绍 GGRU(Graph Gate Recurrent Unit)模型之前,需要先介绍一下 GRU(Gate

Recurrent Unit)。GRU 是循环神经网络的一种，是为了解决长期记忆和反向传播中的梯度等问题而提出的。GRU 的实验效果与 LSTM 相似，但是更易于计算。

GRU 的输入和输出结构如图 4-12 所示，与 RNN 一般无二。x^t 为当前的输入，h^{t-1} 表示上一个节点传递下来的隐藏状态。结合 x^t 和 h^{t-1}，GRU 会得到当前节点的输出 y^t 和传递给下一个节点的 h^t。

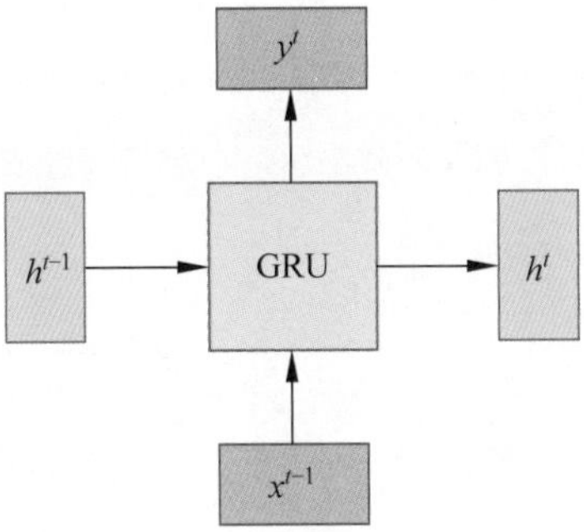

图 4-12　GRU 的输入和输出结构

GRU 的内部结构如图 4-13 所示。接下来分为记忆当前时刻和更新记忆两个阶段介绍。

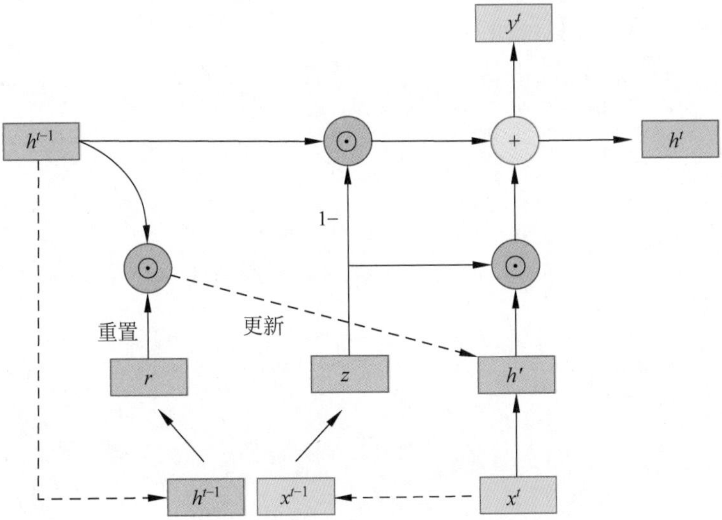

图 4-13　GRU 的输入和输出结构

首先，通过上一个节点传递下来的状态 h^{t-1} 和当前输入 x^t 获取两个门控状态。一个是 r(Reset Gate)控制新产生的信息，另一个是 z(Update Gate)控制遗忘的信息。然后，在得到门控信号之后，将 Reset 得到的数据 h^{t-1} 与矩阵中对应的元素相乘(Hardamard Product)得到 h^{t-1}，再将 h^{t-1} 与当前输入 x^t 拼接并通过 tanh 函数得到一组[−1,1]范围的数据，即 h'。h' 主要包含当前输入的 x^t 数据。有针对性地将 h' 添加到当前节点状态，相当于记忆了当前时刻的状态。

在更新记忆阶段，同时进行了遗忘和记忆两个步骤，记忆更新的表达式为

$$h^t = (1-z)\odot h^{t-1} + z\odot h' \tag{4-1}$$

式(4-1)的前半部分表示对原本隐藏状态的选择性“遗忘”。这里的 $1-z$ 可以想象成遗忘门(Forget Gate)，忘记 h^{t-1} 维度中的一些不重要的信息。式(4-1)的后半部分表示对包

含当前节点信息的 h' 进行选择性“记忆”。总而言之，这个阶段选择遗忘了某些不重要的信息，并增加了新节点的重要信息。

使用 PyTorch 框架实现经典 GRU 单元功能。首先，需要配置所需环境，代码如下：

```
#导入库文件
import torch
import torch.nn as nn
from torch.autograd import Variable
import numpy as np
import os
import networkx as nx
```

然后，实现 GRU 模块，代码如下：

```
class GRU_plain(nn.Module):

    def __init__(self, input_size = (10)):
        super(GRU_plain, self).__init__()
        self.input = nn.Linear(10, 5)
        self.rnn = nn.GRU(5, hidden_size = 10, num_layers = 10, batch_first = True)
        self.output = nn.Sequential(
            nn.Linear(10, 4),
            nn.Relu(),
            nn.Linear(4, 1)
         )
         self.relu = nn.Relu()
         self.hidden = None

    def forward(self, x):
        input1 = self.input(x)
        input2 = self.relu(input1)
        input2 = input2.view(1,1,len(input2))
        output, self.hidden = self.rnn(input2)
        output = self.output(output)

        return output
```

最后声明模型类，代码如下：

```
#第 4 章/GRU
#GRU 单元实现实例
```

```
model = GRU_plain()
model.double()
#初始化随机样本
sample = np.ones(10)
#将 NumPy 变量转换为 Torch 变量
sample = Variable(torch.from_numpy(sample),requires_grad = True)

#用 GRU 单元对个例样本进行处理,得到输出
output = model(sample)
print(output,output.shape)
```

GGRU 的重点在于输入的图的定义。定义一张图为 $G=(Vo,Vi,E)$，在节点 $v\in V$ 中存储节点特征，在边 $e\in E$ 中存储边信息。考虑有向图，Vo 表示有向边 E 的始点，Vi 表示有向边 E 的终点。在 E 中存放 Vo、Vi 两个节点的相连边的权值。这样定义的目的是构建网络 GGRU，实现每一次参数更新时，兼顾图数据的节点和边特征。GGRU 利用 RNN 类似原理实现了信息在图结构中的传递。

4.3.3　基于 QuGRU 实现的 QuGGRU

QuGGRU 本质上是通过将一张图的表示 $G=(Vo,Vi,E)$，按节点组合顺序传入 QuGRU 模型实现的。下面，使用 PyTorch 实现 QuGGRU 模型，并用一个实例来展示。首先，需要导入必要的依赖，代码如下：

```
#加载库文件
import math
import torch
import torch.nn as nn
import numpy as np
from deepquantum import Circuit
```

然后，定义包含量子线路操作的 VQC 层，代码如下：

```
#定义量子操作层
class VQC(nn.Module):
    """
    args:
        input_dim
        output_dim
```

```
    Input: tensor of shape (1, input_dim)
    Output: tensor of shape (1, output_dim)
    where 1 is for batch_size

    """
    def __init__(self, input_dim, output_dim, gain = 2 ** 0.5, use_wscale = True, lrmul = 1):
        super().__init__()

        he_std = gain * 5 ** (-0.5)
        if use_wscale:
            init_std = 1.0 / lrmul
            self.w_mul = he_std * lrmul
        else:
            init_std = he_std / lrmul
            self.w_mul = lrmul

        self.n_para = input_dim * 3
        self.weight = nn.Parameter(nn.init.uniform_(torch.empty(self.n_para), a = 0.0, b = 2 *
np.pi) * init_std)

        self.n_qubits = input_dim
        self.n_part = int(math.log(output_dim, 2)) #2 ** n_part = output_dim
    def get_zero_state(self, n_qubits):
        """
        returns:
            |0⟩, the lowest computational basis state for a n qubits circuit
        """
        zero_state = torch.zeros(2 ** n_qubits, dtype = torch.cfloat)
        zero_state[0] = 1. + 0j
        return zero_state

    def encoding_layer(self, data):
        for which_q in range(0, self.n_qubits, 1):
            self.cir.Hadamard(which_q)
            self.cir.ry(which_q, torch.arctan(data[which_q]))
            self.cir.rz(which_q, torch.arctan(torch.square(data[which_q])))

    def variational_layer(self):
        w = self.weight * self.w_mul
        for which_q in range(0, self.n_qubits, 1):
            self.cir.cnot(which_q, (which_q + 1) % self.n_qubits)
            self.cir.cnot(which_q, (which_q + 2) % self.n_qubits)
        for which_q in range(0, self.n_qubits, 1):
            self.cir.rx(which_q, w[3 * which_q + 0])
            self.cir.rz(which_q, w[3 * which_q + 1])
```

```
            self.cir.rx(which_q, w[3 * which_q + 2])

    def forward(self, x):
        zero_state = self.get_zero_state(self.n_qubits)
        x = torch.tensor(x)
        x = torch.squeeze(x)
        E = self.encoding_layer(x)
        V = self.variational_layer()
        EV = gate_sequence_product([E,V], self.n_qubits)
        final_state = EV @ zero_state

        #density_matrix = purestate_density_matrix(final_state, self.n_qubits)
        #classical_value = measure(density_matrix, self.n_qubits)
        #return classical_value
        hidden = partial_measurements(final_state, self.n_qubits, self.n_part)
        return hidden.unsqueeze(0)
```

定义能够实现 GRU 思路的单元，代码如下：

```
#第 4 章/4.3.3 基于 QuGRU 实现的 QuGGRU
#定义 GRU 单元
class GRUCell(nn.Module):

    """
    自定义 GRU 单元

    参数:
    input_size:输入 x 的特征数
    hidden_size:隐藏状态的特征数

    输入:
    'x':张量形状是(N, input_size),输入向量,代表一个词语或字母的数字化表示
    'h_prev':张量形状是 (N, hidden_size),隐藏状态向量,代表之前输到模型的信息的数字化表
示。其中, N 只是 Batch Size,用于把多个序列中同时间步的输入进行批量计算

输出:
    'h_new':张量形状是 (N, hidden_size),隐藏状态向量,代表考虑到当前输入后,隐藏状态的更新
    """

    def __init__(self, input_size, hidden_size, bias = True):
        super(GRUCell, self).__init__()
```

```
        self.input_size = input_size
        self.hidden_size = hidden_size
        self.linear_x_r = VQC(input_size, hidden_size)      # change
        self.linear_x_u = VQC(input_size, hidden_size)      # change
        self.linear_x_n = VQC(input_size, hidden_size)      # change
        self.linear_h_r = VQC(hidden_size, hidden_size)     # change
        self.linear_h_u = VQC(hidden_size, hidden_size)     # change
        self.linear_h_n = VQC(hidden_size, hidden_size)     # change
        self.reset_parameters()

    def reset_parameters(self):
        std = 1.0 / math.sqrt(self.hidden_size)
        for w in self.parameters():
            w.data.uniform_(-std, std)

    def forward(self, x, h_prev):
        x_r = self.linear_x_r(x)
        x_u = self.linear_x_u(x)
        x_n = self.linear_x_n(x)
        h_r = self.linear_h_r(h_prev)
        h_u = self.linear_h_u(h_prev)
        h_n = self.linear_h_n(h_prev)
        resetgate = torch.sigmoid(x_r + h_r)
        updategate = torch.sigmoid(x_u + h_u)
        newgate = torch.tanh(x_n + (resetgate * h_n))
        h_new = newgate - updategate * newgate + updategate * h_prev

        return h_new
```

还需要定义一个模型类,代码如下:

```
#第 4 章/4.3.3 基于 QuGRU 实现的 QuGGRU
#swap 测试得到保真度
class GRUModel(nn.Module):
    def __init__(self, input_dim, hidden_dim, output_dim, bias=True):
        super(GRUModel, self).__init__()
        self.hidden_dim = hidden_dim
        self.gru_cell = GRUCell(input_dim, hidden_dim)
        self.fc = nn.Linear(hidden_dim, output_dim)

    def forward(self, x):
        #将隐藏状态初始化为零向量
        h0 = torch.zeros( x.size(0), self.hidden_dim)
        outputs = []
```

```
        #RNN 循环
        h = h0
        for seq in range(x.size(1)):
            h = self.gru_cell(x[:,seq,:], h)
            outputs.append(h)
        output = outputs[-1]
        output = self.fc(output)
        return output
```

在执行训练前,需要定义一些已知参数并创建模型对象和优化器,代码如下:

```
input_dim = 16   #此实例演示,输入一个 4 节点的图,会得到一个 16×3 维的矩阵
hidden_dim = 8
output_dim = 2   #假设做分类任务,一共有两个类别,输出两个类别的概率
model = GRUModel(input_dim,hidden_dim,output_dim)
criterion = nn.CrossEntropyLoss()
optimizer = torch.optim.SGD(model.parameters(), lr=0.001)
```

定义训练过程,这里需要注意,使用的是一个具体的实例,代码如下:

```
#第 4 章/4.3.3 基于 QuGRU 实现的 QuGGRU
#定义训练过程
def train():
    #随机生成节点特征
    v0 = torch.rand(1)
    v1 = torch.rand(1)
    v2 = torch.rand(1)
    v3 = torch.rand(1)
    #用这种比较直观简洁的方式表示图
    graph = torch.tensor([[[v0,v0,0],[v0,v1,1],[v0,v2,0],[v0,v3,1],
                  [v1,v0,1],[v1,v1,0],[v1,v2,1],[v1,v3,0],
                  [v2,v0,0],[v2,v1,1],[v2,v2,0],[v2,v3,1],
                  [v3,v0,1],[v3,v1,0],[v3,v2,1],[v3,v3,0]
                 ]])
    labels = torch.randint(1,2,(1,)) #生成实例图的标签,假设为两类,取 1 或 2
    optimizer.zero_grad()
    outputs = model(graph)
    loss = criterion(outputs, labels)
    loss.backward()
    optimizer.step()

#循环 10 次的打印结果
for i in range(10):
    print(f'===step{i+1}===')
train()
```

4.3.4 循环图神经网络补充介绍

循环图神经网络的实现方式有很多，除了上述实现方式较为简洁的 QuGGRU 模型，还有多种实现方式，例如 GGNN(Gated Graph Neural Network)。GGNN 是一种基于 GRU 的经典空间域节点信息传递的模型。

定义一张图 $G=(V,E)$，在节点 $v\in V$ 中存储 D 维向量，在边 $e\in E$ 中存储 $D\times D$ 维矩阵，目的是构建 GGNN。实现每一次参数更新时，每个节点既可接收相邻节点的信息，又可向相邻节点发送信息。GGNN 利用 RNN 类似原理实现了信息在图结构中的传递。

如图 4-14 所示的是一个异构图的边特征生成过程，一般用邻接矩阵表示节点之间的相连关系。不同的颜色表示不同类型的边，分为出边和入边，如图 4-14(a)所示。展开一个时间步，分别计算出边和入边的特征，如图 4-14(b)所示。出边和入边分别构成带特征值的邻接矩阵，两个邻接矩阵拼接在一起，如图 4-14(c)所示。

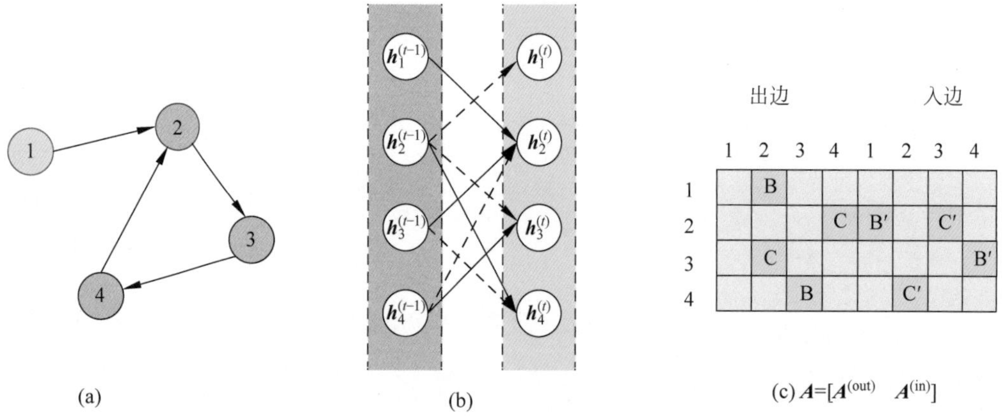

图 4-14 图的特征邻接矩阵的构建

传播模型公式如下，式(4-2)中，$\boldsymbol{h}_v^{(1)}$ 为节点 v 的初始隐向量，为 D 维的向量，当节点输入特征 x_v 的维度小于D 时，后面采取补 0 的填充方式。式(4-3)中，$\boldsymbol{A}_v$ 为图 4-14(c)的矩阵 $\boldsymbol{A}$ 中选出对应节点 v 的两列，$\boldsymbol{A}$ 为 $D|v|\times 2D|v|$维，$\boldsymbol{A}_v$ 为 $1\times 2D$ 维，最终的 $\boldsymbol{a}_v^{(t)}$ 为 $1\times 2D$ 维的向量，表示当前节点和相邻节点间通过 Edges 相互作用的结果。可以看到，计算时对 $\boldsymbol{A}$ 取了 in 和 out 两列，因此这里计算的结果考虑了双向信息传递。

式(4-4)～式(4-7)为类 GRU 计算过程。其中，z_v^t(Update Gate)控制遗忘信息，r_v^t(Reset Gate)控制新产生信息。式(4-7)的前半部分选择"遗忘"过去的信息，而后半部分选择"记住"新产生的信息。$\boldsymbol{h}_v^{(t)}$ 则为最终更新的节点状态。

$$\boldsymbol{h}_v^{(1)}=[\boldsymbol{x}_v^{\mathrm{T}}\quad 0]^{\mathrm{T}} \tag{4-2}$$

$$\boldsymbol{a}_v^{(t)} = \boldsymbol{A}_v^{\mathrm{T}} [\boldsymbol{h}_1^{(t-1)\mathrm{T}} \quad \cdots \quad \boldsymbol{h}_{|v|}^{(t-1)\mathrm{T}}]^{\mathrm{T}} + b \tag{4-3}$$

$$z_v^t = \sigma(W^z \boldsymbol{a}_v^{(t)} + U^z \boldsymbol{h}_v^{(t-1)}) \tag{4-4}$$

$$r_v^t = \sigma(W^r \boldsymbol{a}_v^{(t)} + U^r \boldsymbol{h}_v^{(t-1)}) \tag{4-5}$$

$$\tilde{\boldsymbol{h}}_v^{(t)} = \tanh(W\boldsymbol{a}_v^{(t)} + U(r_v^t \odot \boldsymbol{h}_v^{(t-1)})) \tag{4-6}$$

$$\boldsymbol{h}_v^{(t)} = (1 - z_v^t) \odot \boldsymbol{h}_v^{(t-1)} + z_v^t \odot \tilde{\boldsymbol{h}}_v^{(t)} \tag{4-7}$$

每个节点的输出如式(4-8)所示，其中 g 为特定的函数，表示利用每个节点的最终状态及其初始状态求其输出。

$$o_v = g(\boldsymbol{h}_v^{(\mathrm{T})}, x_v) \tag{4-8}$$

除了 GGNN 之外，还有更为复杂的循环图神经网络。GraphRNN 属于图生成模型，图生成模型需要学习图的结构分布，然而图具有非唯一(Non-Unique)性，高维及给定图的边之间存在复杂、非局部的依存关系。GraphRNN 可以视作一种级联形式，由两个 RNN 组成：Graph-level RNN 用于维护图的状态并生成新节点；Edge-level RNN 用于为新生成的节点生成新的边。

GraphRNN 的整体思路如下。

(1) 生成新节点：调用 Node-level RNN，然后用它的输出作为 Edge-level RNN 的输入。

(2) 为这个新节点构建可能的边：调用 Edge-level RNN 预测这个新的节点是不是和之前的所有已知节点连接。

(3) 增加另一个新节点：使用第(2)步 Edge-level RNN 的输出作为 Node-level RNN 的新输入。

(4) 停止图生成：如果 Edge-level RNN 输出了 EOS=1，则可知没有更多的边跟新节点相连，可以停止图生成的过程了。

GraphRNN 的结构如图 4-15 所示。

$\boldsymbol{h}_6$ 是序列的真实状态，$\boldsymbol{h}_2$ 生成了 1 号节点，然后生成了下一个节点与节点 1 的连接关系，为 $\boldsymbol{S}_2$。$\boldsymbol{h}_3$ 通过节点 1 的相连关系，生成了节点 2，并且节点 2 与节点 1 相连，然后生成下一个节点与节点 1 和 2 的连边，即图 4-15 中的 $\boldsymbol{S}_3$。$\boldsymbol{h}_4$ 生成节点 3，与节点 1 连接，与节点 2 不连接，然后生成下一个节点与节点 1、2 和 3 的连边，即图 4-15 中的 $\boldsymbol{S}_4$。$\boldsymbol{h}_5$ 生成了节点 4，与节点 2 和 3 相连，然后生成下一个节点与节点 1、2、3 和 4 相连的边，即 $\boldsymbol{S}_5$。$\boldsymbol{h}_6$ 生成节点 5，与节点 3 和 4 相连，没有更多的节点了，即得到完整图。在图 4-15 中，绿色路径表示 Node-level 的 RNN，只负责生成 Edge-level RNN 的初始状态；蓝色路径表示 Edge-level RNN，负责生成连边关系。

节点级别的 RNN 会在生成节点后，将节点作为边级别的 RNN 的输入，边级别的输入会判断是否和前面的节点有边连接，如果有，则生成边，然后将结果回传。这个过程会重复

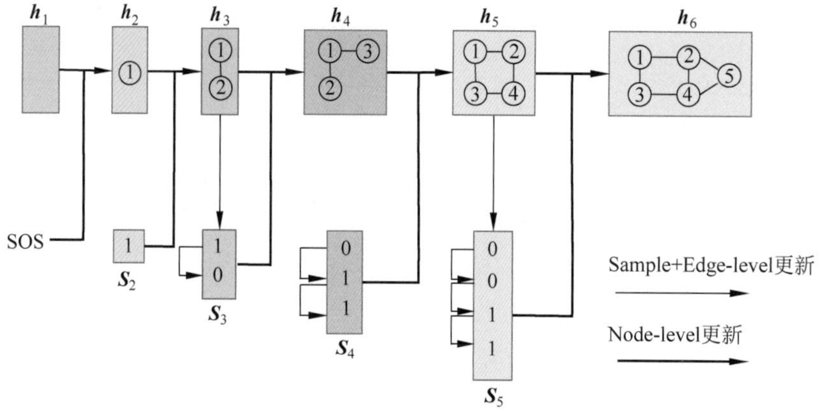

图 4-15　GraphRNN 的结构

执行，直到所有的节点被生成。

在节点级别的 RNN 中，每个 RNN cell 会输出一个概率，通过这个概率判断是否有一条边生成，而这个输出会成为下一个 RNN cell 的输入，判断下一条边是否存在，如图 4-16 所示。这里需要注意的是，要将上一个 RNN cell 输出的结果标签作为下一个 RNN cell 的输入，而非概率值。

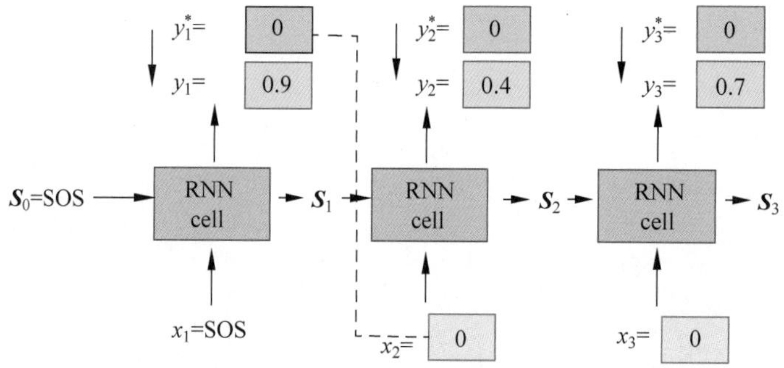

图 4-16　记忆模块

参考文献

[1]　HENDERSON M, SHAKYA S, PRADHAN S, et al. Quanvolutional Neural Networks: Powering Image Recognition with Quantum Circuits[J]. Quantum Machine Intelligence, 2020, 2(1): 1-9.

第5章

注意力机制

5.1 注意力机制背景

注意力机制(Attention Mechanism)最初作为循环神经网络的辅助技巧被提出,后来在谷歌的论文"Attention is all you need"中,注意力层首次完全代替卷积层,成为Transformer模型的主要组成部分。如今注意力机制已经成为神经网络领域的一个重要概念。因其在自然语言处理中的优秀表现,注意力机制逐渐被应用于不同的深度学习任务和模型,在机器翻译、文本概括、图像识别、手势识别、基因测序及药物分析等方面都有应用。

注意力机制模仿了人类的神经系统。例如当观察一张图像时,视觉系统倾向于分配更多的精力在能够辅助判断的重要目标上,而选择性忽略一些不相关的信息。同样地,在语言信息处理问题中,输入数据的某些部分会比其他部分对判断更有作用。例如,在判断一个句子的结构时,更倾向于观察主语和谓语,而在判断程度时更关注形容词和副词。

注意力机制通过某种运算计算得到句子在编码过程中各部分的注意力权重,然后以权重和的形式计算得到整个句子的隐含向量表示。

这一机制解决了循环神经网络在自然语言处理任务中的问题,如对非定长序列输入的适应性问题,原来的Encoder-Decoder模型固定长度隐含向量,无法同时适应长输入和短输入。若设定的隐含向量长度太短,则输入语句较长时无法表达足够的信息,会面临较多的信息损失;若设定的隐含向量长度太长,则会浪费计算资源和内存。更重要的是,相对于循环神经网络需要在层内依照顺序依次对序列数据进行计算,完全基于注意力机制的Transformer模型可以同时处理整个序列,有效提高了并行计算的效率,也规避了循环神经网络远距离记忆衰减的问题,具有很好的长程关联性。

由于注意力机制较符合人类理解和分析问题时的特点,自提出以来在机器翻译、基因测序、图像识别等多个领域表现出了顶尖模型的水平。除了模型表现上的提高外,注意力机制还增加了深度学习模型的可解释性。可解释性的提高一方面能增加人们对深度学习模型的信任；另一方面能方便对模型的优化调参。

5.1.1 Self-Attention

注意力机制计算权重的方式有很多种，这里以点乘自注意力机制为例。除了点乘自注意力机制(Scaled Dot-Product Attention)之外，还有加法注意力机制等。自注意力机制是指在计算各部分相互之间的注意力相关性时，只在同一个层内进行计算，而不计算层间不同部分的相关性。

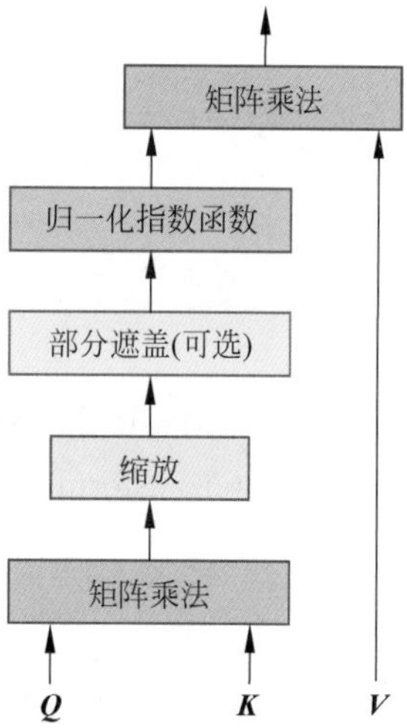

图 5-1　点乘自注意力机制的结构

如图 5-1 所示，$\boldsymbol{Q}$、$\boldsymbol{K}$、$\boldsymbol{V}$ 分别表示 Query、Key、Value。对于自注意力机制来讲，$\boldsymbol{Q}$、$\boldsymbol{K}$、$\boldsymbol{V}$ 是由同一个输入向量 $\boldsymbol{x}$ 与 3 个不同的可训练参数矩阵 $\boldsymbol{W}_Q$，$\boldsymbol{W}_K$，$\boldsymbol{W}_V$ 进行矩阵相乘得到的。简单来讲，注意力机制的机理可归纳为如下两步：

(1) 将不同输入间的 Query 和 Key 通过某种计算得到不同输入间的相关性，这个相关性用注意力分数表示。

(2) 用注意力分数对不同输入的 Value 进行加权求和，得到最终输出。

可以看出，注意力机制与全连接层的不同在于，全连接层在模型训练结束之后权重即被固定，但注意力机制的权重(注意力分数)在训练结束之后仍会随输入的变化而变化。

对于输入 $\boldsymbol{Q}$、$\boldsymbol{K}$ 和 $\boldsymbol{V}$ 来讲，其输出向量 $\boldsymbol{y}$ 的计算公式为

$$\text{Attention}(\boldsymbol{Q},\boldsymbol{K},\boldsymbol{V})=\text{Softmax}\left(\frac{\boldsymbol{Q}\boldsymbol{K}^{\mathrm{T}}}{\sqrt{d_k}}\right)\boldsymbol{V} \tag{5-1}$$

其中，$\boldsymbol{Q}$、$\boldsymbol{K}$ 和 $\boldsymbol{V}$ 为 3 个矩阵，并且其第 2 个维度分别为

$$d_q, d_k, d_v$$

式(5-1)中除以$\sqrt{d_k}$的过程是点乘自注意力机制名称中的 Scale 过程。因为 $\boldsymbol{Q}\boldsymbol{K}^{\mathrm{T}}$ 值的大小常与矩阵维度有关，维度越大结果越大，而 Softmax 函数的输入越大，则输出越接近函数的平滑段，容易造成梯度消失。故采用上述 Scale 计算进行缩放，解决梯度消失的问题。

下面，来看一个实际的计算示例，如图 5-2 所示，输入序列为“我是谁”，每个字可以表达为一个 1×4 的向量，记为 $\boldsymbol{x}_1$，$\boldsymbol{x}_2$，$\boldsymbol{x}_3$，因此总的输入可以表示为一个 3×4 的矩阵 $\boldsymbol{X}=\begin{bmatrix}\boldsymbol{x}_1\\\boldsymbol{x}_2\\\boldsymbol{x}_3\end{bmatrix}$。

通过与 3 个不同的参数矩阵 $\boldsymbol{W}_Q, \boldsymbol{W}_K, \boldsymbol{W}_V$ 相乘，得到 $\boldsymbol{Q}=\boldsymbol{X}\boldsymbol{W}_Q=\begin{bmatrix}\boldsymbol{q}_1\\\boldsymbol{q}_2\\\boldsymbol{q}_3\end{bmatrix}=\begin{bmatrix}\boldsymbol{x}_1\boldsymbol{W}_Q\\\boldsymbol{x}_2\boldsymbol{W}_Q\\\boldsymbol{x}_3\boldsymbol{W}_Q\end{bmatrix}$，$\boldsymbol{K}=\boldsymbol{X}\boldsymbol{W}_K=\begin{bmatrix}\boldsymbol{k}_1\\\boldsymbol{k}_2\\\boldsymbol{k}_3\end{bmatrix}=\begin{bmatrix}\boldsymbol{x}_1\boldsymbol{W}_K\\\boldsymbol{x}_2\boldsymbol{W}_K\\\boldsymbol{x}_3\boldsymbol{W}_K\end{bmatrix}$，$\boldsymbol{V}=\boldsymbol{X}\boldsymbol{W}_V=\begin{bmatrix}\boldsymbol{v}_1\\\boldsymbol{v}_2\\\boldsymbol{v}_3\end{bmatrix}=\begin{bmatrix}\boldsymbol{x}_1\boldsymbol{W}_V\\\boldsymbol{x}_2\boldsymbol{W}_V\\\boldsymbol{x}_3\boldsymbol{W}_V\end{bmatrix}$。

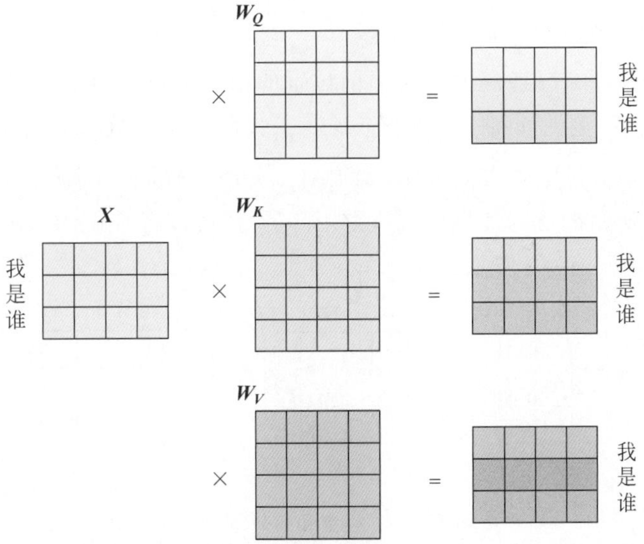

图 5-2 $\boldsymbol{Q}$、$\boldsymbol{K}$ 和 $\boldsymbol{V}$ 的计算过程

此处，对于计算得到的 $\boldsymbol{Q}$、$\boldsymbol{K}$、$\boldsymbol{V}$，可以理解为对同一个输入进行 3 次不同的线性变换，表示其 3 种不同的状态。在计算得到 $\boldsymbol{Q}$、$\boldsymbol{K}$、$\boldsymbol{V}$ 之后，就可以进一步计算得到权重矩阵 $\boldsymbol{Q}\boldsymbol{K}^{\mathrm{T}}=\begin{bmatrix}s_{11}&s_{12}&s_{13}\\s_{21}&s_{22}&s_{23}\\s_{31}&s_{32}&s_{33}\end{bmatrix}=\begin{bmatrix}\boldsymbol{x}_1\boldsymbol{W}_Q\boldsymbol{W}_K^{\mathrm{T}}\boldsymbol{x}_1^{\mathrm{T}}&\boldsymbol{x}_1\boldsymbol{W}_Q\boldsymbol{W}_K^{\mathrm{T}}\boldsymbol{x}_2^{\mathrm{T}}&\boldsymbol{x}_1\boldsymbol{W}_Q\boldsymbol{W}_K^{\mathrm{T}}\boldsymbol{x}_3^{\mathrm{T}}\\\boldsymbol{x}_2\boldsymbol{W}_Q\boldsymbol{W}_K^{\mathrm{T}}\boldsymbol{x}_1^{\mathrm{T}}&\boldsymbol{x}_2\boldsymbol{W}_Q\boldsymbol{W}_K^{\mathrm{T}}\boldsymbol{x}_2^{\mathrm{T}}&\boldsymbol{x}_2\boldsymbol{W}_Q\boldsymbol{W}_K^{\mathrm{T}}\boldsymbol{x}_3^{\mathrm{T}}\\\boldsymbol{x}_3\boldsymbol{W}_Q\boldsymbol{W}_K^{\mathrm{T}}\boldsymbol{x}_1^{\mathrm{T}}&\boldsymbol{x}_3\boldsymbol{W}_Q\boldsymbol{W}_K^{\mathrm{T}}\boldsymbol{x}_2^{\mathrm{T}}&\boldsymbol{x}_3\boldsymbol{W}_Q\boldsymbol{W}_K^{\mathrm{T}}\boldsymbol{x}_3^{\mathrm{T}}\end{bmatrix}$，再经过缩放操作和 Softmax 函数的归一化，即得到最终的注意力权重矩阵，如图 5-3 所示。

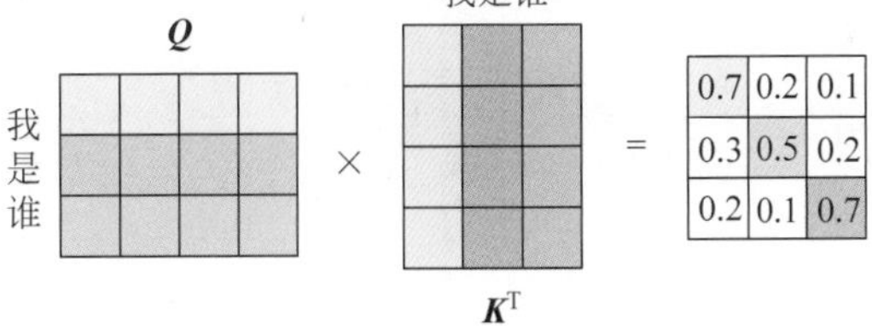

图 5-3 注意力权重计算（经过 Scale 和 Softmax 操作）

对于权重矩阵的第 1 行，0.7 表示“我”与“我”的注意力值；0.2 表示“我”与“是”的注意力值；0.1 表示“我”与“谁”的注意力值。换句话说，在对序列中的“我”进行编码时，应该将 0.7 的注意力放在“我”上，将 0.2 的注意力放在“是”上，将 0.1 的注意力放在“谁”上。

同理，对于权重矩阵的第 3 行，其表示的含义是，在对序列中“谁”进行编码时，应该将 0.2 的注意力放在“我”上，将 0.1 的注意力放在“是”上，将 0.7 的注意力放在“谁”上。从这一过程可以看出，通过这个权重矩阵模型就能轻松地知道在编码对应位置上的向量，应该以何种方式将注意力集中到不同的位置上。

但从上述结果可以看出，模型在对当前位置的信息进行编码时，较容易将注意力单一地集中于自身的位置(虽然这符合常识)而忽略了其他位置，因此，作者采取的一种解决方案是多头注意力(Multi-Head Attention)机制，该部分内容将在后文深入阐述。

在通过图 5-3 所示的过程计算得到权重矩阵后，便可以将其作用于 $\mathbf{V}$，进而得到最终的编码输出，计算过程如图 5-4 所示。

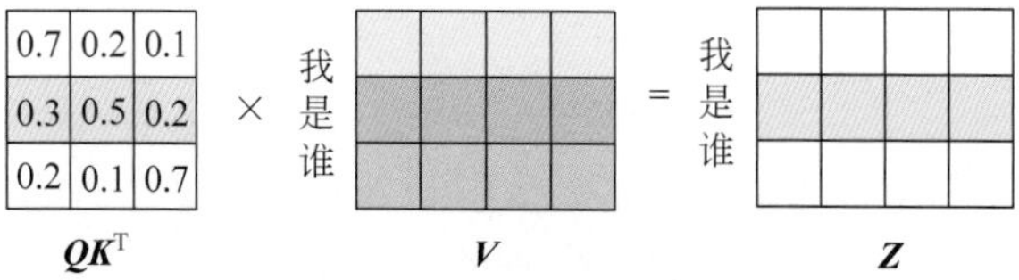

图 5-4　权重和编码输出

根据如图 5-4 所示的过程，便能够得到编码后的输出向量 $\boldsymbol{Z}=\begin{bmatrix} s_{11} & s_{12} & s_{13} \\ s_{21} & s_{22} & s_{23} \\ s_{31} & s_{32} & s_{33} \end{bmatrix}\times\begin{bmatrix} v_1 \\ v_2 \\ v_3 \end{bmatrix}=\begin{bmatrix} z_1 \\ z_2 \\ z_3 \end{bmatrix}=\begin{bmatrix} s_{11}v_1+s_{12}v_2+s_{13}v_3 \\ s_{21}v_1+s_{22}v_2+s_{23}v_3 \\ s_{31}v_1+s_{32}v_2+s_{33}v_3 \end{bmatrix}$。当然，对于上述过程还可以换个角度进行观察，如图 5-5 所示。

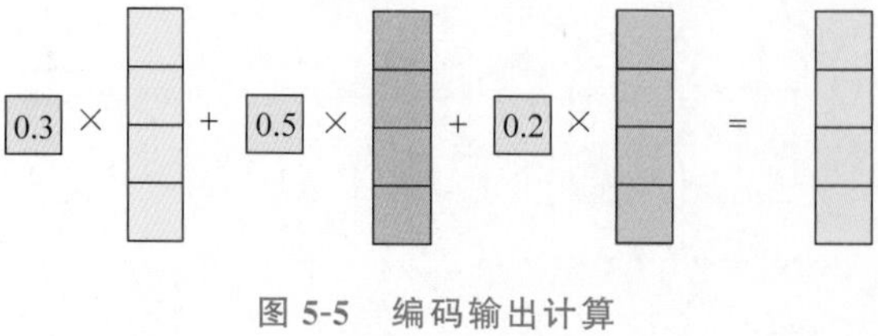

图 5-5　编码输出计算

从图 5-5 可以看出，对于最终输出"是"的编码向量 z_2 来讲，它其实是原始"我是谁"3 个向量的加权和。$z_2=s_{21}v_1+s_{22}v_2+s_{23}v_3$，也就是说，每个输出都是所有输入的加权和。

对于整个图 5-3 到图 5-4 的过程，还可以通过如图 5-6 所示的过程进行表示。

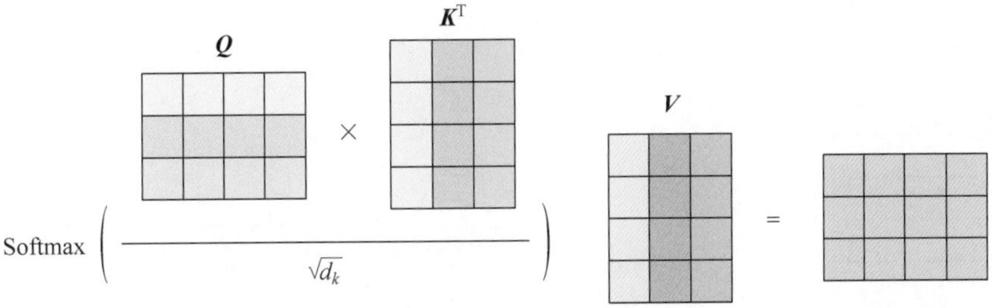

图 5-6　自注意力机制计算过程

可以看出，自注意力机制确实可以解决传统序列模型需按顺序进行计算的弊端，提高了并行计算效率。且每个输出都能不同程度地反映所有输入的特征，即使距离很远也不会像传统序列模型一样长程衰减，具有非常好的长程相关性。

5.1.2　Multi-Head Attention

1. Self-Attention 的不足

Self-Attention 虽然能让模型获得良好的长程相关性，但在自然语言处理中，很多时候对单个词语的翻译需要参考多个不同的其他词语，也使注意力不能只集中在一处。多头注意力机制的提出能够很好地解决这个问题。多头注意力机制类似于卷积神经网络中的多个不同卷积核，使注意力层的输出能够表达不同子空间中的注意力信息，从而增强模型的表达能力。

2. Multi-Head Attention

多头注意力机制其实是将原始的输入序列进行多组自注意力计算，再将得到的输入直接进行堆叠，结构如图 5-7 所示，具体的矩阵维度如图 5-8 所示。

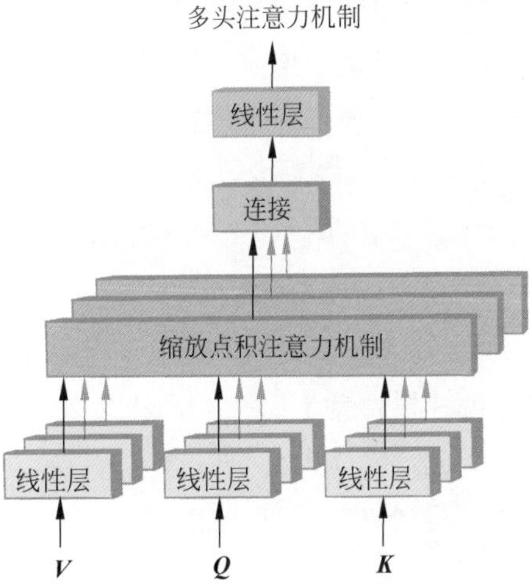

图 5-7　多头注意力机制的结构

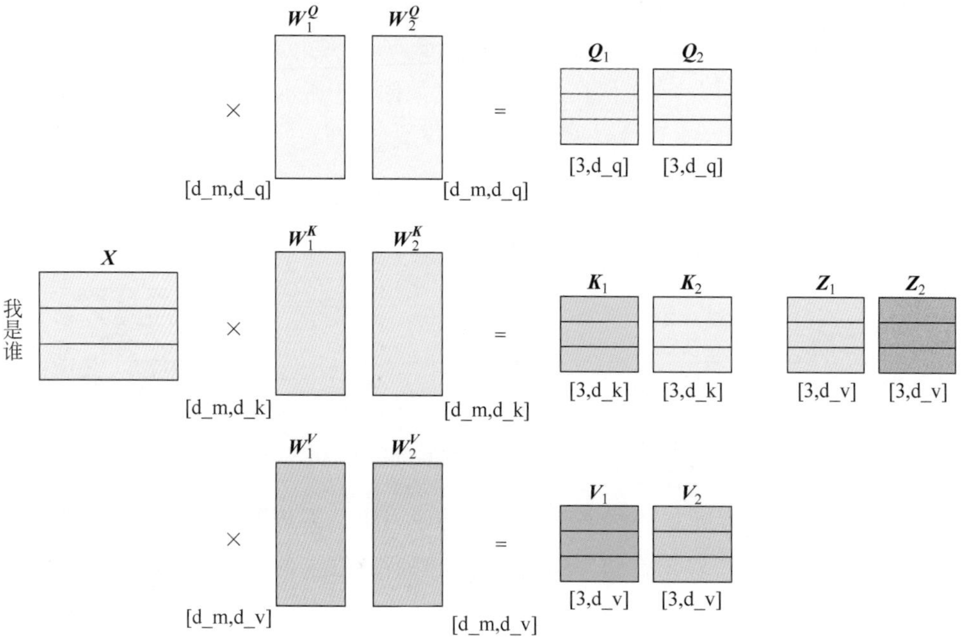

图 5-8　多头注意力机制的矩阵维度

5.1.3　量子注意力机制

量子注意力机制是对经典注意力机制进行量子线路改写的量子算法。量子注意力机制有别于经典注意力机制，首先将输入信息通过一定方式编码成量子比特，然后利用量子线路对存储着信息的量子比特进行旋转、演化等操作，从而进行相对应的矩阵计算，最后将量子态的信息通过测量操作重新得到经典态的输出数据信息，具体流程如图 5-9 所示。

(1) 量子比特需要满足归一化条件，因此首先将输入数据 $\boldsymbol{x}_1,\boldsymbol{x}_2,\cdots,\boldsymbol{x}_n$ 向量分别通过 L2 正则化方法进行归一化，然后编码成量子比特。若输入数据向量的长度为 l，则需要 $\log_2 l$ 个量子比特来表示它。

(2) 设置 $U_{\text{query}},U_{\text{key}},U_{\text{value}}$ 3 个量子门，对输入数据量子比特进行演化，此处 $U_{\text{query}},U_{\text{key}}$，$U_{\text{value}}$ 的作用相当于经典注意力机制中的 3 个权重矩阵 $\boldsymbol{W}_Q,\boldsymbol{W}_K,\boldsymbol{W}_V$，这一步得到了量子态形式的 $Q_1,K_1,V_1,Q_2,K_2,V_2,\cdots,Q_n,K_n,V_n$。

(3) 设置 U_{score} 门，分别对 Q_1 与 $K_1,K_2,\cdots,K_n$ 进行信息融合。此处的 U_{score} 门实际上是多个 CNOT 门的组合，CNOT 门的作用是使控制门线路处的量子比特信息能与受控门的量子比特信息融合。将 Q_1 作为控制线路，将 $K_1,K_2,\cdots,K_n$ 作为受控线路，得到的信息融合结果即为量子态的注意力分数 $S_{11},S_{12},\cdots,S_{1n}$。

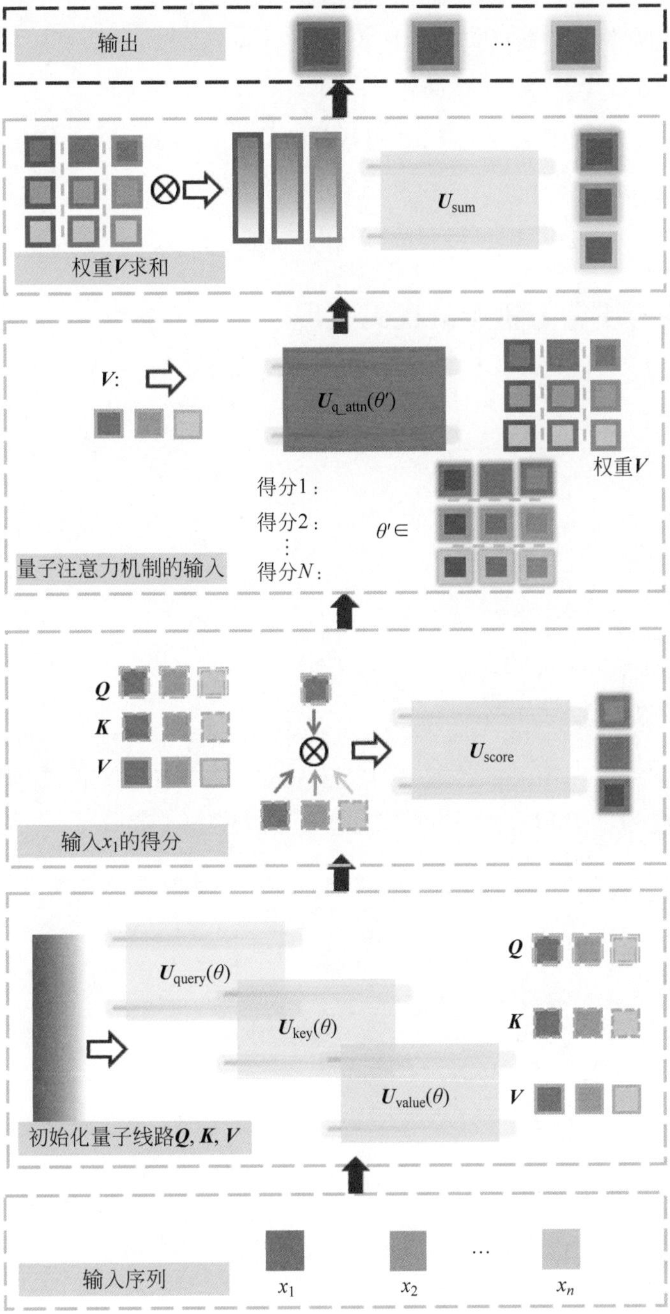

图 5-9　量子注意力机制：自注意力机制启发式量子参数化线路

(4) 对量子态注意力分数 $S_{11}, S_{12}, \cdots, S_{1n}$ 进行测量操作，得到经典态的注意力分数数值，将其作为旋转门的相位参数，编码成旋转门 $\boldsymbol{U}_{\text{q\_attn}}(\theta_{11}), \boldsymbol{U}_{\text{q\_attn}}(\theta_{12}), \cdots, \boldsymbol{U}_{\text{q\_attn}}(\theta_{1n})$，使 $\boldsymbol{V}_1, \boldsymbol{V}_2, \cdots, \boldsymbol{V}_n$ 分别通过上述旋转门之后成为 $w\boldsymbol{V}_{11}, w\boldsymbol{V}_{12}, \cdots, w\boldsymbol{V}_{1n}$，对应于经典注意力机制中的 weighted value。

(5) 设置多个 CNOT 门组成的 $\boldsymbol{U}_{\text{sum}}$ 门，将 $w\boldsymbol{V}_{11}, w\boldsymbol{V}_{12}, \cdots, w\boldsymbol{V}_{1n}$ 信息进行融合，得到量子态输出，最终可通过测量操作得到经典态输出 $\boldsymbol{y}_1$。

对所有 $\boldsymbol{x}_i$ 执行上述操作即可得到所有输出 $\boldsymbol{y}_1, \boldsymbol{y}_2, \cdots, \boldsymbol{y}_n$。

5.1.4 量子注意力机制的代码实现

首先导入包，代码如下：

```
#导入包
import numpy as np
import torch.nn as nn
import torch
import torch.nn.functional as F
import math, copy, time
from torch.autograd import Variable
from deepquantum import Circuit
from deepquantum.utils import dag,measure_state,ptrace,multi_kron,encoding
```

然后构造 $\boldsymbol{U}_{\text{query}}$、$\boldsymbol{U}_{\text{key}}$ 和 $\boldsymbol{U}_{\text{value}}$ 3 个类。构造 $\boldsymbol{U}_{\text{query}}$ 类的代码如下：

```
#第 5 章/5.1.4 量子注意力机制的代码实现
class init_cir_q(nn.Module):
    #初始化 U_query
    def __init__(self, n_qubits = 2,
                 gain = 2 ** 0.5, use_wscale = True, lrmul = 1):
        super().__init__()
        #初始化参数
        he_std = gain * 5 ** (-0.5)
        if use_wscale:
            init_std = 1.0 / lrmul
            self.w_mul = he_std * lrmul
        else:
            init_std = he_std / lrmul
            self.w_mul = lrmul
        self.weight = nn.Parameter(nn.init.uniform_(torch.empty(n_qubits * 3), a = 0.0, b = 2 *
np.pi) * init_std)      #theta_size = 5
```

```
        self.n_qubits = n_qubits
    def queryQ(self):
        w = self.weight * self.w_mul
        cir = Circuit(self.n_qubits)
        for which_q in range(0, self.n_qubits):
            cir.rx(which_q,w[which_q * 3 + 0])
            cir.ry(which_q,w[which_q * 3 + 1])
            cir.rz(which_q,w[which_q * 3 + 2])
        return cir.get()

    def forward(self, x):
        E_out = self.queryQ()
        queryQ_out = E_out@ x @ dag(E_out)
        return queryQ_out
```

构造 $\boldsymbol{U}_{\text{key}}$ 类的代码如下：

```
#第 5 章/5.1.4 量子注意力机制的代码实现
class init_cir_k(nn.Module):
    #初始化 U_key
    def __init__(self, n_qubits = 2,
                gain = 2 ** 0.5, use_wscale = True, lrmul = 1):
        super().__init__()
        #初始化参数
        he_std = gain * 5 ** (-0.5)
        if use_wscale:
            init_std = 1.0 / lrmul
            self.w_mul = he_std * lrmul
        else:
            init_std = he_std / lrmul
            self.w_mul = lrmul
        self.weight = nn.Parameter(nn.init.uniform_(torch.empty(n_qubits * 3), a = 0.0, b = 2 *
np.pi) * init_std)#theta_size = 5

        self.n_qubits = n_qubits


    def keyQ(self):
        w = self.weight * self.w_mul
        cir = Circuit(self.n_qubits)
        for which_q in range(0, self.n_qubits):
            cir.rx(which_q,w[which_q * 3 + 0])
            cir.ry(which_q,w[which_q * 3 + 1])
```

```
            cir.rz(which_q,w[which_q * 3 + 2])
        return cir.get()


    def forward(self, x):
        E_out = self.keyQ()
        keyQ_out = E_out @ x @ dag(E_out)
        return keyQ_out
```

构造 $\boldsymbol{U}_{\text{value}}$ 类的代码如下：

```
#第5章/5.1.4量子注意力机制的代码实现
class init_cir_v(nn.Module):
    #初始化 U_value
    def __init__(self, n_qubits = 2,
                 gain = 2 ** 0.5, use_wscale = True, lrmul = 1):
        super().__init__()
        #初始化参数
        he_std = gain * 5 ** (-0.5)
        if use_wscale:
            init_std = 1.0 / lrmul
            self.w_mul = he_std * lrmul
        else:
            init_std = he_std / lrmul
            self.w_mul = lrmul
        self.weight = nn.Parameter(nn.init.uniform_(torch.empty(n_qubits * 3), a = 0.0, b = 2 *
np.pi) * init_std)#theta_size = 5

        self.n_qubits = n_qubits


    def valueQ(self):
        w = self.weight * self.w_mul
        cir = Circuit(self.n_qubits)
        for which_q in range(0, self.n_qubits):
            cir.rx(which_q,w[which_q * 3 + 0])
            cir.ry(which_q,w[which_q * 3 + 1])
            cir.rz(which_q,w[which_q * 3 + 2])
        return cir.get()


    def forward(self, x):
        E_out = self.valueQ()
        valueQ_out = E_out @ x @ dag(E_out)
        return valueQ_out
```

为了方便后续多次调用，此处定义一个专用的测量函数，代码如下：

```
def measure(state,n_qubits):
    cir = Circuit(n_qubits)
    for i in range(n_qubits):
        cir.z_gate(i)
    m = cir.get()
    return measure_state(state,m)
```

定义函数计算 attention score，以 $\boldsymbol{Q}$ 与 $\boldsymbol{K}$ 为输入，以 attention score 的量子态为输出，代码如下：

```
#第 5 章/5.1.4 量子注意力机制的代码实现
def cal_query_key(queryQ_out, keyQ_out, dim_q, dim_k):
    """queryQ_out: type torch.Tensor
       keyQ_out: torch.Tensor
    """
    """计算 query 与 key 的 interaction score

    """
    out = torch.kron(queryQ_out, keyQ_out)
    n_qubits = dim_q + dim_k

    cir = Circuit(n_qubits)
    for t in range(dim_k):
        cir.cnot(t,n_qubits - dim_k + t)
    U = cir.get()

    out = U @ out @ dag(U)

    quantum_score = measure(out, n_qubits)
    return quantum_score
```

定义函数以量子态 attention score 和 value 为输入，计算信息融合后的 weighted value，代码如下：

```
#第 5 章/5.1.4 量子注意力机制的代码实现
def cal_src_value(quantum_src, valueQ_out, dim_s, dim_v):
    """input torch.Tensor
    """
    """计算经过 attention score 加权作用后的 value
    """
    src = quantum_src.mean()
```

```
    phi = (src - 0.5) * 2 * np.pi  # phi = [ - pi,pi]

    cir = Circuit(dim_v)
    for i in range(dim_v):
        cir.rx(i,phi * 0.5)
        cir.ry(i,phi * 0.5)
        cir.rz(i,phi)
    U = cir.get()

    quantum_weighted_value = U @ valueQ_out @ dag(U)

    return quantum_weighted_value
```

实现 U_sum 操作，对 weighted value 进行加权和操作，代码如下：

```
#第 5 章/5.1.4 量子注意力机制的代码实现
def cal_output(qwv_list, dim):
    """计算 weighted value 的和(通过多个 CNOT 门将信息融合)
    """
    out = multi_kron(qwv_list)
    n_qubits = len(qwv_list) * dim
    cir = Circuit(n_qubits)
    for i in range(len(qwv_list) - 1):
        for t in range(dim):
            cir.cnot(i * dim + t,n_qubits - dim + t)
    U = cir.get()

    out = U @ out @ dag(U)

    attnQ = ptrace(out, dim, n_qubits - dim)
    return attnQ
```

定义 q_attention 函数对上述整个过程进行封装，代码如下：

```
#第 5 章/5.1.4 量子注意力机制的代码实现
def q_attention(query, key, value, mask = None, DropOut = None):
    query_input = query.squeeze(0)
    key_input = key.squeeze(0)
    value_input = value.squeeze(0)
    #print(query_input.size( - 1))
    n_qubits = math.ceil(math.log2(query_input.size( - 1)))
    #print(n_qubits)
```

```
    qqs = [ ]
    qks = [ ]
    qvs = [ ]

    init_q = init_cir_q(n_qubits = n_qubits)
    init_k = init_cir_k(n_qubits = n_qubits)
    init_v = init_cir_v(n_qubits = n_qubits)
    for x in query_input.chunk(query_input.size(0),0):
        #扩展为 2 ** n_qubits 长向量
        qx = nn.ZeroPad2d((0,2 ** n_qubits - query_input.size( - 1),0,0))(x)
        #l2 - regularization
        if qx.dim()> 2:
            qx = qx.squeeze()
        qinput = encoding(qx.T@qx)
        qqs.append(init_q(qinput))

    for x in key_input.chunk(key_input.size(0),0):
        #扩展为 2 ** n_qubits 长向量
        qx = nn.ZeroPad2d((0,2 ** n_qubits - key_input.size( - 1),0,0))(x)
        #l2 - regularization
        if qx.dim()> 2:
            qx = qx.squeeze()
        qinput = encoding(qx.T@qx)
        qks.append(init_k(qinput))

    for x in value_input.chunk(value_input.size(0),0):
        #扩展为 2 ** n_qubits 长向量
        qx = nn.ZeroPad2d((0,2 ** n_qubits - query_input.size( - 1),0,0))(x)
        #l2 - regularization
        if qx.dim()> 2:
            qx = qx.squeeze()
        qinput = encoding(qx.T@qx)
        qvs.append(init_v(qinput))

    outputs = [ ]
    for i in range(len(qqs)):
        qwvs_i = [ ]
        for j in range(len(qks)):
            score_ij = cal_query_key(qqs[i],qks[j],n_qubits,n_qubits)
            qwvs_i.append(cal_src_value(score_ij,qvs[j],n_qubits,n_qubits))
        out_i = measure(cal_output(qwvs_i,n_qubits),n_qubits).squeeze().unsqueeze(0)
        outputs.append(out_i)
        #print(out_i)

    return torch.cat(outputs)
```

封装成一个类，并进行与经典注意力机制类似的操作，重复多次构成 Q_MultiHeaded Attention，代码如下：

```
#第5章/5.1.4量子注意力机制的代码实现
class Q_MultiHeadedAttention(nn.Module):
    def __init__(self, h, d_model, DropOut = 0.1):
        "Take in model size and number of heads."
        super(Q_MultiHeadedAttention, self).__init__()
        #声明 d_model % h == 0
        #假设 d_v 总是等于 d_k
        #self.d_k = d_model //h
        self.n_qubits = math.ceil(math.log2(d_model))
        self.h = h
        self.linear = nn.Linear(2 ** self.n_qubits * h,d_model)
        self.attn = None
        self.DropOut = nn.DropOut(p = DropOut)

    def forward(self, query, key, value, mask = None):

        if mask is not None:
            #将相同的 mask 应用于所有的头
            mask = mask.unsqueeze(1)
        nbatches = query.size(0)
        #将注意力集中在所有的投影向量上
        x = q_attention(query, key, value, mask = mask,
                             DropOut = self.DropOut)
        #multi - head
        for i in range(self.h - 1):
            x = torch.cat((x, q_attention(query, key, value, mask = mask, DropOut = self.
DropOut)), - 1)
        #print(x.size())
        x = x.unsqueeze(0)
        #print(self.n_qubits)
        #print(self.linear)
        return self.linear(x)
```

5.2 图注意力机制

图神经网络(GNN)把深度学习应用到图结构(Graph)中，其中的图卷积网络(GCN)可以在图结构上进行卷积操作。GCN 的成功让图领域的深度学习风生水起，随着研究的深入，GCN 的缺点也愈发明显：依赖拉普拉斯矩阵，不能直接用于有向图；模型训练依赖于整个图结构，不能用于动态图；卷积的时候没办法为邻接节点分配不同的权重。因此 2018 年图注意力网络(Graph Attention Network，GAT)被提出，解决了 GCN 存在的问题。

GCN 将局部的图结构和节点特征结合，在节点分类任务中获得了不错的表现。美中不足的是 GCN 结合邻接节点特征的方式和图的结构息息相关，这局限了训练所得模型在其他图结构上的泛化能力。

GCN 有两大局限经常被诟病：

(1) 无法完成归纳任务，即处理动态图问题。归纳任务是指训练阶段与测试阶段需要处理的图结构不同。通常训练阶段只是在子图(Subgraph)上进行，而测试阶段需要处理未知的节点(Unseen Node)。

(2) 处理有向图的瓶颈，不容易实现将不同的学习权重分配给不同的邻接节点。有向图是指节点之间不仅是连接关系，还有方向性。GCN 不能为每个邻接节点分配不同的权重，在卷积时对所有邻接节点一视同仁，不能根据节点的重要性分配不同的权重。

注意力机制在文本数据中表现出很好的特性是因为其对于数量和顺序不敏感，同样的情况也出现在图结构数据中。所以图注意力网络用注意力机制代替了图卷积中固定的标准化操作。接下来看一下图注意力网络是怎么实现的。

5.2.1　图注意力网络

1. 两种计算方法

1) 全局图注意力

全局图注意力是在计算每个节点时对其他所有节点都进行注意力机制的运算，优点是完全不依赖图的结构，对于归纳任务没有压力；缺点是丢掉了图结构的特征，效果可能会比较差，并且需要的资源比较多。

2) Mask Graph Attention

注意力机制的运算只在邻接节点上进行，从而引入了图的结构信息。需要注意的是这里的邻接节点包含节点自身。

2. 图注意力层

1) GAT 的输入和输出

图注意力层的输入是一个节点的特征向量集：

$$\boldsymbol{H}=\{\boldsymbol{h}_1,\boldsymbol{h}_2,\cdots,\boldsymbol{h}_n\},\quad \boldsymbol{h}_l\in\mathbf{R}^f \tag{5-2}$$

其中，n 是这个图上的节点数；f 用于表示节点特征 $\boldsymbol{h}_l$ 的长度。矩阵 $\boldsymbol{H}$ 的维度是$[n,f]$。

R 表示实数集合。H'表示图注意力层输出的特征向量集。

$$\boldsymbol{H}' = \{\boldsymbol{h}'_1, \boldsymbol{h}'_2, \cdots, \boldsymbol{h}'_n\}, \quad \boldsymbol{h}'_l \in \mathbf{R}^{f'} \tag{5-3}$$

2）注意力计算系数

GAT 和 GCN 的效果是一样的，是一个特征提取器。根据 n 个节点的输入特征，经过一系列变换之后输出新的特征。GAT 使用注意力机制进行信息的混合，在有了输入的数据之后，开始计算注意力机制的注意力得分。

对于第 i 个节点，逐个计算它的邻接节点 j 和它自身节点 i 的注意力系数（注意：这里通常也会把自身节点包含进去，所以邻接矩阵的主对角线是有值的）：

$$e_{ij} = \boldsymbol{a}([\boldsymbol{W}\boldsymbol{h}_i \| \boldsymbol{W}\boldsymbol{h}_j]), \quad j \in N_i \tag{5-4}$$

（1）共享的线性映射 **W** 对节点的特征进行了增维，第 i 个节点上的特征向量变为 $\boldsymbol{W}\boldsymbol{h}_i$。这是一种常见的特征增强（Feature Augment）方法。

（2）对增强后的两个特征做拼接。[· ‖ ·]对节点 i，j 变换后的特征进行了拼接（Concatenate）。

（3）$\boldsymbol{a}(\cdot)$把拼接后的高维特征映射到一个实数上，是通过 Single-Layer Feed forward Neural Network 实现的。这里的计算方法称为加性注意力，是经典的注意力机制，它使用了有一个隐藏层的前馈网络（全连接）来计算注意力。

（4）有了注意力系数 e_{ij}，用 Softmax 函数正则化后得到注意力得分：

$$\boldsymbol{a}_{ij} = \frac{\exp(\text{LeakyReLU}(e_{ij}))}{\sum_{k \in N_i} \exp(\text{LeakyReLU}(e_{ik}))} \tag{5-5}$$

LeakyReLU 在 ReLU 函数的基础上，把小于 0 的部分加上了一个微小的梯度。

注意力得分的计算方式如图 5-10 所示。

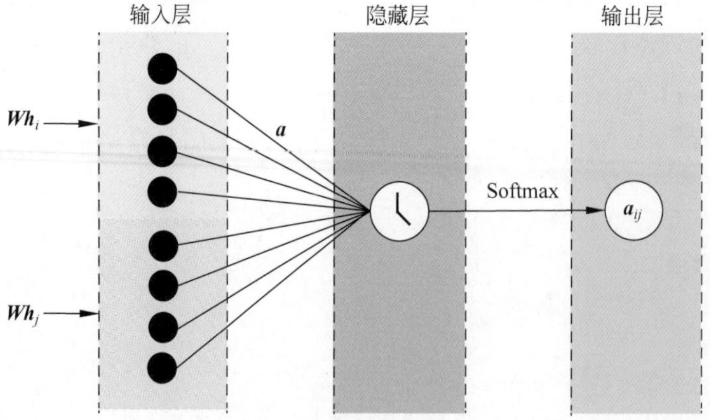

图 5-10 注意力得分的计算方式

3）加权求和

式(5-5)类似 GCN 的节点特征更新规则，对所有邻接节点的特征做了基于注意力的加权求和。接下来是根据算好的注意力系数把特征加权求和，具体公式如下：

$$\boldsymbol{h}'_i=\sigma\Big(\sum_{j\in N_i}\boldsymbol{a}_{ij}^{k}\boldsymbol{W}^{k}\boldsymbol{h}_j\Big) \tag{5-6}$$

$\boldsymbol{h}'_i$是 GAT 输出对于每个节点 i 的新特征，融合了领域的信息；$\sigma(\cdot)$是激活函数，通常是 Softmax 或者 Logistic Sigmoid 函数。

一个篱笆 3 个桩，Attention 还得 Multi-Head 帮，如图 5-11 所示。

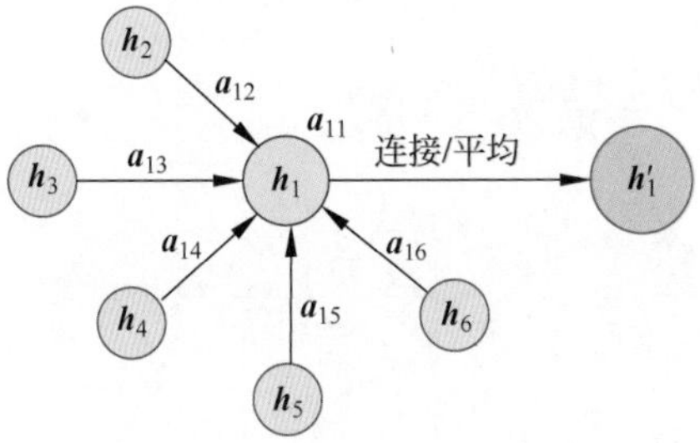

图 5-11　多头注意力机制结构

习惯上用多头注意力（Multi-Head Attention）机制来增强效果，具体的计算过程如式(5-7)所示。

$$\boldsymbol{h}'_i(K)=\mathop{\Big\|}_{k=1}^{K}\sigma\Big(\sum_{j\in N_i}\boldsymbol{a}_{ij}^{k}\boldsymbol{W}^{k}\boldsymbol{h}_j\Big) \tag{5-7}$$

K 是注意机制的头数，这里更关注于单头注意力机制，所以不再展开叙述。

4）总结

最后对于图注意力机制作一个总结，从图形化和矩阵的角度来看，单头注意力机制的完整过程如图 5-12 所示。矩阵的维度变化和关系已经在底部标出。其中能够被机器学习的参数是特征增强矩阵 $\boldsymbol{W}$ 和 Masked Attention 中的单层神经网络 $\boldsymbol{a}(\cdot)$。

3. 相关工作对比

GAT 层直接解决了用神经网络处理图结构数据方法中存在的几个问题。

（1）计算高效：自注意力层的操作可以并行化到所有的边，输出特征的计算也可以并行化到所有的节点，多头注意力机制中每一头的计算也可以并行化。

（2）与 GCN 不同的是，GAT 模型允许（隐式地）为同一邻接节点分配不同的重要性，从而实现模型容量的飞跃；此外，分析学习到的注意力系数可能会在可解释性方面带来一些好处。

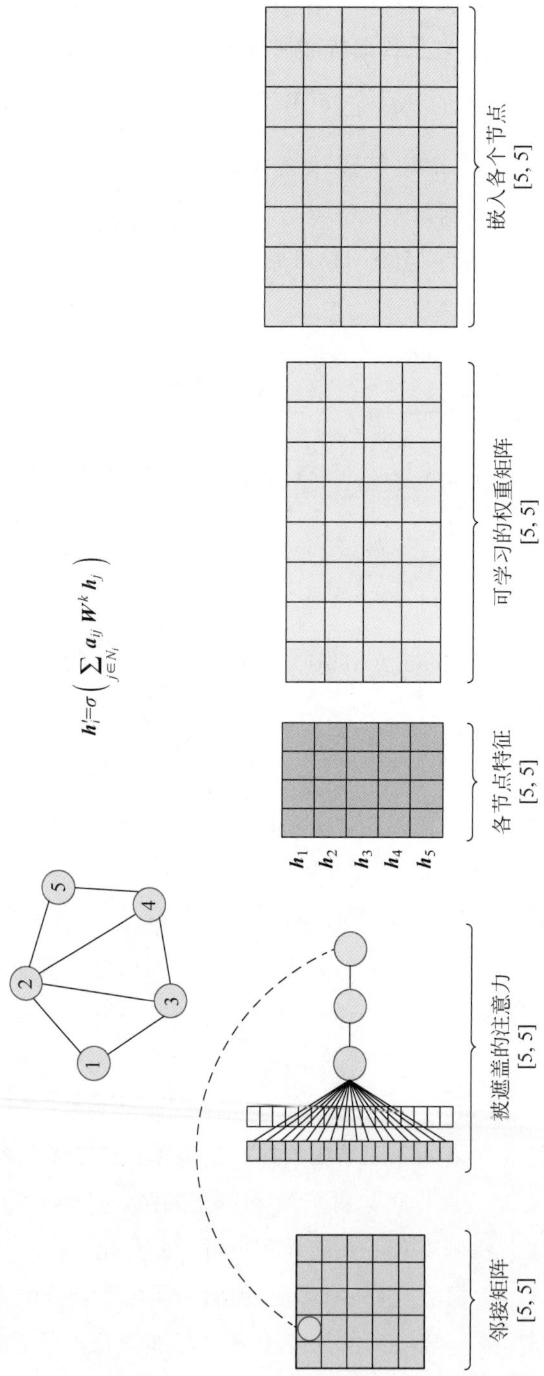

图 5-12　图注意力机制的矩阵表示与运算

(3) 注意力机制以一种共享的方式应用于图中的所有边，因此它不依赖于预先访问全局图结构或其所有节点。

(4) 不要求图是无向的，如果 $j \to i$ 不存在，则只需省去计算 a_{ij}。图片不显示。

(5) 使模型能够处理归纳任务，能够在训练中完全看不到的图形上评估模型。

(6) 无须对节点的重要性进行预先排序。

(7) GAT 模型是 MoNet 的一个特例，但与 MoNet 相比，GAT 模型使用节点特征进行相似性计算，而不是节点的结构属性(这需要预先知道图形结构)。

4. 扩展理解

1) GAT 和 GCN 的联系与区别

GAT 与 GCN 本质思想都是将邻接节点的特征聚合到中心节点上(aggregate 运算)，利用图上的 Local Stationary 学习新的节点特征，但是两者的实现思路和方法是不同的：GCN 利用图的具体结构，构造拉普拉斯矩阵进行 Local Convolution；GAT 利用节点之间的相关性，构造注意力系数，并且该系数只与节点的特征有关，与图的结构无关，因此 GAT 的学习能力会更强。

2) 为什么 GAT 适用于有向图

GAT 采用逐节点运算，对于有向图来讲，可以根据需要选择计算节点之间的注意力系数，摆脱了 GCN 中拉普拉斯矩阵的束缚，并且，注意力系数也仅与节点特征相关，与图结构无关，因此改变图的结构对 GAT 的影响不大，只需改变邻接节点的个数，重新计算，这也是能胜任归纳任务的原因所在。

3) 为什么 GAT 适用于归纳任务

GAT 中重要的学习参数是 $\boldsymbol{W}$ 与 $\boldsymbol{a}(\cdot)$，因为上述的逐节点运算方式，这两个参数仅与节点特征相关，与图的结构毫无关系，所以测试任务中改变图的结构对于 GAT 的影响并不大，只需改变 N_i，重新计算。

与此相反，GCN 是一种全图的计算方式，每次计算都会更新全图的节点特征。学习的参数很大程度与图结构相关，这使 GCN 在归纳任务上遇到困境。

5.2.2 经典算法的代码实现

定义 GraphAttentionLayer，实现单个注意力机制层，代码如下：

```
#第 5 章/5.2.2 经典算法的代码实现
class GraphAttentionLayer(nn.Module):
    def __init__(self, in_features, out_features, DropOut, alpha, concat = True):
```

```
        super(GraphAttentionLayer, self).__init__()
        self.DropOut = DropOut
        self.in_features = in_features
        self.out_features = out_features
        self.alpha = alpha
        self.concat = concat

        self.W = nn.Parameter(torch.zeros(size = (in_features, out_features)))
        nn.init.xavier_uniform_(self.W.data, gain = 1.414)
        self.a = nn.Parameter(torch.zeros(size = (2 * out_features, 1)))
        nn.init.xavier_uniform_(self.a.data, gain = 1.414)

        self.leakyReLU = nn.LeakyReLU(self.alpha)

    def forward(self, input, adj):
        h = torch.mm(input, self.W) # shape [N, out_features]
        N = h.size()[0]

        a_input = torch.cat([h.repeat(1, N).view(N * N, -1), h.repeat(N, 1)], dim = 1).view
(N, -1, 2 * self.out_features) #shape[N, N, 2 * out_features]
        e = self.leakyReLU(torch.matmul(a_input, self.a).squeeze(2))  #[N,N,1] -> [N,N]

        zero_vec = -9e15 * torch.ones_like(e)
        attention = torch.where(adj > 0, e, zero_vec)
        attention = F.Softmax(attention, dim = 1)
        attention = F.DropOut(attention, self.DropOut, training = self.training)
        h_prime = torch.matmul(attention, h)   #[N,N], [N, out_features] --> [N, out_
features]

        if self.concat:
            return F.elu(h_prime)
        else:
            return h_prime
```

定义 GAT 层,用于实现完整的网络模型,代码如下:

```
#第 5 章/5.2.2 经典算法的代码实现
class GAT(nn.Module):
    def __init__(self, nfeat, nhid, nclass, DropOut, alpha, nheads):
        super(GAT, self).__init__()
        self.DropOut = DropOut

        self.attentions = [GraphAttentionLayer(nfeat, nhid, DropOut = DropOut, alpha = alpha,
concat = True) for _ in range(nheads)]
```

```
        for i, attention in enumerate(self.attentions):
            self.add_module('attention_{}'.format(i), attention)

        self.out_att = GraphAttentionLayer(nhid * nheads, nclass, DropOut = DropOut, alpha =
alpha, concat = False)
    def forward(self, x, adj):
        x = F.DropOut(x, self.DropOut, training = self.training)
        x = torch.cat([att(x, adj) for att in self.attentions], dim = 1)
        x = F.DropOut(x, self.DropOut, training = self.training)
        x = F.elu(self.out_att(x, adj))
        return F.log_Softmax(x, dim = 1)
```

对模型进行训练，优化模型，代码如下：

```
#第5章/5.2.2经典算法的代码实现
model = GAT(nfeat = features.shape[1],nhid = args.hidden,
nclass = int(labels.max()) + 1, DropOut = args.DropOut, nheads = args.nb_heads, alpha = args.
alpha)
optimizer = optim.Adam(model.parameters(),lr = args.lr,
weight_decay = args.weight_decay)

features, adj, labels = Variable(features), Variable(adj), Variable(labels)

def train(epoch):
    t = time.time()
    model.train()
    optimizer.zero_grad()
    output = model(features, adj)
    loss_train = F.nll_loss(output[idx_train], labels[idx_train])
    acc_train = accuracy(output[idx_train], labels[idx_train])
    loss_train.backward()
    optimizer.step()

    if not args.fastmode:
        model.eval()
        output = model(features, adj)

    loss_val = F.nll_loss(output[idx_val], labels[idx_val])
    acc_val = accuracy(output[idx_val], labels[idx_val])
    print('Epoch: {:04d}'.format(epoch + 1),
          'loss_train: {:.4f}'.format(loss_train.data.item()),
          'acc_train: {:.4f}'.format(acc_train.data.item()),
          'loss_val: {:.4f}'.format(loss_val.data.item()),
          'acc_val: {:.4f}'.format(acc_val.data.item()),
```

```
        'time: {:.4f}s'.format(time.time() - t))

    return loss_val.data.item()
```

5.2.3 量子图注意力网络

1. 量子图注意力网络(QuGAT)的流程介绍

(1) 输入原始的图结构数据：每个节点上的特征向量 $\boldsymbol{x}_i$ 和图的邻接矩阵 $\boldsymbol{A}$。

(2) 将节点的特征向量进行量子编码 $q\boldsymbol{x}_i$。

(3) 根据邻接矩阵 $\boldsymbol{A}$ 确定节点 i 的邻接节点 $j \in N_i$。

(4) 将目标节点 i 的 $q\boldsymbol{x}_i$ 和所有的邻接节点 $j \in N_i$ 的 $q\boldsymbol{x}_j$ 拼接后作为输入，经过一个需要训练的 $QC_1(U_W)$ 得到融合的信息向量 $\boldsymbol{z}_{ij}$。注意，这里的 j 包括 i 节点本身，做张量积相当于将量子比特资源扩大了 1 倍。

(5) 将 $\boldsymbol{z}_{ij}$ 进行多次测量，得到关于节点 i 和节点 j 的注意力系数 a_{ij}。

注意：这里没有加 Softmax 函数，因为量子线路的非线性表达能力包含了 Softmax 操作和 LeakyReLU 操作。

(6) 将节点 i 和其邻接节点 j 的 $q\boldsymbol{x}_i, q\boldsymbol{x}_j, j \in N_i$ 作为量子线路的输入，将节点 i 和邻接节点 j（包括节点 i）的一系列注意力系数 a_{ij}（经过一定的转换后）作为量子线路 $QC_2(U_{\text{atten}})$ 的线路参数，得到关于节点 i 融合了邻接节点信息的输出 $q\boldsymbol{y}_{ii}, q\boldsymbol{y}_{ij}, j \in N_i$。

(7) 将 $q\boldsymbol{y}_{ii}, q\boldsymbol{y}_{ij}, j \in N_i$ 作为输入经过一个固定的量子线路 $QC_3(U_{\text{Sum}})$ 进行加权和操作，得到对应最原始输入 $\boldsymbol{x}_1$ 的输出 $\boldsymbol{y}_1$，对所有的 $\boldsymbol{x}_n$ 重复以上步骤得到最终的输出 $\boldsymbol{y}_1, \boldsymbol{y}_2, \cdots, \boldsymbol{y}_n$。

2. QuGAT 的代码实现

首先任意地初始化一组数据，这里选取 3 个节点 1、2 和 3，除了节点 1 和 3 不连接，其他都连接，每条信息用 3 个量子比特编码，代码如下：

```
#第 5 章/5.2.3 量子图注意力网络
#输入数据
#单个特征编码的 qubit 数目
Nqubits = 3
#节点的特征编码
num_of_vertex = 3 #节点数
```

```
x1 = torch.Tensor([1.,0.,2.,0.,1.,0.,2.,0.]) #2^(Nqubits) = 8
x2 = torch.Tensor([0.,1.,1.,0.,0.,1.,1.,0.])
x3 = torch.Tensor([0.,2.,1.,1.,0.,2.,1.,1.])
x = [x1, x2, x3]

#邻接矩阵
A = ([[1,1,0],
      [1,1,1],
      [0,1,1]])
```

然后处理输入，代码如下：

```
#计算过程 ##
#计算 x_n -> qx_n, 存在 list 中 ##
qx = []
for n in range(num_of_vertex):
    qx.append(vector2rho(x[n]))
```

vector2rho()函数把输入的数据规整为标准的密度矩阵格式，计算得到注意力得分 alpha_ij，代码如下：

```
#第 5 章/5.2.3 量子图注意力网络
#构建 QC1
QC1 = Cir_Init_Feature(theta_size = 6, n_qubits = Nqubits * 2)
#n_qubits 暂定，theta_size 暂定为 6

##计算 alpha_ij,融合 qx_i 和 qx_j,存入 alpha_list 中
alpha_list = []
for i in range(num_of_vertex):
    alpha_i = []
    for j in A[i]:
        if j: #两个节点是连接的
            qx_ij = torch.kron(qx[i],qx[j])         #线路的输入
            qx_ij_out = QC1.forward(qx_ij)          #通过 QC1 量子线路

            sigma_z = z_gate()
            I = I_gate()
            O_M = multi_kron([sigma_z,I,I,I,I,I])
            #测量第 1 个 qubit 的 sigma_z 力学量算符

            alpha_ij = measure(qx_ij_out, O_M)      #进行 z 方向上的测量
            alpha_i.append(alpha_ij)
        else:                                       #两个节点不连接
```

```
            alpha_i.append(torch.tensor(0))
        alpha_list.append(alpha_i)

    print(alpha_list)
```

将注意力得分作为量子线路的参数，计算 i 和 j 之间的密度矩阵演化，代码如下：

```
#第 5 章/5.2.3 量子图注意力网络
#构建量子线路 QC2(XYX 构型)
#将每个节点 i 强化后的特征值作为输入，放入 attention score 参数量子线路 QC2 中，最终的输出
#为 qax

qax = []
for i in range(num_of_vertex):
    qaxi = []
    for theta in alpha_list[i]:
        if theta != torch.tensor(0):
            theta = Nonlinear(theta)
            QC2 = Cir_XYX(theta, n_qubits = Nqubits)
            u_out = QC2.forward(qx[i])
            qaxi.append(u_out)
    qax.append(qaxi)
```

对每个节点 i 求最后输出的密度矩阵，代码如下：

```
#第 5 章/5.2.3 量子图注意力网络
from functools import reduce
#构建量子线路 QC3,对两个输入相同维度的量子态进行类 Sum 操作
QC3 = Cir_Sum(n_qubits = Nqubits * 2)

#两个相同维度的态相互作用
def sum_two_state(qin1,qin2):
    "对两个相同维度的态,做 Sum 的量子线路融合"
    qin = torch.kron(qin1,qin2)
    return ptrace(QC3.forward(qin), Nqubits, Nqubits)

q_out = []
for i in range(num_of_vertex):
    qi_out = reduce(sum_two_state, qax[i])
    q_out.append(qi_out)
```

第6章

量子对抗自编码网络

在人工智能的热潮下，2014年生成对抗网络(Generative Adversarial Network, GAN)由伊恩·古德费洛首次提出，一经提出就受到广泛关注。至今不到10年的时间，就在GAN的基础上衍生出数十种优化算法，如深度卷积生成对抗网络(Deep Convolutional Generative Adversarial Network, DCGAN)、条件生成对抗网络(Conditional Generative Adversarial Network, CGAN)、基于风格的生成对抗网络(StyleGAN)、完全监督的对抗自编码网络(Supervised Adversarial Auto Encoder, SAAE)等算法。在图像生成中可基于输入的噪声生成目标类型图像，如人脸、猫和狗的照片等，现有的换脸技术、预测年老后的外貌等均运用了对抗生成网络算法。

随着机器学习对计算机计算能力和效率要求越来越高及传统计算机的"摩尔定律"逐渐失效，量子叠加、量子纠缠给未来计算机及机器学习的发展和突破提供了新的思路。基于量子的机器学习也逐渐成为新的热点，而GAN不仅可应用于图像处理领域，还在语言处理、棋类比赛程序、结构生成、计算机病毒检测等多种场景中有重要意义。基于参数化量子线路的GAN也应运而生，量子化的GAN不仅能完成经典GAN的生成对抗任务，而且在训练过程中能更快收敛。

本章主要介绍经典生成对抗网络、基于参数化量子线路的判别器、经典对抗自编码网络及量子化的对抗自编码网络等。

6.1 经典生成对抗网络

博弈论起源于1944年一本叫 *Theory of Game and Economic Behavior*(《博弈论和经济行为》)的书，在这基础上纳什首次用数学语言定义了非合作博弈理论并命名为纳什均衡(Nash Equilibrium)。在机器学习快速发展和各学科交叉融合发展的背景下，机器神经网络和纳什均衡为GAN的出现奠定了基石。

6.1.1 生成对抗网络介绍

GAN 模型通过生成器(Generator)和判别器(Discriminator)博弈优化自身并学习样本统计性质。零和博弈是 GAN 的核心思想,博弈双方都尽量使自己的利益最大化,同时利益之和是一个常数,直至达到纳什均衡结束博弈。生成器和判别器相当于博弈双方,生成器的作用是使训练样本和生成样本尽可能接近,用生成样本欺骗判别器,而判别器主要对样本进行判别,正确判断输入的样本是训练样本还是生成样本。在训练过程中,判别器越来越准确,生成器也只能让生成的样本分布和训练样本的分布更加接近以欺骗判别器,两者之间产生博弈。在理想状况时,判别器的准确率为

$$D(G(z))=0.5 \tag{6-1}$$

在式(6-1)中,z 是输入生成器的噪声；G 代表生成器；D 代表判别器；则 $G(z)$代表 z 输入生成器中产生的生成样本。故式(6-1)表示判别器将生成样本判定为真实样本的概率为 0.5,但在 GAN 模型训练的实际过程中,刚好到达纳什均衡是比较困难的。

以手写体图像为例,在网络中输入一幅手写体图像,输出值应该是 1 并对应真实(Real),如果图像不是手写体,则输出结果应该是 0,对应伪造(Fake),如图 6-1 所示。

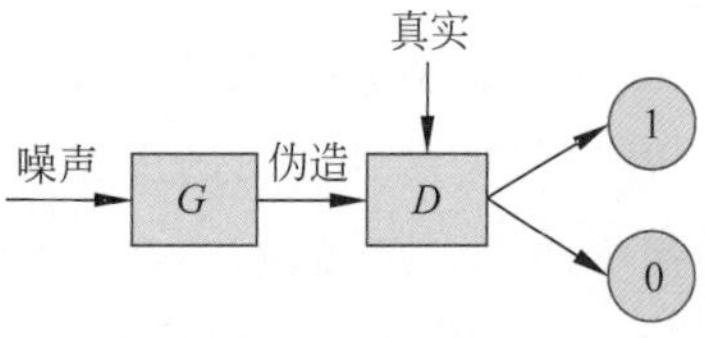

图 6-1 经典 GAN 网络

生成器的作用是将输入的噪声生成伪造图像,判别器的作用则是把真实图像和生成图像区分开。训练的关键是引入惩罚机制,即损失函数,伪造图像通过判别器的检验,则奖励生成器；反之未通过判别器的检验,则惩罚生成器。在训练过程中,生成器需要尽可能地骗过判别器,而判别器则尽可能地鉴定出伪造图像,GAN 的训练过程也可以表示为生成器和判别器之间的最小和最大博弈。

$$\min_G \max_D E_{x\sim p_{\text{data}}}[\log D(x)]+E_{z\sim p(z)}[\log(1-D(G(z)))] \tag{6-2}$$

式(6-2)中,G 代表生成器；D 代表判别器；$p(z)$代表输入噪声的先验数据分布；x 表示训练样本；$D(x)$表示输入样本是真实样本的概率。

6.1.2 GAN 的训练过程及代码

步骤一：向判别器展示一幅训练样本中的图像,并让判别器对输入样本进行判定。输出结果应为 1,并用损失函数更新判别器,如图 6-2 所示。

步骤二：依旧训练判别器,向它展示生成器的伪造图像,即生成样本。输出结果应是 0,然后用损失函数更新判别器,注意这一步不用更新生成器,如图 6-3 所示。

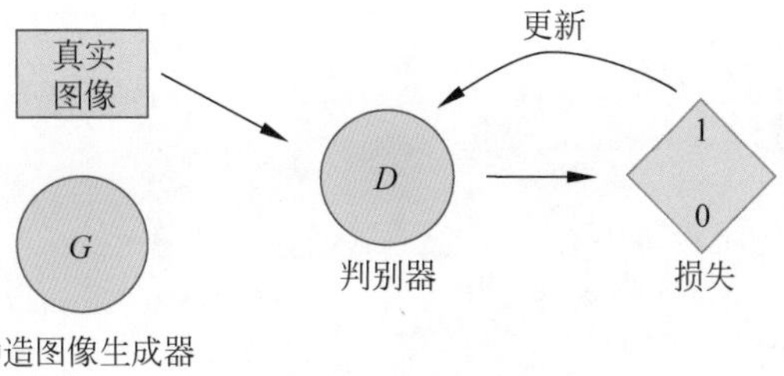

图 6-2 步骤一

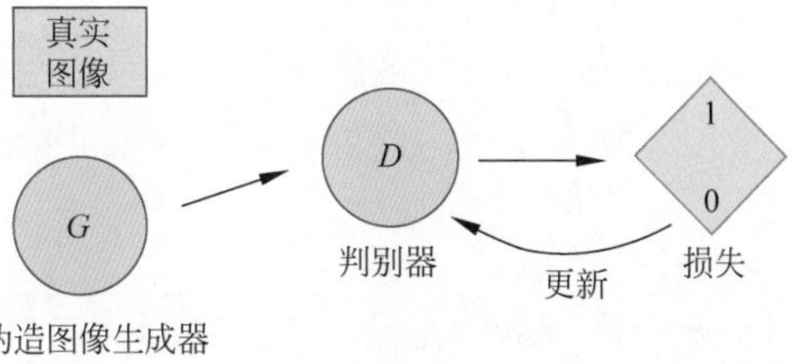

图 6-3 步骤二

步骤三：训练生成器，用它生成一幅伪造图像，并将伪造图像输入判别器进行辨别。判别器的预期输出应该是 1，也就是期望判别器未鉴别出此图像为伪造图像，成功骗过判别器，用结果的损失函数更新生成器，但不用更新判别器，如图 6-4 所示。

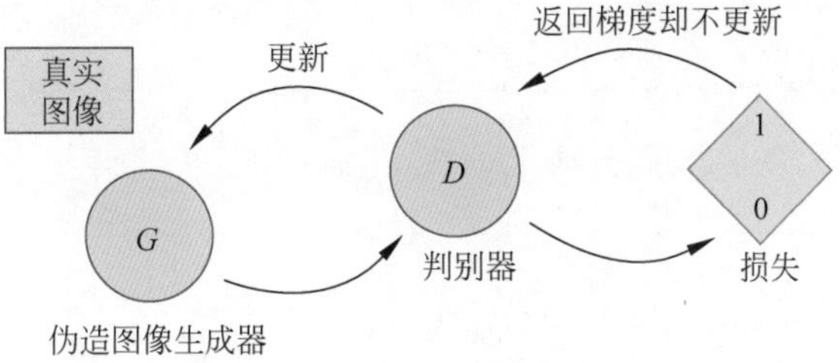

图 6-4 步骤三

确定生成对抗网络的意义及训练过程后，可基于 PyTorch 实现。在开始写代码前除了导入所需的 Torch 包，还需要安装 torchvision 和 matplotlib。在自定义的虚拟环境下，安装命令如下：

```
#安装 torchvision 和 matplotlib
$ conda install torchvision #将 conda 替换为 pip 也可以安装
$ conda install matplotlib
```

接下来，在激活机器学习的 Python 环境后，导入 Torch 框架下所需要的库文件，代码如下：

```
#导入 GAN 所需的包
import torch
import torch.nn as nn
import torchvision
from torchvision import transforms
from torchvision.utils import save_image
import matplotlib.image as mpimg
import matplotlib.pyplot as plt
```

其中，torchvision 包含一些处理图像和视频常用的数据集、模型、转换函数等，在这里可以用于手写体数据集的加载。matplotlib 主要用于结果可视化处理，可自行选择是否使用。下一步设置学习率、步长等基本变量。这里使用的是公开的手写体数据集，故图像尺寸为 784，代码如下：

```
#第 6 章/6.1.2 GAN 的训练过程及代码
#设置神经元个数、批训练数据量、学习率等基本变量
image_size = 784
hidden_size = 256
h_dim = 400
z_dim = 20
num_epochs = 30
batch_size = 128
latent_size = 100
learning_rate = 0.001
```

加载手写体数据集，并将数据分成批训练，代码如下：

```
#加载数据集
dataset = torchvision.datasets.MNIST(root = 'data',
                                     train = True,
                                     transform = transforms.ToTensor(),
                                     download = False)
data_loader = torch.utils.data.DataLoader(dataset = dataset,
                                     batch_size = batch_size,
                                     shuffle = True)
```

torch.device 主要是为数据处理分配设备。torch.device 包含一个设备类型（'cpu'或'CUDA'）和可选的设备序号。'CUDA'可指定，默认值为 0。如果设备序号不存在，则使用当前设备，代码如下：

```
#分配设备进行训练
device = torch.device('CUDA' if torch.CUDA.is_available() else 'cpu')
```

构建 GAN 的生成器和判别器网络结构，这里使用 nn. Linear 和 nn. LeakyReLU 等函数，构建方式并不唯一，代码如下：

```
#第6章/6.1.2 GAN的训练过程及代码
#构建判别器
D = nn.Sequential(
    nn.Linear(image_size, hidden_size),
    nn.LeakyReLU(0.2),
    nn.Linear(hidden_size, hidden_size),
    nn.LeakyReLU(0.2),
    nn.Linear(hidden_size, 1),
    nn.Sigmoid()
)

#构建生成器
G = nn.Sequential(
    nn.Linear(latent_size, hidden_size),
    nn.Relu(),
    nn.Linear(hidden_size, hidden_size),
    nn.Relu(),
    nn.Linear(hidden_size, image_size),
    nn.Tanh()
)
```

使用 BCELoss( )损失函数和 Adam 优化器对 GAN 进行奖惩和优化，代码如下：

```
#定义损失函数，以及判别器和生成器的优化器
criterion = nn.BCELoss()
d_optimizer = torch.optim.Adam(D.parameters(), lr = 0.0003)
g_optimizer = torch.optim.Adam(G.parameters(), lr = 0.0003)
```

完成数据加载、生成器、判别器、优化器的构建等操作，接下来交替训练判别器和生成器并通过上述损失函数对判别器和生成器进行奖惩，使用优化器优化两者的参数空间，代码如下：

```
#第6章/6.1.2 GAN的训练过程及代码
#训练模型
for epoch in range(num_epochs):
    for i, (images, _) in enumerate(data_loader):
        images = images.reshape(batch_size, -1).to(device)
        if images.size()[1] == image_size:
            #定义图像是真或假的标签
```

```
            real_labels = torch.ones(batch_size, 1).to(device)
            fake_labels = torch.zeros(batch_size, 1).to(device)
            #训练判别器
            #定义判断器对真图像的损失函数
            outputs = D(images)
            d_loss_real = criterion(outputs, real_labels)
            real_score = outputs
            #定义判别器对假图像(由潜在空间点生成的图像)的损失函数
            z = torch.randn(batch_size, latent_size).to(device)
            fake_images = G(z)
            outputs = D(fake_images)
            d_loss_fake = criterion(outputs, fake_labels)
            fake_score = outputs
            #得到判别器总的损失函数
            d_loss = d_loss_real + d_loss_fake
            d_optimizer.zero_grad()
            d_loss.backward()
            d_optimizer.step()
            #训练生成器
            #定义生成器损失函数
            z = torch.randn(batch_size, latent_size).to(device)
            fake_images = G(z)
            outputs = D(fake_images)
            g_loss = criterion(outputs, real_labels)
            #优化
            g_optimizer.zero_grad()
            g_loss.backward()
            g_optimizer.step()
            if (i + 1) % 200 == 0:
                print('Epoch [{}/{}], d_loss: {:.4f}, g_loss: {:.4f} '
                      'D(x): {:.2f}, D(G(z)): {:.2f}'.format(
                    epoch, num_epochs, d_loss.item(), g_loss.item(),
                    real_score.mean().item(), fake_score.mean().item()))
        if images.size()[1] == image_size:
            if (epoch + 1) == 1:
            images = images.reshape(images.size(0), 1, 28, 28)
            save_image(images, './img/real_images.png')

        fake_images = fake_images.reshape(fake_images.size(0), 1, 28, 28)
        save_image(fake_images, './img/fake_images-{}.png'.format(epoch + 1))

    torch.save(G.state_dict(), './generator.pth')
    torch.save(D.state_dict(), './discriminator.pth')
```

对训练结果进行可视化展示，更直观地查看训练结果并进行算法优化和对比，代码如下：

```
#可视化展示训练结果
reconsPath = './img/fake_images-20.png'
Image = mpimg.imread(reconsPath)
plt.imshow(Image)
plt.axis('off')
plt.show()
```

6.1.3 GAN的损失函数

从GAN的流程图可以看出，控制生成器和判别器的关键是损失函数。其中，为了让判别器能够辨别是非，判别器的损失函数通常要同时考虑识别真实图像和伪造图像的能力，而生成器的损失函数主要考虑与真实图像的逼近。

理想状态下，生成器和判别器在训练期间都不断尝试最大化自己的收益，最终收敛在

$$G^* = \arg \min_G \max_D V(G,D) \tag{6-3}$$

V一般选择

$$V(G,D) = E_{x \sim p_r} \log D(x) + E_{x \sim p_G} \log(1 - D(x)) \tag{6-4}$$

然而在实践中，由于G、D和$\max_D V(G,D)$通常非凸，并且生成器的损失依赖于判别器损失的后向传递，当判别器能准确判别真假时，向后传递的信息非常少，生成器无法形成自身的损失，这些原因可导致GAN的学习比较困难，不容易收敛。

在此，给出几种经典的、训练效果较好的损失函数供读者选择。

标准GAN损失函数的代码如下：

```
#第6章/6.1.3 GAN的损失函数
import torch
import torch.nn as nn
from torch.nn import BCEWithLogitsLoss
criterion = BCEWithLogitsLoss()
#分别对真实数据和伪造数据进行预测
r_preds = dis(real_samps)
f_preds = dis(fake_samps)
#计算真实值损失
real_loss = criterion(torch.squeeze(r_preds), torch.ones(real_samps.shape[0]))
```

```
#计算伪造值损失
fake_loss = criterion(torch.squeeze(f_preds), torch.zeros(fake_samps.shape[0]))
#计算判别器损失
dis_loss = (real_loss + fake_loss) / 2
#计算生成器损失
gen_loss = criterion(torch.squeeze(preds), torch.ones(fake_samps.shape[0]))
```

Hinge Loss 的代码如下：

```
r_preds = dis(real_samps)
f_preds = dis(fake_samps)
dis_loss = torch.mean(nn.Relu()(1 - r_preds)) + torch.mean(nn.Relu()(1 + f_preds))
gen_loss = - torch.mean(f_preds)
```

Relativistic Average Hinge Loss 的代码如下：

```
r_preds = dis(real_samps)
f_preds = dis(fake_samps)
#真实值和伪造值之间的差异
r_f_diff = r_preds - torch.mean(f_preds)
dis_loss = torch.mean(nn.Relu()(1 - r_f_diff)) + torch.mean(nn.Relu()(1 + f_r_diff))
gen_loss = torch.mean(nn.Relu()(1 + r_f_diff)) + torch.mean(nn.Relu()(1 - f_r_diff))
```

带惩罚项的 Logistic Loss 的代码如下：

```
#第 6 章/6.1.2 GAN 的训练过程及代码
real_img = torch.autograd.Variable(real_img, requires_grad = True)
real_logit = dis(real_img)
real_grads = torch.autograd.grad(outputs = real_logit, inputs = real_img,
                                 grad_outputs = torch.ones(real_logit.size()),
                                 create_graph = True,
retain_graph = True)[0].view(real_img.size(0), - 1)
r1_penalty = torch.sum(torch.mul(real_grads, real_grads))
#判别器损失
dis_loss = torch.mean(nn.Softplus()(f_preds)) + \
torch.mean(nn.Softplus()( - r_preds)) + (r1_gamma * 0.5) * r1_penalty
gen_loss = torch.mean(nn.Softplus()( - f_preds))
```

此外，Wasserstein Distance 也在 GAN 中应用广泛，并有 WGAN-GP 和 WGAN-CP 等变形，感兴趣的读者可以进一步了解。

6.2　量子判别器

GAN 中判别器负责估计输入样本是训练样本的概率，根据这个数值利用恰当的损失函数，再训练生成器以提高生成样本是训练样本的概率。由于判别器和生成器的对抗博弈，判别器对数据的识别和估计能力会直接影响生成器的生成能力和最终的训练结果。在 GAN 和以 GAN 为基础的衍生模型训练时常会出现模式崩溃问题：第一，训练难以收敛达到纳什均衡，生成结果具有随机性难以复现；第二，训练收敛，如手写体数据集训练结束后，GAN 只能生成一个或某几个手写数字；第三，训练结束后的 GAN 模型涵盖所有模式，生成一些没有意义的数据。

针对模式崩溃问题有大量学者进行研究，但其发生的原因尚未被完全理解。现得到普遍认同的解释是在判别器具有良好的识别和估计能力之前，生成器的欺骗能力已经远高于判别器的识别能力，率先发现一个能被判别器一直判定为训练样本的生成样本。基于参数化量子线路的判别器，即量子判别器能有效地降低模式崩溃问题的发生。据研究调查发现，量子 GAN 中量子判别器使用量子线路的比特数数量比量子生成器的更敏感；量子判别器可以收敛是整个量子 GAN 模型收敛的充要条件；同时量子判别器比量子生成器更稳定，故本节主要介绍量子判别器。

量子判别器由 n 比特量子线路、Pauli 旋转门、受控门和测量组成。它是参数化量子线路组成的神经网络，有目标态和生成态两个输入，通过测量输出量子态得到识别结果，即将目标态判断为目标态的概率或将生成态判断为目标态的概率。量子判别器测量的操作结果对应着经典判别器对样本的判定结果。对于 n 比特线路，测量前输出的量子态是一个 $2^n \times 2^n$ 的量子态密度矩阵，测量后得到 n 个测量结果。测量操作和量子测量是对应的，测量量子叠加坍塌为某个固定的值，状态相同的量子坍塌结果不一定相同，但是最终测量结果符合量子系统概率分布。基于参数化量子线路的判别器线路可以由多个量子卷积核和量子池化核按一定规律摆放在 n 比特线路上组成，其中，量子卷积核和量子池化核均由 Pauli 旋转门和受控门组成，故也可以直接摆放 Pauli 旋转门和受控门在量子线路上组成量子判别器。

假设量子判别器由 4 比特线路加 12 个 Pauli 旋转门和 4 个受控门组成，其中，Pauli 旋转门和受控门的摆放方式和顺序如图 6-5 所示。可根据图 6-5 编写基于 PyTorch 的量子判别器。

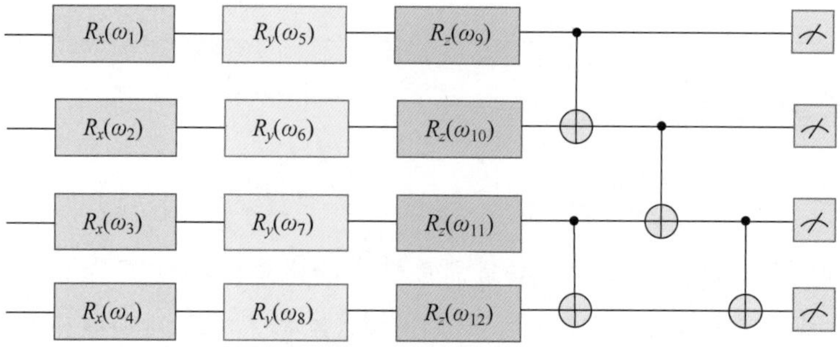

图 6-5　基于参数化量子线路的判别器线路

首先激活环境，导入所需要的包，代码如下：

```
#导入包
import torch
from torch import nn
from deepquantum import Circuit
from deepquantum. utils import dag, measure _ state, ptrace, multi _ kron, encoding, expecval _
ZI,measure
```

DeepQuantum 包已经包含了参数化量子线路所需要的各种量子计算操作、Pauli 旋转门、受控门和测量等，根据图 6-5 构建量子判别器，代码如下：

```
#构建参数化量子线路判别器
class QuDis(nn.Module):
    #初始化参数
    def __init__(self, n_qubits, gain = 2 ** 0.5, use_wscale = True, lrmul = 1):
        super().__init__()
        he_std = gain * 5 ** ( - 0.5)
        if use_wscale:
            init_std = 1.0 / lrmul
            self.w_mul = he_std * lrmul
        else:
            init_std = he_std / lrmul
            self.w_mul = lrmul

        self.n_qubits = n_qubits
        #用 nn.Parameter 对每个 Module 的参数进行初始化
```

```
        self.weight = nn.Parameter(nn.init.uniform_(torch.empty(3 * self.n_qubits), a = 0.0,
    b = 2 * np.pi) * init_std)

    #根据量子线路图摆放旋转门及受控门
    def layer(self):
        w = self.weight * self.w_mul
        cir = Circuit(self.n_qubits)

        #旋转门
        for which_q in range(0, self.n_qubits):
            cir.rx(which_q,w[which_q])
            cir.ry(which_q,w[which_q + 4])
            cir.rz(which_q,w[which_q + 8])

        #受控门
        for which_q in range(1,self.n_qubits):
            cir.cnot(which_q - 1,which_q)
        cir.cnot(which_q - 1,which_q)
        U = cir.get()
        return U

    def forward(self, x):
        cir = Circuit(self.n_qubits)
        E_qlayer = self.layer()
        qdiscriminator = E_qlayer @ x @ dag(E_qlayer)
        qdiscriminator_out = measure(qdiscriminator,self.n_qubits)
        #返回测量值
        return qdiscriminator_out
class Q_Discriminator(nn.Module):
    def __init__(self,n_qubit):
        super().__init__()
        #n_qubits 量子判别器,可根据需要自行设置,这里 n_qubits = 4
        self.n_qubit = n_qubit
        self.discriminator = QuDis(self.n_qubit)

    def forward(self, x):
        #x:进行判别的量子态数据
        x_out = self.discriminator(x)
        return x_out
```

参数化量子判别器线路的摆放并不唯一,可根据所学量子物理知识、对 GAN 的理解、处理样本需求及计算机性能等方面,自行修改构建的量子判别器。

6.3 对抗自编码网络

生成模型能捕获丰富的数据分布。第 4 章提到的变分自编码(VAE)网络和 6.2 节提到的生成对抗网络(GAN)是生成模型的经典代表,其中,VAE 主要通过识别网络来预测潜变量的后验分布;GAN 主要基于博弈论,期望找到判别器和生成器的纳什均衡点。对抗自编码(Adversarial Autoencoder,AAE)网络是 VAE 和 GAN 融合的深层生成模型。VAE 的编码器(Encoder)将 x 编码为 z,然后解码器(Decoder)通过 z 重构 x。AAE 在 VAE 隐藏层进行对抗学习,解码器从 z 重构 x,与 GAN 模型生成器功能类似,AAE 的生成器是解码器。由于 AAE 中的解码器自带特征提取、噪声少,故性能比 GAN 中的生成器性能更好。

6.3.1 对抗自编码网络架构

本节将介绍一种对抗自编码网络,它将自编码器融入对抗生成模型中。与 VAE 对潜空间增加一个潜码服从的高斯分布的思想类似,AAE 使用对抗训练来使编码器生成的潜码的后验分布与先验高斯分布进行匹配,而 VAE 则使用 KL 散度来衡量这两个分布间的差异。

对抗自编码网络包含两个不同的训练阶段:第 1 个阶段称为重建阶段,这一阶段通过最小化生成图像与原图像的差异,即重构误差来训练和更新编码器及解码器的参数;第 2 个阶段称为正则化阶段,这一阶段主要进行对抗训练,首先对判别器进行训练和更新以辨别潜码来自先验分布还是编码器;其次对生成器即编码器进行训练和更新,以混淆判别器。

对抗自编码网络的结构如图 6-6 所示,x 为输入数据,$q(z|x)$表示编码网络,z 表示潜码,$q(z)$表示由编码器生成潜码所在的后验分布,$p(z)$是需要指定的先验分布。其中,上半部分代表一个标准的自编码网络,通过对 x 进行编码得到潜码 z,再通过解码器还原 x。下半部分表示对抗网络,用于区分潜码样本是来自指定的先验样本分布,还是来自自编码中编码器生成的样本分布。

6.3.2 对抗自编码网络的代码实现

前面已经介绍了 AAE 的架构和原理,接下来采用 PyTorch 实现这一模型,数据集使用 MNIST,代码中默认数据集已经下载完毕并放在相应的 data 路径中。

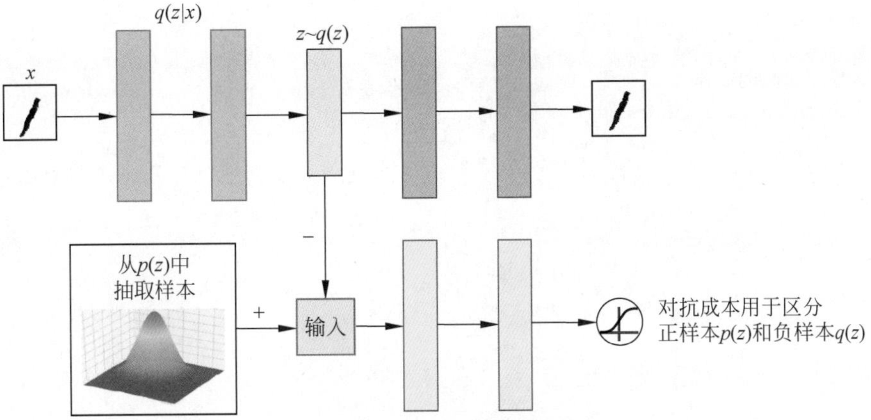

图 6-6　AAE 网络的结构

导入包及设置超参数，代码如下：

```
#第 6 章/6.3.2 对抗自编码网络的代码实现
#导入包
import torch
import pickle
import numpy as np
from torch.autograd import Variable
import torch.nn as nn
import torch.nn.functional as F
import torch.optim as optim
#训练参数设置
seed = 10
n_classes = 10
z_dim = 2
X_dim = 784
y_dim = 10
batch_size = 100
train_batch_size = batch_size
valid_batch_size = batch_size
N = 1000
epochs = 50
```

对数据进行预处理，生成有标签数据集，验证有标签数据集和无标签数据集，代码如下：

```
#第 6 章/6.3.2 对抗自编码网络的代码实现
import torchvision
import torchvision.transforms as transforms
```

```
from torch.utils.data import Dataset
import pickle
import numpy as np
from torchvision.datasets import MNIST


#定义 MNIST 子集
class subMNIST(Dataset):
    def __init__(self, dataset, k = 3000):
        super(subMNIST, self).__init__()
        self.k = k
        self.dataset = dataset

    def __len__(self):
        return self.k

    def __getitem__(self, item):
        img, target = self.dataset.data[item], int(self.dataset.targets[item])
        return img, target
#转换为 Tensor, 服从正态分布
transform = transforms.Compose([transforms.ToTensor(),
                                transforms.Normalize((0.1307,), (0.3081,))])
#获得完整的 MNIST 数据集
trainset_original = MNIST('data', train = True, download = False, transform = transform)
#获得训练集和验证集指标
train_label_index = []
valid_label_index = []
for i in range(10):
    train_label_list = trainset_original.train_labels.NumPy()
    label_index = np.where(train_label_list == i)[0]
    label_subindex = list(label_index[:300])
    valid_subindex = list(label_index[300: 1000 + 300])
    train_label_index += label_subindex
    valid_label_index += valid_subindex
#获得有标签训练集
trainset_np = trainset_original.train_data.NumPy()
trainset_label_np = trainset_original.train_labels.NumPy()
train_data_sub = torch.from_numpy(trainset_np[train_label_index])
train_labels_sub = torch.from_numpy(trainset_label_np[train_label_index])

trainset_new = subMNIST(root = './data', train = True,
download = True, transform = transform, k = 3000)
trainset_new.train_data = train_data_sub.clone()
trainset_new.train_labels = train_labels_sub.clone()
```

```
pickle.dump(trainset_new, open("./data/train_labeled.p", "wb"))
#获得有标签验证集
validset_np = trainset_original.train_data.NumPy()
validset_label_np = trainset_original.train_labels.NumPy()
valid_data_sub = torch.from_numpy(validset_np[valid_label_index])
valid_labels_sub = torch.from_numpy(validset_label_np[valid_label_index])

validset = subMNIST(root='./data', train=False,
download=True, transform=transform, k=10000)
validset.test_data = valid_data_sub.clone()
validset.test_labels = valid_labels_sub.clone()

pickle.dump(validset, open("./data/validation.p", "wb"))
#获得无标签训练集
train_unlabel_index = []
for i in range(60000):
    if i in train_label_index or i in valid_label_index:
        pass
    else:
        train_unlabel_index.append(i)

trainset_np = trainset_original.train_data.NumPy()
trainset_label_np = trainset_original.train_labels.NumPy()
train_data_sub_unl = torch.from_numpy(trainset_np[train_unlabel_index])
train_labels_sub_unl = torch.from_numpy(trainset_label_np[train_unlabel_index])

trainset_new_unl = subMNIST(root='./data', train=True,
download=True, transform=transform, k=47000)
trainset_new_unl.train_data = train_data_sub_unl.clone()
trainset_new_unl.train_labels = None        #无标签

pickle.dump(trainset_new_unl, open("./data/train_unlabeled.p", "wb"))
```

定义数据加载函数，代码如下：

```
#第6章/6.3.2对抗自编码网络的代码实现
#加载数据
def load_data(data_path='./data/'):
    print('loading data!')
    trainset_labeled = pickle.load(open(data_path + "train_labeled.p", "rb"))
    trainset_unlabeled = pickle.load(open(data_path + "train_unlabeled.p", "rb"))
    #将无标签数据的标签设置为-1
    trainset_unlabeled.train_labels = torch.from_numpy(np.array([-1] * 47000))
    validset = pickle.load(open(data_path + "validation.p", "rb"))
```

```
    train_labeled_loader = torch.utils.data.DataLoader(
    trainset_labeled, batch_size = train_batch_size, shuffle = True)

    train_unlabeled_loader = torch.utils.data.DataLoader(
    trainset_unlabeled, batch_size = train_batch_size, shuffle = True)

    valid_loader = torch.utils.data.DataLoader(validset,
    batch_size = valid_batch_size, shuffle = True)
    return train_labeled_loader, train_unlabeled_loader, valid_loader
```

定义 AAE 模型,主要包含编码器、解码器和判别器,代码如下:

```
#第6章/6.3.2 对抗自编码网络的代码实现
#编码器
class Q_net(nn.Module):
    def __init__(self):
        super(Q_net, self).__init__()
        self.lin1 = nn.Linear(X_dim, N)
        self.lin2 = nn.Linear(N, N)
        #高斯潜码
        self.lin3gauss = nn.Linear(N, z_dim)

    def forward(self, x):
        x = F.DropOut(self.lin1(x), p = 0.2, training = self.training)
        x = F.ReLU(x)
#解码器
class P_net(nn.Module):
    def __init__(self):
        super(P_net, self).__init__()
        self.lin1 = nn.Linear(z_dim, N)
        self.lin2 = nn.Linear(N, N)
        self.lin3 = nn.Linear(N, X_dim)

    def forward(self, x):
        x = self.lin1(x)
        x = F.DropOut(x, p = 0.2, training = self.training)
        x = F.ReLU(x)
        x = self.lin2(x)
        x = F.DropOut(x, p = 0.2, training = self.training)
        x = self.lin3(x)
        return F.sigmoid(x)
```

```
#判别器
class D_net_gauss(nn.Module):
    def __init__(self):
        super(D_net_gauss, self).__init__()
        self.lin1 = nn.Linear(z_dim, N)
        self.lin2 = nn.Linear(N, N)
        self.lin3 = nn.Linear(N, 1)

    def forward(self, x):
        x = F.DropOut(self.lin1(x), p=0.2, training=self.training)
        x = F.ReLU(x)
        x = F.DropOut(self.lin2(x), p=0.2, training=self.training)
        x = F.ReLU(x)
        return F.sigmoid(self.lin3(x))
```

定义存储模型和输出损失函数，代码如下：

```
#第6章/6.3.2 对抗自编码网络的代码实现
#存储模型
def save_model(model, filename):
torch.save(model.state_dict(), filename)
#输出损失
def report_loss(epoch, D_loss_gauss, G_loss, recon_loss):
    print('Epoch-{}; D_loss_gauss: {:.4}; G_loss: {:.4}; recon_loss: {:.4}'.format(epoch,
        D_loss_gauss.item(), G_loss.item(), recon_loss.item()))
```

训练一个 epoch 过程，代码如下：

```
#第6章/6.3.2 对抗自编码网络的代码实现
#一个 epoch 训练过程
def train(P, Q, D_gauss, P_decoder, Q_encoder, Q_generator,
D_gauss_solver, data_loader):
    TINY = 1e-15
    #将网络设置为训练模式
    Q.train()
    P.train()
    D_gauss.train()
    #循环遍历数据集，从每个数据集中获取一批样本
#数据集大小必须是批处理大小的整数倍，否则将返回无效样本
    for X, target in data_loader:
        #加载批处理并样本化为介于0和1之间
        X = X * 0.3081 + 0.1307
        X.resize_(train_batch_size, X_dim)
```

```
        X, target = Variable(X), Variable(target)

        #梯度清零
        P.zero_grad()
        Q.zero_grad()
        D_gauss.zero_grad()

        #重构阶段
        z_sample = Q(X)
        X_sample = P(z_sample)
        recon_loss = F.binary_cross_entropy(X_sample + TINY,
X.resize(train_batch_size, X_dim) + TINY)

        recon_loss.backward()
        P_decoder.step()
        Q_encoder.step()

        P.zero_grad()
        Q.zero_grad()
        D_gauss.zero_grad()

        #正则化(对抗训练)阶段
        #判别器
        Q.eval()
        z_real_gauss = Variable(torch.randn(train_batch_size, z_dim) * 5.)

        z_fake_gauss = Q(X)


        D_real_gauss = D_gauss(z_real_gauss)
        D_fake_gauss = D_gauss(z_fake_gauss)

        D_loss = -torch.mean(torch.log(D_real_gauss + TINY) + \
        torch.log(1 - D_fake_gauss + TINY))

        D_loss.backward()
        D_gauss_solver.step()

        P.zero_grad()
        Q.zero_grad()
        D_gauss.zero_grad()

        #生成器
        Q.train()
        z_fake_gauss = Q(X)
```

```
        D_fake_gauss = D_gauss(z_fake_gauss)
        G_loss = - torch.mean(torch.log(D_fake_gauss + TINY))

        G_loss.backward()
        Q_generator.step()

        P.zero_grad()
        Q.zero_grad()
        D_gauss.zero_grad()

    return D_loss, G_loss, recon_loss
```

训练模型,代码如下:

```
#第 6 章/6.3.2 对抗自编码网络的代码实现
#训练模型
def generate_model(train_labeled_loader, train_unlabeled_loader, valid_loader):
    torch.manual_seed(10)
    Q = Q_net()
    P = P_net()
    D_gauss = D_net_gauss()

    #设置学习率
    gen_lr = 0.0001
    reg_lr = 0.00005

    #设置优化器
    P_decoder = optim.Adam(P.parameters(), lr = gen_lr)
    Q_encoder = optim.Adam(Q.parameters(), lr = gen_lr)

    Q_generator = optim.Adam(Q.parameters(), lr = reg_lr)
    D_gauss_solver = optim.Adam(D_gauss.parameters(), lr = reg_lr)

    for epoch in range(epochs):
        D_loss_gauss, G_loss, recon_loss = train(P, Q, D_gauss,
        P_decoder, Q_encoder, Q_generator, D_gauss_solver,
        train_unlabeled_loader)
        if epoch % 1 == 0:
            report_loss(epoch, D_loss_gauss, G_loss, recon_loss)
    return Q, P
```

定义主函数,保存训练模型,代码如下:

```
#第 6 章/6.3.2 对抗自编码网络的代码实现
if __name__ == '__main__':
    train_labeled_loader, train_unlabeled_loader, valid_loader = load_data()
    Q, P = generate_model(train_labeled_loader,
train_unlabeled_loader, valid_loader)
    save_path = ''
    save_model(Q, save_path)
    save_model(P, save_path)
```

至此,AAE 网络构建完毕,接下来介绍完全监督的对抗自编码(SAAE)网络,并用类似的方法实现。

6.3.3 完全监督的对抗自编码网络架构

生成模型能够有效地将类别标签信息从许多潜在变化因素中分离出来。基于这一想法,完全监督的对抗自编码网络被设计为可以将标签类别信息和图像风格信息分离,如图 6-7 所示。

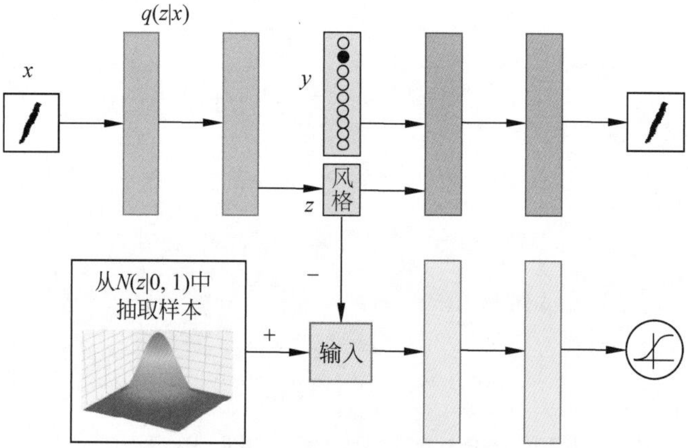

图 6-7 SAAE 网络的结构

与 AAE 网络相比,SAAE 网络主要的改变是将标签信息以 one-hot 编码的形式(图 6-7 中的 y)输入解码器中。解码器因此得以使用标签信息和潜码共同重建图像,并且,SAAE 网络能够让潜码保留独立于标签的所有信息。

6.3.4 完全监督的对抗自编码网络的代码实现

完全监督的对抗自编码网络的代码实现与对抗自编码网络基本吻合,只需要在重建阶段中添加标签信息,以下展现这部分代码的差异。

定义获取类别函数，代码如下：

```
#获取类别信息
def get_categorical(labels, n_classes = 10):
    cat = np.array(labels.data.tolist())
    cat = np.eye(n_classes)[cat].astype('float32')
    cat = torch.from_numpy(cat)
    return Variable(cat)
```

含有类别标签信息的重构阶段，代码如下：

```
#第 6 章/6.3.4 完全监督的对抗自编码网络的代码实现
#重构阶段
z_gauss = Q(X)
z_cat = get_categorical(target, n_classes = 10)
z_sample = torch.cat((z_cat, z_gauss), 1)
X_sample = P(z_sample)
recon_loss = F.binary_cross_entropy(X_sample + /
TINY, X.resize(train_batch_size, X_dim) + TINY)
recon_loss.backward()
P_decoder.step()
Q_encoder.step()
P.zero_grad()
Q.zero_grad()
D_gauss.zero_grad()
```

最后，值得注意的是，在训练过程中，要将数据集切换为有标签的，AAE 中使用的数据集为无标签的。

此外，还有半监督的对抗自编码(SSAAE)网络，是将标签信息进行另一个对抗训练，以服从给定的样本标签，可以应用在维度压缩上，感兴趣的读者可以继续深入了解。

6.3.5　量子有监督对抗自编码网络

机器学习在电子计算机设备上运行的算力需求迅速增长，但半导体集成电路制造工艺接近纳米极限而出现瓶颈，基于参数化量子线路的 SAAE 算法既能在量子尺度下正常工作，又能在第四代计算机上正常运行。它由量子编码器、量子解码器和量子判别器组成。在经典的 SAAE 中用损失函数来评估两个样本之间的差异，由于量子态数据直接使用损失函数，需要进行复杂的推导并自行编写函数，因此将量子态数据转换为经典数据使用损失函数并没用实际意义，故这里引入保真度来评价两个量子态之间的差异。保真度公式如下：

$$\text{fidelity} = \text{tr}(\rho\sigma) + \sqrt{1 - \text{tr}(\rho^2)} \times \sqrt{1 - \text{tr}(\sigma^2)} \tag{6-5}$$

式(6-5)和第 3 章提到的保真度公式一样,在这里不再赘述。保真度可根据模型要求进行替换。

量子对抗自编码网路可根据经典 SAAE 中编码器、解码器及判别器的逻辑替换为量子编码器、量子解码器及量子判别器,完成 AAE 的编码、重构及对抗任务和功能。

首先,导入所需要的包,代码如下:

```
#导入包
import torch
import torch.nn as nn
import torch.nn.functional as F
import numpy as np
import pandas as pd
```

定义量子编码器。量子编码器主要由 Pauli 旋转门和受控门组成,用于实现数据的编码过程,这里使用偏迹运算对输入量子态数进行压缩,模拟经典 SAAE 中的编码过程。

量子编码器的线路结构如图 6-8 所示,可以根据输入数据的结构设置线路数量。

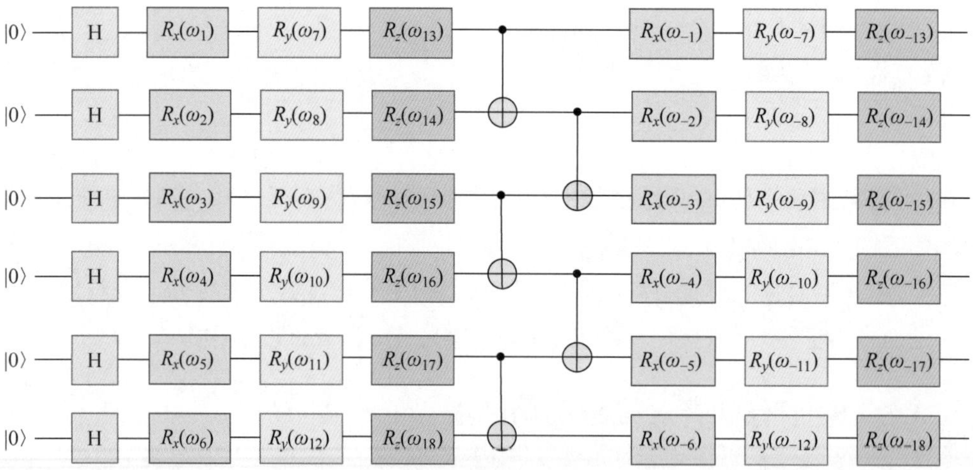

图 6-8　量子编码器的结构

代码如下:

```
#第 6 章/6.3.5 量子有监督对抗自编码网络
#构建参数化量子线路编码器
class QuEn(nn.Module):
    #初始化参数
```

```
    def __init__(self, n_qubits, gain = 2 ** 0.5, use_wscale = True, lrmul = 1):
        super().__init__()

        he_std = gain * 5 ** (-0.5)
        if use_wscale:
            init_std = 1.0 / lrmul
            self.w_mul = he_std * lrmul
        else:
            init_std = he_std / lrmul
            self.w_mul = lrmul

        self.n_qubits = n_qubits
        #用 nn.Parameter 对每个 Module 的参数进行初始化
        self.weight = nn.Parameter(nn.init.uniform_(torch.empty(3 * self.n_qubits), a = 0.0,
b = 2 * np.pi) * init_std)

    #根据量子线路图摆放旋转门及受控门
    def layer(self):
        w = self.weight * self.w_mul
        cir = Circuit(self.n_qubits)

        #旋转门
        for which_q in range(0, self.n_qubits):
            cir.rx(which_q,w[which_q])
            cir.ry(which_q,w[which_q + 6])
            cir.rz(which_q,w[which_q + 12])

        #受控门
        for which_q in range(1,self.n_qubits):
            cir.cnot(which_q - 1,which_q)

        #旋转门
        for which_q in range(0, self.n_qubits):
            cir.rx(which_q, - w[which_q])
            cir.ry(which_q, - w[which_q + 6])
            cir.rz(which_q, - w[which_q + 12])
        U = cir.get()
        return U

    def forward(self, x):
        E_qlayer = self.layer()
        qdecoder_out = E_qlayer @ x @ dag(E_qlayer)
        #返回编码后的数据
        return qdecoder_out
```

```
class Q_Encoder(nn.Module):
    def __init__(self,n_qubits):
        super().__init__()
        #n_qubits 量子编码器,可根据需要自行设置,这里 n_qubits = 6
        self.n_qubits = n_qubits
        self.encoder = QuEn(self.n_qubits)

    def forward(self, x,dimA):
        x = self.encoder(x)
        dimB = self.n_qubits - dimA
        #偏迹运算:保留 dimA 维度数据
        x_out = ptrace(x,dimA,dimB)
        #返回编码后的结果
        return x_out
```

定义量子 SAAE 的解码器,即生成器。解码器对编码后的数据混入标签数据,重建编码器输入数据。这里混入的方法是对编码数据和标签数据进行张量积运算得到包含编码数据和标签数据的混合数据,再进行接下来的解码重建。

第 7 章

强化学习的概念与理论

本章介绍强化学习的基本概念和相关理论，浅要地对强化学习方法进行分类，并详细介绍部分方法具体的细节与发展过程。

7.1 强化学习的概念

强化学习又称为增强学习或再励学习(Reinforcement Learning)，是 AlphaGo、AlphaGo Zero 等人工智能软件的核心技术。近年来，随着高性能计算、大数据和深度学习技术的突飞猛进，强化学习算法及其应用也得到更为广泛的关注和更加快速的发展。

7.1.1 什么是强化学习

强化学习用于在交互过程中寻求最优策略，以此在整个过程中得到最多的奖励或者实现某个目的，如图 7-1 所示。强化学习的灵感来源于人类的进化过程。人类在历史长河中与自然环境不断交互、学习和积攒经验，不断尝试用不同的方式来解决各种问题，在没有先验指导的情况下，通过不断探索，根据结果的好坏推动任务朝着可以完成的方向前进。

可以将强化学习的思想总结成一种解决未知问题的通用步骤，即在整个过程中的不断探索和获得经验。

强化学习一般应用在具有马尔可夫性的序列过程中，根据对环境了解程度的不同，分为有模型的强化学习和无模型的强化学习。解决方法分为两种思路：一种是动态规划方法，一般用于解决有模型类的强化学习问题；另一种是随机采用法，通过不断试探，从经验中获得平均值。动态规划方法可以分为策略迭代与值迭代两类，随机采样多是采用蒙特卡洛方式。从策

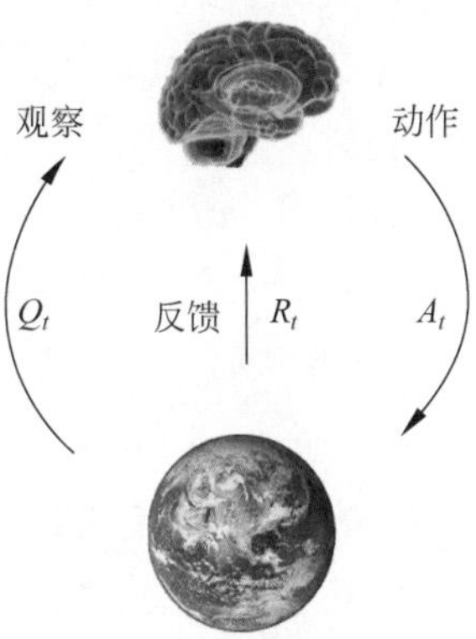

图 7-1 人类与自然环境交互的过程

略学习方式上可以分为同步与异步两种方式，例如同步学习有 SARSA 算法、Policy Gradient 算法，异步学习有 Q-Learning 算法；从学习的目标上又可以分为基于值的方法和基于策略的方法两种。

强化学习中有一些常用的指代名词，包括智能体、环境、动作和状态等，具体的含义解释如下：

(1) 智能体：做出交互动作的物体，与环境相对应，例如在真实环境中人是智能体，在游戏中控制单位为智能体。

(2) 环境：环境接收智能体发出动作并对动作做出反馈，同时将一个新的状态返回智能体，在电影推荐系统中，环境的角色是人。

(3) 动作(A)：智能体所做出的行为，即智能体与环境进行交互的行为，动作的概念十分宽泛，可以是简单的离散动作，例如游戏中控制单位的前进、后退，电影选择中的电影 id，也可以是电流、电压，车的行驶速度等连续型动作，所有动作的集合称为动作集合 A。

(4) 状态(S)：对环境的描述，每个时刻环境都有一种状态，环境通过将新状态和奖励返回智能体达到交互目的。

(5) 奖励(R)：环境反馈给智能体的一个数值，环境接收到智能体的动作后给智能体一个反馈，根据反馈数值的好坏，智能体调整自身策略。

(6) 策略(π)：智能体在面对不同状态时选择动作的方式。

(7) 折扣因子(γ)：作用于环境对智能体的反馈奖励上，是一个超参数，它的大小控制智能体对于当前收益与长远收益的态度。折扣因子越接近 1，则表示对未来的收益越看重；折扣因子越接近 0，则表示智能体更看重当前的立即收益。

(8) 轨迹：一连串智能体与环境交互的历史记录，通常用以下的记录方式表示：

$$[s_0, a_0, r_1, s_1, a_1, \cdots, s_t, a_t] \tag{7-1}$$

(9) 转移概率(P)：$P(s_{t+1} | s_t, a_t)$定义了环境在状态 s_t 选择动作 a 后转移到状态 s_{t+1} 的概率，对于马尔可夫决策过程有 $P(s_{t+1} | s_t, a_t, \cdots, s_1, a_1) = P(s_{t+1} | s_t, a_t)$。

智能体在完成某项任务时，需要通过动作 A 与周围环境进行交互，在动作 A 和环境的作用下，智能体会产生新的状态，同时环境会给出一个回报。如此循环下去，智能体与环境不断地交互从而产生很多数据。强化学习算法利用产生的数据修改自身的动作策略，再与环境交互，产生新的数据，并利用新的数据进一步改善自身的动作，经过数次迭代学习后，智能体能最终学到完成相应任务的最优动作(最优策略)。

强化学习问题的过程大多具有马尔可夫性。马尔可夫性原文描述的意思为在一个随机过程中，当前的状态仅与它之前的一个状态有关，而与过去的其他状态都无关。

7.1.2　马尔可夫决策过程

从强化学习的基本原理能看出它与其他机器学习算法（如监督学习和非监督学习）的一些基本差别。在监督学习和非监督学习中，数据是静态的，不需要与环境进行交互，例如图像识别，只要给出足够的差异样本，将数据输入深度网络中训练即可，然而强化学习的学习过程是动态的、不断交互的过程，所需要的数据也是通过与环境不断交互所产生的，所以与监督学习和非监督学习相比，强化学习涉及的对象更多，例如动作、环境、状态转移概率和回报函数等。强化学习更像是人的学习过程：人类通过与周围环境交互，学会了走路、奔跑、劳动。

另外，深度学习（如图像识别和语音识别）解决的是感知的问题，强化学习解决的是决策的问题。人工智能的终极目的是通过感知进行智能决策，所以将近年发展起来的深度学习技术与强化学习算法结合而产生的深度强化学习算法是人类实现人工智能终极目的一个很有前景的方法。无数学者们通过几十年不断地努力和探索，提出了一套可以解决大部分强化学习问题的框架，这个框架是马尔可夫决策过程（Markov Decision Process，MDP）。

在高层次的直觉中，MDP 是一种对机器学习非常有用的数学模型，该模型允许机器和智能体确定特定环境中的理想行为，从而最大限度地提高模型在环境中实现特定状态甚至多种状态的能力。这个目标是由策略决定的，策略应用于依赖于环境的智能体的操作，MDP 试图优化为实现这样的解决方案所采取的步骤。这种优化是通过奖励反馈系统完成的，在这个系统中，不同的行为根据这些行为将导致的预测状态进行加权。

要了解 MDP，首先应该看一下流程的独特组成部分。它包含以下几个组成部分：

（1）存在于指定环境中的一组状态 S。

（2）在指定环境中存在一组有限的行为 A。

（3）描述每个动作对当前状态的影响 T。

（4）给出所需状态和行为的奖励函数 R。

寻求解决 MDP 的策略，可以将其视为从状态到行为的映射。用更简单的术语表示在状态 S 时应该采取的最佳行为 a，如图 7-2 所示。

Markov Decision Process	
States:	S
Model:	$T(S, a, S') \sim P(S', S, a)$
Actions:	$A(S)$, A
Reward:	$R(S)$, $R(S, a)$, $R(S, a, S')$
Policy:	$\pi(S) \to a$
	π^*

图 7-2　MDP 的图像概述

按定义，MDP 具有马尔可夫性质，根据 7.1.1 节介绍的转移概率（P）可知，当前时刻的状态仅与前一时刻的状态和动作有关，与其他时刻的状态和动作无关。马尔可夫性质是所有马尔可夫模型共有的性质，但相比于马尔可夫链，MDP 的转移概率加入了智能体的动作，其马尔可夫性质也与动作有关。

MDP 的马尔可夫性质是其被应用于强化学习问题的原因之一，强化学习问题在本质上要求环境的下一种状态与所有的历史信息，包括状态、动作和奖励有关，但在建模时采用马尔可夫假设可以在对问题进行简化的同时保留主要关系，此时环境的单步动力学就可以对其未来的状态进行预测，因此即便一些环境的状态信号不具有马尔可夫性，其强化学习问题也可以使用 MDP 建模。

7.2 基于值函数的强化学习方法

强化学习包含很多种方法，根据有无具体环境模型，可以分为无模型和基于模型两种方法。其中基于模型的方法需要对环境十分了解，而无模型方法则不需要，依照任务是否环境可知进行方法选择。

强化学习根据策略选择方式的不同，可以分为两大类。基于策略类的方法作为一种最直观的强化学习方法，可以在环境交互过程里直接学习动作的好坏，通过给出概率值表示每个动作是否值得做，以此方式来选择动作。值函数类的方法通过执行不同的动作，不断迭代其价值，最终以此为选择动作的依据。与策略类方法相比，值函数类的策略选择更为确定，只选动作价值最高的，而策略类的方法则依据每个动作的概率来选择，所以基于策略的方法更适合解决石头剪刀布这种随机策略类的问题。

7.2.1 基于蒙特卡洛的强化学习方法

蒙特卡洛(Monte Carlo，MC)方法是指从交互开始模拟运行，直到最终状态结束，计算这些轨迹的累计收益，即通过多次采样运行轨迹来计算累计收益。

在讲解蒙特卡洛方法之前，先梳理一下整个强化学习的研究思路。强化学习问题可以纳入马尔可夫决策过程中，当已知模型时，马尔可夫决策过程可以利用动态规划的方法解决，动态规划的方法包括策略迭代和值迭代。这两种方法可以用广义策略迭代方法统一：首先对当前策略进行策略评估，也就是计算出当前策略所对应的值函数，然后利用值函数改进当前策略。无模型强化学习的基本思想也是如此，即策略评估和策略改善。

1. 为什么要用蒙特卡洛方法

在现实世界中，无法同时知道所有强化学习元素。例如 P 就很难知道，不知道 P，就无法使用贝尔曼方程来求解 V 和 Q 的值，但是依然要去解决这个问题。由于智能体与环境交互的模型是未知的，蒙特卡洛方法用经验平均来估计值函数，而能否得到正确的值函数，则取决于经验。因此，如何获得充足的经验是无模型强化学习的核心所在。在动态规划方法中，为了保证值函数的收敛性，算法会逐个扫描状态空间中的状态。无模型的方法充分评估策略值函数的前提是每种状态都能被访问。因此，在蒙特卡洛方法中必须采用一定的方法保证每种状态都能被访问，方法之一是探索性初始化。探索性初始化是指每种状态都有一定的概率作为初始状态。

2. 蒙特卡洛方法介绍

蒙特卡洛方法又叫作统计模拟方法，它使用随机数（或伪随机数）来解决计算问题，如图 7-3 所示。

矩形的面积可以轻松得到，但是对于阴影部分的面积，积分是比较困难的，所以为了计算阴影部分的面积，可以在矩形上均匀地撒“豆子”，然后统计在阴影部分的“豆子”数占总“豆子”数的比例，就可以估算出阴影部分的面积了。

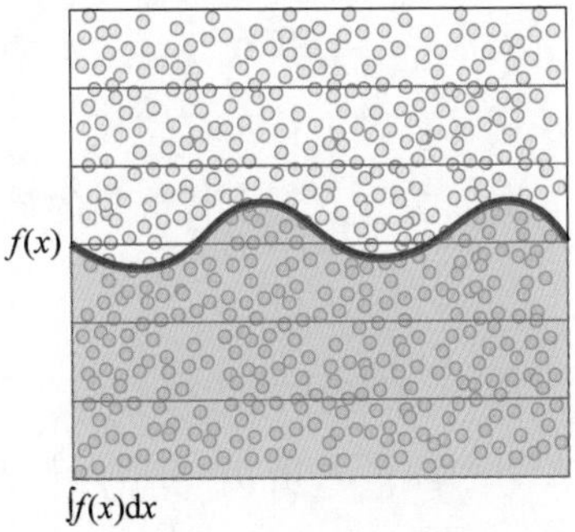

图 7-3　蒙特卡洛方法图像概述

3. RL 中的蒙特卡洛方法

蒙特卡洛学习指在不清楚 MDP 转移概率及即时奖励的情况下，直接经历完整的 episode 学习状态价值，通常情况下某状态的价值等于在多个 episode 中以该状态计算得到的所有收获的平均值。episode 是经历，每条 episode 是一条从起始状态到结束状态的经历。例如走迷宫，一条 episode 是从开始进入迷宫，到最后走出迷宫的路径。首先要得到的是某一种状态 s 的平均收获，所以说 episode 要经过状态 s。如果某条路径没有经过状态 s，则对于 s 来讲就不能使用它了，而且最后 episode 要求达到终点，才能算是一个 episode。

在蒙特卡洛方法中分为 first visit 和 every visit 两种方法。first visit 在计算状态 s 处的值函数时，只利用每个 episode 中第一次访问状态 s 时返回的值，计算 s 处的均值只利用了 G_{11}，因此计算公式如下：

$$v(s)=\frac{G_{11}(s)+G_{21}(s)+\cdots}{N_s} \tag{7-2}$$

every visit 在计算状态 s 处的值函数时，利用所有访问状态 s 时的回报返回值，即

$$v(s)=\frac{G_{11}(s)+G_{12}(s)+\cdots+G_{21}(s)+\cdots}{N_s} \tag{7-3}$$

蒙特卡洛的累计收益可以由式(7-4)表示，然后将采样得到的累计收益 G_t 代入式(7-5)中计算更新状态值函数 $V(s_t)$。

$$G_t = R_t + \gamma R_{t+1} + \cdots + \gamma^{T-1} R_T \tag{7-4}$$

$$V(s_t) \leftarrow V(s_t) + \alpha(G_t - V(s_t)) \tag{7-5}$$

所以，蒙特卡洛学习指不基于模型本身，而是直接从经历过的 episode 中学习，通过不同 episode 的平均收获值替代价值函数。

7.2.2 基于时间差分的强化学习方法

时间差分(TD)方法是强化学习理论中最核心的内容，是强化学习领域最重要的成果。与动态规划方法和蒙特卡洛方法相比，时间差分方法主要的不同点在值函数估计上。

时间差分方法同样直接从 episode 的轨迹经验中学习，同样也是无模型的强化学习方法。时间差分方法与蒙特卡洛方法不一样的地方是它不需要完整的 episode 轨迹，通过自举法同样可以进行学习迭代。

时间差分方法中智能体的最终目的是使整个过程的累计期望收益最大化，即

$$\max\left(\sum_t \gamma^t r_t\right) \tag{7-6}$$

那么，智能体的优化目标就可以设置为在当前状态为 s_t 时，选择合适的动作 a_t 使之后的累计收益最大化，不同值函数的表达式见式(7-7)和式(7-8)。

$$V_\pi(s) = E_\pi\left[\sum_t \gamma^t r_t \mid s\right] \tag{7-7}$$

$$Q_\pi(s,a) = E_\pi\left[\sum_t \gamma^t r_t \mid s,a\right] \tag{7-8}$$

策略 π 下状态 s 的价值函数记为 $V_\pi(s)$，即状态值函数(State Value Function)，代表从状态 s 开始，智能体按照策略进行决策所获得的总回报。类似地，根据策略 π 在状态 s 下采取动作 a 的后决策序列的总回报记为 $Q_\pi(s,a)$。时间差分方法与蒙特卡洛方法不同，时间差分方法是指从当前状态开始模拟运行一步，然后获取这一步的短期收益和下一状态的值函数之和 $R_t + \gamma V(s_{t+1})$(作为目标值)来更新状态值函数 V，更新公式为

$$V(s_t) \leftarrow V(s_t) + \alpha(R_t + \gamma V(s_{t+1}) - V(s_t)) \tag{7-9}$$

以时间差分方法为基础的 Q-Learning 是一个典型的基于值的算法，该算法的主要目标是构建 Q 值表，Q 值表记录了智能体在各种不同状态下，采用不同的动作后获得的累计回报值。不断更新 Q 值表的值，并且通过具有一定随机性的策略来指导智能体选择动作，从而达到一个新的状态，不断重复这个过程直到算法训练完成。

Q 值表的构建过程是强化学习算法学习的过程。刚开始，Q 值表的内容全部为 0 或者

随机设定，代表刚开始的时候，智能体会随机探索选择动作。开始交互后，智能体当前所处的状态为 s，采取动作 a，达到一个新的状态 s'。算法会计算两个不同的 Q 值，称为 Q 现实和 Q 估计。Q 估计即为 $Q(s,a)$，Q 现实是采取动作 a 之后可以获得的所有价值，Q 现实的计算公式如下：

$$Q_t = R + \gamma \times \max(Q(s',a')) \tag{7-10}$$

式(7-10)中的 R 指状态达到 s' 时环境给智能体的反馈奖励，整个算法的执行过程中只有 R 对结果有直接影响，所以奖励的设计对于决策过程至关重要。γ 是折扣因子，代表采取动作后获得的价值在当前价值中的占比。得到 Q 现实后通过式(7-11)计算 Q 目标与 Q 估计的差值，来更新 Q 值表：

$$Q(s,a) = Q(s,a) + \alpha[R + \gamma \times \max(Q(s',a')) - Q(s,a)] \tag{7-11}$$

其中，α 代表学习率，经过大量的交互计算后，就可以构建出完整的 Q 值表。从而使策略收敛，得到最优策略。

7.2.3 基于值函数逼近的强化学习方法

前面已经介绍了强化学习的两种基本方法：基于蒙特卡洛的方法和基于时间差分的方法。这些方法有一个基本的前提条件：状态空间和动作空间是离散的，而且状态空间和动作空间不能太大。

这些强化学习方法的基本步骤是先评估值函数，再利用值函数改善当前的策略。其中，值函数的评估是关键。对于模型已知的系统，可以利用动态规划的方法得到值函数；对于模型未知的系统，可以利用蒙特卡洛的方法或时间差分的方法得到值函数。注意，这时的值函数其实是一个表格。对于状态值函数，其索引是状态；对于行为值函数，其索引是状态-动作对。值函数的迭代更新实际上是这个表格的迭代更新，因此，之前讲的强化学习算法又称为表格型强化学习。对于状态值函数，其表格的维数为状态的个数。若状态空间的维数很大，或者状态空间为连续空间，则值函数可用一个表格来表示。这时，需要利用函数逼近的方法表示值函数，当值函数利用函数逼近的方法表示后，可以利用策略迭代和值迭代方法构建强化学习算法。

由于 Q-Learning 是一种表格记录形式的强化学习算法，它的核心是需要构建 Q 值表，然而在面对更为复杂的问题时，Q 值表的数值数量会因为状态-动作对的数量变得巨大而一同变得巨大，尤其是大数据时代的来临，许多问题分解后面临着大规模的状态动作，有些连续型问题甚至无法通过常规的 Q 值表构建。与此同时，在硬件方面，对于计算机的内存要求也会变得十分苛刻，大范围的状态动作导致搜索效率十分低下。例如下围棋，每下一个子是一种状态，这些状态非常多，如果在程序中要用一个表格来表示状态与状态对应的值函数，则内存就远远不够用了。另外，当状态不是离散的时候，无法用表格来表示，所以需要用另外的方法来表示状态与状态对应的值函数。这就引出了价值函数的逼近（近似）方法。

价值函数的逼近其实是用一个函数来估计值函数（Estimate Value Function with Function Approximation）。这个函数的输入是状态 s，输出是状态 s 对应的值。一种解决此问题的方法是使用深度神经网络。

深度决策网络（Deep Q Network，DQN）是深度强化学习时代提出的强化学习算法。DQN 利用神经网络来应对大规模的状态，通过神经网络来记忆所有的状态，通过输入状态让神经网络直接得出所有动作的 Q 值，免去了 Q 值表的构建，适合更复杂问题的求解。

利用深度神经网络来记录状态值的方法在刚提出时遇到了一些问题：

（1）神经网络是一种监督学习的算法，它需要大量的训练样本来支撑训练，而强化学习的过程刚开始只有比较稀疏的交互数据。

（2）强化学习的相邻状态之间都有一些关联，而神经网络的训练样本之间是相互独立的。

（3）训练过程不稳定，数值波动大，难以收敛。

DQN 为了解决上述问题提出了两个技巧：

（1）经验回放：为了解决神经网络训练样本稀疏和独立性的问题，DQN 提出经验池的概念，将强化学习交互的过程记录蓄积在经验池内，然后随机提取一批来训练网络。

（2）目标网络：为了解决神经网络训练不稳定的问题，DQN 提出了目标网络的概念。目标网络是一个与估计网络结构相同但是参数不同的网络，具体区别体现在，估计网络的参数是实时更新的，而目标网络的参数则是延后通过估计网络的参数更新的。通过式(7-12)可更新估计网络。由于目标网络参数的延后性，神经网络的训练更稳定。

$$Q_{\text{eval}}(s,a,\theta)=(1-\alpha)Q_{\text{eval}}(s,a,\theta)+\alpha\left[R+\gamma\times\max(Q_{\text{tar}}(s',a',\theta'))\right] \tag{7-12}$$

7.3 基于策略的强化学习方法

策略搜索是将策略参数化，利用参数化的线性函数或非线性函数（如神经网络）表示策略，寻找最优的参数，使强化学习的目标累积收益最大化。

策略搜索方法按照是否利用模型，可分为无模型的策略搜索方法和基于模型的策略搜索方法。无模型的策略搜索方法根据采用随机策略还是确定性策略又可分为随机策略搜索方法和确定性策略搜索方法，随机策略搜索方法中最先发展起来的是策略梯度方法。策略梯度方法存在学习速率难以确定的问题。

基于值的方法在应用于解决现实生活问题时，存在两个问题：

(1) 在应对动作时，需要得出所有动作的动作价值才能确定策略，计算收敛很烦琐。

(2) 最终学习得到的是一个确定性策略，不适合解决随机性策略的问题。

基于策略的方法则可以直接对策略进行建模，对于一种状态 s，会输出该状态下选取每个动作的概率，从而根据概率分布来选取动作。最终目标是最大化整个过程的期望收益。

$$\max E_{\tau\sim\pi}[R(\tau)],\quad \text{其中 } R(\tau)=\sum_{t=0}^{|\tau|} r(s_t,a_t) \tag{7-13}$$

Reinforce 为策略梯度类的强化学习算法，该算法需要智能体在环境中产生至少一整幕的交互过程，然后分别计算这些交互过程中的折扣奖励，最后利用这批数据更新一次策略。

Reinforce 算法的流程如下：

步骤 1：输入可微分的策略参数 θ。

步骤 2：设置超参数，学习率 α、折扣因子 γ 及更新一次策略所需要的 episode 数 M。

步骤 3：设置评估策略 $\pi((a|,s,\theta))$。

步骤 4：初始化策略参数 θ。

步骤 5：循环执行以下步骤。

(1) 以动作策略 π 与环境进行交互，并循环执行 M 个 episode，获取 M 个长度为 T 的轨迹数据，轨迹数据表示为

$$s_0^m,a_0^m,r_0^m,s_1^m,a_1^m,r_1^m,\cdots,s_{T-1}^m,a_{T-1}^m,r_{T-1}^m,\quad \text{其中 } m\in[1,M]$$

(2) 计算折扣奖励：$R_t^m=\gamma^0 r_t^m+\gamma^1 r_{t+1}^m+\gamma^2 r_{t+2}^m+\cdots+\gamma^{T-t-1} r_{T-1}^m$，其中 $t\in[0,T-1]$

(3) 计算规整化奖励：

$$R_t'^m=(R_t^m-\mathrm{mean}(R_0^m,R_1^m,R_2^m,\cdots,R_{T-1}^m))/\mathrm{std}(R_0^m,R_1^m,R_2^m,\cdots,R_{T-1}^m)$$

(4) 更新参数：$\theta\longleftarrow\theta+\alpha\sum_{m=1}^{M}\sum_{t=0}^{T-1}R_t'^m\ \nabla\ln(\pi(a_t^m\mid s_t^m,\theta))$

如果满足终止条件，则中断退出。

梯度更新中的$\nabla\ln(\pi(a_t^m|s_t^m,\theta))$是方向向量，从对整个轨迹的计算中发现，下一次在这个方向上进行参数更新，能增大或者降低这条轨迹的出现概率。梯度更新中的 $R_t'^m$ 是一个数值，代表这一次轨迹更新力度有多大，$R_t'^m$ 越大，更新力度越大，这条轨迹中的动作就越容易再次出现。由此可以看出策略类方法的目的是不断增大高收益动作出现的次数。

7.4 基于参数化量子逻辑门的强化学习方法

量子计算机已被证明在某些问题领域具有计算优势。随着噪声中尺度量子(NISQ)的出现,变分量子算法(VQC)在量子计算界受到了广泛的关注。考虑到访问大小为 50～100 量子位的最先进设备,变分量子算法的目的是充分利用它们的潜力,在实际应用中实现量子优势。变分量子算法有时也被称为量子神经网络,因为该算法与深度神经网络(DNN)共享相似的角色和训练机制。

量子强化学习(QRL)领域旨在通过设计依赖于量子计算模型的 RL 智能体进行提升。本节实现基于量子逻辑门的参数化量子神经网络替代传统神经网络,作为强化学习的智能体,并基于此对传统强化学习算法做改进,设计了基于量子内核与传统模型相结合的杂化强化学习算法——Q 系列强化学习算法。算法的决策模块使用参数化量子线路来代替,与环境的交互过程及参数的训练过程依然在 CPU 上进行,训练方法与常规的深度学习方法一致。

7.4.1 量子态编码方法

由于学习过程使用了量子神经网络,特征数据需要先进行编码操作,将数据引入量子计算中的逻辑门里,后续用于学习调整量子线路的参数。

具体的做法是将原本的状态向量与一个可训练的缩放参数 β_i 相乘,$\beta_i \in R^{|\beta|}$,作为旋转角度放入旋转门,编码成含参酉矩阵 $\boldsymbol{U}(s,\theta)$,通过在不同线路上分别放置状态向量中不同维度的数值将所有的实数状态信息编码到复数域的量子线路里。

7.4.2 Q-Policy Gradient 方法

基于参数化量子线路的智能体的可训练参数还包括一系列单独的旋转门角度 ω_i,$\omega_i \in [0,2\pi]$,在这些旋转门后接上两比特线路之间的纠缠门将各条线路的量子态纠缠起来,如图 7-4 所示。

线路初始化时需要利用哈达玛门将 n 比特的量子态从初态变为均衡态,同时需保证计算基底的数量 $2^n > |A|$,即可选动作的数量。均衡态通过量子逻辑门进行计算,得出计算结果 $|\varphi_{s,\beta,\omega}\rangle = \boldsymbol{U}(s,\beta,\omega)|0^{\otimes n}\rangle$。选择可观测量 Z,随后对计算结果在可观测量的计算基底

上进行测量操作，得出结果$\langle P_a \rangle_{s,\theta}=\langle \varphi_{s,\beta,\omega} | P_a | \varphi_{s,\beta,\omega} \rangle$，在每个计算基底上测量的结果大小代表了智能体选择该动作的可能性大小，最终构成智能体的策略选择。

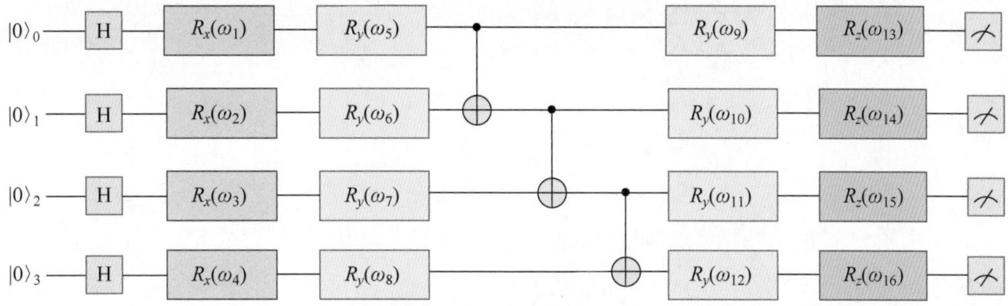

图 7-4　量子决策体线路

图 7-4 展示了基于参数化量子逻辑门智能体的搭建方法，其中编码旋转门和单独旋转门两部分可以轮流放置，线路放置的深度可以随着数据的复杂度增加。

参数训练依然采用 7.3 节中的 Reinforce 策略梯度算法的流程，量子智能体在与环境的交互过程中得出每个 episode 的方向向量$\nabla \ln(\pi(a_t^m | s_t^m, \theta))$和每一步的累积奖励标量$R_t'^m$，得到这两个值后就能对各个参数进行梯度下降的训练，经过迭代训练后得到智能体的有效策略。

第8章

量子机器学习模型评估

一个机器学习模型,无论它是经典的、量子的或者经典-量子混合模型,人们最关心的是它的泛化能力(Generalization)。泛化能力是模型在独立测试集上的预测能力。模型评估,首先是评估一个模型的泛化能力,评估结果一方面可以指导选择合适的模型超参数,例如学习率、训练次数等;另一方面,可以定量地衡量模型的质量,而对于量子机器学习中的参数化量子线路,除了描述模型整体性能的泛化能力外,还要考虑量子线路的表达能力与纠缠能力,因为参数化量子线路采用多层结构化的量子门,参数的数量不足以实现任意酉演化矩阵,必须衡量该线路能在多大程度上近似地实现任意酉矩阵。其次,模型评估需要衡量该训练模型消耗的资源。尤其对于量子机器学习模型,模型中量子线路部分的复杂度衡量,例如计算复杂度、样本复杂度、模型复杂度,与该量子线路的物理实现难易度息息相关,而且很多时候,需要在同等训练效果下,比较不同模型消耗的训练资源,以研究量子模型、经典-量子混合模型的潜在优势。

对模型泛化能力的评估,需假设模型拥有充裕的训练数据,把训练数据分为彼此独立的三部分:训练集、验证集和测试集。训练集用于训练模型中的参数;验证集用于评估不同模型(不同超参数下的模型)的预测能力,以从中选出表现最优的模型;测试集采用模型从未见过的全新的数据衡量模型的表现,即泛化能力。一般来讲,人们习惯用50%、25%、25%的比例分别来划分训练集、验证集和测试集,不过到底什么样的划分比例能训练、遴选出最优的模型尚待研究。

对线路中所有参数取随机值,采样输出量子态。重复例如2000次,可获得2000个量子态,将其分成1000份,每份一对量子态,计算每对量子态之间的内积模平方,获得1000个0~1的数,形成一个采样频率分布。而对于符合哈尔(Haar)分布的任意酉矩阵演化得出的量子态,量子态之间内积模平方的概率分布是0~1均匀分布,通过交叉熵比较采样频率分布与0~1均匀分布得出线路的表达能力。对于量子线路的纠缠能力,可以选择Meyer-Wallach纠缠度量,对线路中所有参数取随机值,采样输出量子态,并计算纠缠度,重复多次,对纠缠度取平均值即可得到线路的纠缠能力。

对量子模型消耗资源的评估主要有3方面。第一,量子线路的计算复杂度。首先,量子线路的执行过程对应一连串依次执行的基本量子门，每个基本量子门又对应特定的物理操作，受限于物理操作对应的硬件技术水平，基本量子门的保真度有限。一般情况下，两比特门（如 CNOT 门）对应的物理操作更复杂，保真度小于单比特门的保真度，执行也更耗时，所以两比特门的数目是制约量子线路物理实现与结果正确率的主要因素。其次，由于微观物理系统极易受到环境噪声的干扰，量子比特的相干时间总是很短的，这导致了量子线路深度不能太大的约束。量子线路的深度是量子线路必须按顺序依次执行的门操作数。所谓“按顺序依次执行”，是指如果线路中有两个门，但这两个门可以互不干扰地并行执行，那么这两个门的深度仅为 1。最后，但是最基本的，即线路所需量子比特数，当前 NISQ 阶段的量子计算机能够处理几十个量子比特，已足够支持模型中的参数化量子线路。第二，样本复杂度，即一个训练模型需多少个训练样本才能达到某个给定的预测精度。对此问题，考虑所需样本相对于预测精度的渐进复杂度，已经存在理论证明，量子模型的样本复杂度多项式等价于经典模型。在样本复杂度上，量子模型并不存在指数优化。第三，模型复杂度。对于一个模型的要求是苗条而强大，一方面可以很好地完成学习任务；另一方面，没有冗余的参数以避免过拟合，没有冗余的计算步骤以节约算力和训练时间。目前对于一个参数化量子线路的模型复杂度尚无正式的定义，主要考虑参数数量。已有文献表明，参数化量子线路模型的参数数量一般小于对应的经典机器学习模型的参数数量，或者说，在同样的参数数量下，每轮训练过后，量子线路能学到更多的知识。

接收一个列表元素为态矢的列表，态矢由量子线路在随机参数下演化得来，返回的 KL 散度体现了线路的表达能力，代码如下：

```
#第 8 章
def expressivity(phi_lst):
sampled_lst = []
    for i in range(0,len(phi_lst),2):
        if i + 1 < len(phi_lst):
            #phi_lst[i]代表一个态矢,并计算相邻两个态矢之间的内积模平方
            fidelity = torch.abs( phi_lst[i] @ phi_lst[i + 1].conj().T ) ** 2
            sampled_lst.append( fidelity )
    #获得采样的概率分布
    P = [0 for i in range(100)]
    for f in sampled_lst:
        P[int(100 * f)] += 1
    #计算 KL 散度
    summ = sum(P)
    KL_div = 0.0
    for p in P:
        KL_div += (1.0 * p/summ) * math.log( 100.0 * p/summ, math.e )
```

以下定义的 3 个函数共同实现了一个态矢的 Meyer-Wallach 纠缠度计算。只需对量子线路在随机参数下的演化结果计算纠缠度并取平均值,代码如下:

```
#第 8 章
def _D_wedge(u,v):
#对向量 u 和 v 做 wedge product 得到新向量,再对新向量每个分量的模平方求和
rst = 0.0
    for i in range(len(u)):
        for j in range(i+1,len(u)):
            rst += abs( u[i] * v[j] - u[j] * v[i] ) ** 2
    return rst

def _lj(j,b,phi,N):
    rst = []
    for i in range(2 ** N):
        s = format(i,"b")
        str_lst = ['0'] * (N - len(s)) + list(s)
        if str_lst[j - 1] == str(b):
            rst.append( phi[i] )

    rst = torch.tensor( rst ) + 0j
    return rst

def MW_entanglement_measure(phi,N):
    #Meyer - Wallach 纠缠度用于衡量一个纯态 phi 的纠缠度
    #N 为 qubit 数目,phi 为量子态态矢,一个维度为 2^N 的复数向量
    if len(phi.shape) != 1:
        raise ValueError( "phi should be a vector" )
    if phi.shape[0] != 2 ** N:
        raise ValueError( "dim of state should be 2^N" )

    summ = 0.0
    for each in phi:
        summ += abs( each ) ** 2
    if abs(summ - 1) > 1e - 6:
        raise ValueError( "state vector should be normalized to 1" )

    phi = phi + 0j

    summ = 0.0
    for j in range(1,N + 1):
        u = _lj(j,0,phi,N)
        v = _lj(j,1,phi,N)
        summ += _D_wedge(u,v)

return (4.0/N) * summ
```

第 9 章

基于 TorchScript 量子算子编译

从 1946 年 2 月 14 日第一台通用计算机 ENIAC 诞生到 21 世纪，计算机无论是在体型、存储量还是算力、计算速度等方面都取得了巨大的提升，但早期计算机的进展较缓慢。因为早期计算机并不存在常见操作系统及编程语言，计算机存储的数据和执行的程序都必须由 0 和 1 代码组合而成，结果验证或操作错误都需要从大量的机械代码中去排查，故在早期程序员编写计算机程序时必须十分了解计算机的底层指令代码并通过将这些微程序指令组合排列从而完成一个特定功能的程序，使用计算机进行科学计算的门槛非常高。

如何开发计算机程序，降低编程的门槛成为计算机研究人员的热点问题，在问题的推动和研究人员的努力下，如今常见的 C、C++、Java、Python 等高级编程语言诞生，计算机的发展和进步与编程语言的简化和发展是相辅相成、不可分割的。现使用 Python 短短几行代码就可以完成一系列复杂的数学计算，不再需要用底层烦琐的操作去完成，但是不同代码之间的转换及运行效率的提高等需求依然存在，编译原理依然在计算机学习中起到重要作用，因此，本章主要介绍 TorchScript 编译相关的知识及其在量子算法上的运用。

9.1 TorchScript 语义和语法

高级编程语言 Java、C++等都需要对源语言进行词法分析、语法分析等生成中间语言，然后在运行程序时调用进行计算。Python 也不例外，PyTorch 框架提供了一种即时(Just-In-Time, JIT)编译内联加载方式，即在一个 Python 文件中，将 C++代码作为字符串传递给 PyTorch 中负责内联编译的函数。在运行 Python 文件时，即时编译出动态链接文件，并导入函数进行后续运算。torch.jit.torchscript 是 PyTorch 提供的即时编译模块，它是 Python 语言的一个静态类型子集，在支持 Python 语法的同时也可从 Python 中分离出来，只用于在 PyTorch 中表示神经网络模型所需的特性。本节主要介绍 TorchScript 的基本语法及注释。

9.1.1 术语及类型

在进入 TorchScript 学习之前需要先了解 TorchScript 的基本术语，TorchScript 中常见的一些术语及其含义见表 9-1。

表 9-1 术语表

术　语	含　义
::=	表示给定符号可被定义为
" "	表示语法中的关键字或分隔符部分
A|B	表示 A 或 B
( )	表示组合
[ ]	表示选择
A+	表示正则表达式中 A 至少出现一次
A*	表示正则表达式中 A 出现零次或多次

TorchScript 和 Python 语言最大的区别在于 TorchScript 仅支持用于表示神经网络的一小部分类型，并不支持 Python 完整的语法。TorchScript 类型系统主要由 TSType 和 TSModuleType 两部分构成，伪代码如下：

```
TSALLType ::= TSType | TSModuleType
```

在上述伪代码中，TS 表示 TorchScript，整个式子的含义是 TorchScript 的所有类型由 TorchScript 的常规类型和模型类型构成。TSType 主要由元类型、原始类型、结构类型及自定义类型构成，表示如下：

```
TSType ::= TSMetaType | TSPrimitiveType | TSStructuralType | TSNominalType
```

TSType 表示 TorchScript 中可组合且能被用于 TorchScript 注释的组成部分。TSModuleType 主要表示 torch.nn.Module 及其子类，它是不同于 TSType 的。TSModuleType 的类型部分来自于对象实例，部分来自于自定义类型，因此，TSModule 可以不遵循静态类型模式。TSModule 不能被用于 TorchScript 类型注释，同时出于类型安全考虑最好不和 TSType 组合使用。

元类型是抽象类型，更像是类型约束而不是具体的类型，目前 TorchScript 定义了一种元类型 Any，表示 TorchScript 的任何类型。因为 Any 表示 TorchScript 的任何类型，没有类型约束，所以 Any 没有类型检查，可以表示任意的 Python 和 TorchScript 数据类型。元类型的表示如下：

```
TSMetaType ::= "Any"
```

上述表达式中 Any 关键字用于定义 TSMetaType，Any 是 typing 模型中的 Python 类名，因此使用 Any 时必须导入 typing，如 from typing import Any。同时由于 Any 表示 TorchScript 的任意类型，故能使用的操作符集合是有限的，仅支持 Python 中 Object 支持的操作符和方法。引入 Any 是为了描述在编译不需要精确静态类型时的数据类型，代码如下：

```
#导入所需要的包
import torch
#导入 typing 模型中的 Any 类型
from typing import Tuple
from typing import Any
```

定义函数进行测试，代码如下：

```
#第 9 章/9.1.1 术语及类型
#装饰器
@torch.jit.export
def inc_first_element(x: Tuple[int, Any]):
    return (x[0] + 1, x[1])

#脚本化函数 inc_first_element
m = torch.jit.script(inc_first_element)
#打印结果
print(m((1,2.0)))
print(m((1,(100,200))))
```

结果如下：

```
(2, 2.0)
(2, (100, 200))
```

TorchScript 的原始类型是指使用单个预定义类型名并表示单一类型值的类型，表示如下：

```
TSPrimitiveType ::= "int" | "float" | "double" | "complex" | "bool" | "str" | "None"
```

如上述所示，TSPrimitiveType 中主要包括一些常见的数据类型，如整型、浮点型、双精度型、复数型等。

结构类型是指非用户自定义的类型，与 Nominal 型不同。结果类型可以和 TSType 随意组合，表示如下：

```
#第 9 章/9.1.1 术语及类型
TSStructuralType :: = TSTuple | TSNamedTuple | TSList | TSDict | TSOptional | TSFuture | TSRRef

TSTuple :: = "Tuple" "[" (TSType ",") * TSType "]"

TSNamedTuple :: = "namedtuple" "(" (TSType ",") * TSType ")"

TSList :: = "List" "[" TSType "]"

TSOptional :: = "Optional" "[" TSType "]"

TSFuture :: = "Future" "[" TSType "]"

TSRRef :: = "RRef" "[" TSType "]"

TSDict :: = "Dict" "[" KeyType "," TSType "]"

KeyType :: = "str" | "int" | "float" | "bool" | TensorType | "Any"
```

TSStructuralType 主要由 TSTuple、TSNamedTuple、TSList 等组成，从 TSTuple 到 KeyType 分别详细介绍了组成 TSStructuralType 每个子类的定义。其中，Tuple、List、Optional、Future 等是 typing 模型中 Python 的类名，使用时需要从 typing 导入，如 from typing import Tuple。namedtuple 是 Python 的 collections. namedtupe 或者 typing. NamedTuple 类。Future 和 RRef 是 Python 的 torch. futures 和 torch. distributed. rpc 类。结构类型除了能和 TorchScript 类型组合外，还支持对应的 Python 操作和方法。以 namedtuple 定义元组为例，代码如下：

```
#导入所需要的包
import torch
#分别从 collections 和 typing 导入 namedtuple 相关的类
from typing import NamedTuple
from typing import Tuple
from collections import namedtuple
```

接下来定义同时使用 typing. NamedTuple 和 collection. namedtuple，并打印使用后的

结果，代码如下：

```
#第 9 章/9.1.1 术语及类型
#使用 typing.NamedTuple 方法
_AnnotatedNamedTuple = NamedTuple ('_NamedTupleAnnotated', [('first', int), ('second', int)])
#使用 collection.namedtuple 方法
_UnannotatedNamedTuple = namedtuple ('_NamedTupleAnnotated', ['first', 'second'])

#定义一个函数并调用上述的_AnnotateNamedTuple
def inc(x: _AnnotatedNamedTuple) -> Tuple[int, int]:
    return (x.first + 1, x.second + 1)

#脚本化并打印结果
m = torch.jit.script(inc)
print(inc(_UnannotatedNamedTuple(1,2)))
```

结果如下：

```
(2, 3)
```

Nominal 的 TorchScript 类型是 Python 类，它用自定义名称声明并且用类名进行比较，故命名为自定义类型。Nominal 类型主要由三类构成，表示如下：

```
TSNominalType ::= TSBuiltinClass | TSCustomClass | TSEnum
```

TSCustomClass 和 TSEnum 必须能编译成 TorchScript 中间表示（TorchScript Intermediate Representation），这是强制的类型检查。TSBuiltinClass 表示内置类，它的语义是内嵌于 TorchScript 系统中的，通常仅支持 Python 类定义的方法或属性。内置类代码如下：

```
TSBuiltinClass ::= TSTensor | "torch.device" | "torch.Stream" | "torch.dtype" | "torch.nn.
ModuleList" | "torch.nn.ModuleDict" | ...

TSTensor ::= "torch.Tensor"|"common.SubTensor"|"common.SubWithTorchFunction" | "torch.nn.
parameter.Parameter" | and subclasses of torch.Tensor
```

TSBuiltinClass 定义了内置类，TSTensor 对内置类中的 Tensor 进行了详细定义，Tensor 除了上述类型外还有 torch.Tensor 的子类。torch.nn.ModuleList 和 torch.nn.ModuleDict 分别被定义为 Python 中的列表和字典，但是在 TorchScript 中使用时更类似于

元组。在实例中 ModuleList 或 ModuleDict 是不可变的，在迭代中可以被展开，不同于 torch. nn. Module 的子类，代码如下：

```
#导入所需要的包
import torch
```

接下来定义一个类，并调用 cpu 进行运算，代码如下：

```
#第 9 章/9.1.1 术语及类型
#定义一个自定义类
@torch.jit.script
class A:
    def __init__(self):
        self.x = torch.rand(3)

    #可指定运行的设备
    def f(self, y: torch.device):
        return self.x.to(device = y)

#指定设备为 cpu
def g():
    a = A()
return a.f(torch.device("cpu"))

#注: A 是内置类，使用 JupyterNotebook 运行时会报错，只能使用 PyCharm
```

脚本化函数并打印结果，代码如下：

```
#脚本化函数 g
script_g = torch.jit.script(g)

#打印结果
print(script_g.graph)
print(script_g.code)
```

结果如下：

```
#第 9 章/9.1.1 术语及类型
graph():
    %15 : Device = prim::Constant[value = "cpu"]()
    %a.1 : __torch__.A = prim::CreateObject()
    %1 :NoneType = prim::CallMethod[name = "__init__"](%a.1)
#C:/Users/Administrator/XXX.py:14:6
    %5 : Tensor = prim::CallMethod[name = "f"](%a.1, %15)
#C:/Users/Administrator/XXX.py:15:11
```

```
  return ( %5)

def g() -> Tensor:
  a = __torch__.A.__new__(__torch__.A)
  _0 = (a).__init__()
  return (a).f(torch.device("cpu"), )
```

和内置类不同，Custom 类的语义是用户自定义的，整个类必须能被编译成 TorchScript 中间语言并且遵循 TorchScript 的类型检查规则，代码如下：

```
#第 9 章/9.1.1 术语及类型
TSClassDef ::= [ "@torch.jit.script" ]
                 "class" ClassName [ "(object)" ] ":"
                 MethodDefinition |
                 [ "@torch.jit.ignore" ] | [ "@torch.jit.unused" ]
                 MethodDefinition
```

TSClassDef 是用户自定义的方法及可选操作，其中实例是静态属性，在初始化函数时声明，需要注意这里不支持方法重载。同时，MethodDefinition 满足 TorchScript 的类型检查规则且能被编译成中间语言。装饰符@torch.jit.ignore 和@torch.jit.unused 被用于忽略非完全脚本化的或者编译时需要忽视的方法或函数，是编译时较常使用的方法，代码如下：

```
#第 9 章/9.1.1 术语及类型
#导入包
import torch

#定义装饰符
@torch.jit.script
class MyClass:
    #初始化,并声明静态属性
    def __init__(self, x: int):
        self.x = x

    def inc(self, val: int):
        self.x += val
```

枚举类型和用户自定义类型类似，需要满足 TorchScript 类型检查规则并且能被编译成 TorchScriptIR，代码如下：

```
TSEnumDef ::= "class" Identifier "(enum.Enum | TSEnumType)" ":"
              ( MemberIdentifier " = " Value ) +
              ( MethodDefinition ) *
```

TSEnumDef 中的 Value 必须是一个 TorchScript 的整型、浮点型或字符串型的值，与 Python 相比 TorchScript 的枚举类型仅支持 enum.Enum，不支持它的变体，如 enum.IntEnum、enum.Flag、enum.IntFlag 和 enum.auto；TorchScript 的枚举类型成员值必须符合上述要求且都是相同类型，但是 Python 可以组合任意类型；包含方法的枚举类型在 TorchScript 中是被忽略的，示例代码如下：

```
#导入所需要的包
import torch
#导入 TorchScript 的枚举类型 enum.Enum
from enum import Enum
```

定义枚举类型的代码如下：

```
#第 9 章/9.1.1 术语及类型
#定义一个表示颜色的枚举类型
class Color(Enum):
    RED = 1
    GREEN = 2

#枚举类型：判断输入是否符合 x 是 RED 或者 y 和 x 是否相等(x 和 y 都是 Color 类)
#返回布尔类型
def enum_fn(x: Color, y: Color) -> bool:
    if x == Color.RED:
        return True
    return x == y
```

TorchScript 的枚举类型需要满足约束且可以编译，故使用 script()方法进行编译并打印结果，代码如下：

```
#第 9 章/9.1.1 术语及类型
#脚本化 enum_fn 函数
m = torch.jit.script(enum_fn)

#输入不同的类型打印结果
print("Eager:", enum_fn(Color.RED, Color.GREEN))
```

```
print("TorchScript:", m(Color.RED, Color.GREEN))
print("Test:",m(Color.RED,Color.RED))
```

结果如下：

```
Eager: True

TorchScript: True

Test: True
```

TSModuleType 是一种特殊的类型，从 TorchScript 外部创建对象实例。TSModule 是 Python 类的对象实例命名方法，初始化函数__init__()不用考虑 TorchScript 方法，所以 TSModule 不是必须遵循 TorchScript 的类型检查规则的。有可能出现具有相同实例类型的两个对象使用两种不同的类型模式，在这个意义上讲，TSModule 不是真正的静态类型，因此，出于类型安全考虑，TSModule 不会被用于 TorchScript 类型注释或和 TSType 组合使用，代码如下：

```
TSModuleType ::= "class" Identifier "(torch.nn.Module)" ":"
ClassBodyDefinition
```

TSModuleType 虽然在初始化函数时可以不用考虑 TorchScript 方法，但是 forward() 方法及使用装饰符@torch.jit.export 修饰的方法需要满足编译规则。TSModuleType 在模型中要么存在 forward()方法，要么使用@torch.jit.export 修饰的方法，代码如下：

```
#导入所需要的包
import torch
import torch.nn as nn
```

定义一个符合 TSModuleType 的类型并打印结果，代码如下：

```
#第 9 章/9.1.1 术语及类型
#定义模型
class MyModule(nn.Module):
    def __init__(self, x):
        super().__init__()
        self.x = x

 #满足编译规则的 forwar()
```

```
    def forward(self, inc: int):
        return self.x + inc

# 打印结果
Test1 = torch.jit.script(MyModule(1))
print(f"First instance:{Test1(3)}")

Test2 = torch.jit.script(MyModule(torch.ones([5])))
print(f"Second instance:{Test2(3)}")
```

结果如下：

```
First instance:4

Second instance:tensor([4., 4., 4., 4., 4.])
```

9.1.2 类型注释

因为 TorchScript 是静态类型，所以程序需要在 TorchScript 的关键节点进行注释以保证每个局部变量或实例数据都有一个静态属性，每个函数和方法都由静态类型表示。

一般来讲，类型注释在静态类型不能自动推断的地方才会使用，例如在方法或函数中参数输入或返回类型时，通常局部变量类型和数据属性可以从赋值语句中自动推断出来。有时自动推断机制过于局限。例如，通过 x=None 推断出 x 的数据类型是 NoneType，然而 x 是可选择输入的，在这种情况下使用类型注释可以覆盖自动推断。注意，因为类型注释必须符合 TorchScript 的类型检查规则，所以即使是对可以自动推断的局部变量类型或数据属性进行类型注释也是安全的。

当参数、局部变量或数据属性既没有类型注释也并不能自动推断时，TorchScript 通常假定它的类型是 TensorType、List[TensorType]或者 Dict[str, TensorType]。TorchScript 有 Python 3 和 Mypy 两种注释风格。Python 3 允许单独的参数或者返回值不加注释，不加注释时参数默认为 TensorType，而返回值是可以自动推断的，代码如下：

```
Python3Annotation::= "def " Identifier["("ParamAnnot * ")" ] [ReturnAnnot] ":"
                    FuncOrMethodBody
ParamAnnot ::= Identifier [ ":" TSType ] ","
ReturnAnnot ::= "->" TSType
```

Python3Annotation 表示的是 Python 3 风格注释，ParamAnnot 和 ReturnAnnot 分别

对参数注释和返回值注释风格进行定义，注意使用 Python 3 风格时，self 类型可以自行推断，不需要注释。

Mypy 风格注释一般在函数或方法声明的正下方进行注释，由于在 Mypy 风格中参数名没有出现在注释语句中，所以所用的参数都必须注释，代码如下：

```
MyPyAnnotation ::= "#type:" "(" ParamAnnot * ")" [ ReturnAnnot ]
ParamAnnot ::= TSType ","
ReturnAnnot ::= "->" TSType
```

MyPyAnnotation 表示的是 Mypy 风格注释。同理，ParamAnnot 和 ReturnAnnot 分别对参数注释和返回值注释风格进行定义，使用该风格注释的代码如下：

```
#第 9 章/9.1.2 类型注释
#导入所需要的包
import torch

#定义函数 f 并使用 Mypy 风格注释，如果不进行注释，则所有的参数 x,k,b 都默认为 Tensor 类
def f(x, k, b):
    #type: (torch.Tensor, int, int) -> torch.Tensor
return k * x + b

#脚本化函数
Test = torch.jit.script(f)
```

使用 Mypy 风格注释函数并脚本化后，可打印编译后的结果，代码如下：

```
#第 9 章/9.1.2 类型注释
#生成随机张量 x
x = torch.rand([6])

#打印输入的张量值 x
print("Input - x",x)
#打印测试结果
print("TorchScript(Mypy):", Test(x,2,20))
```

结果如下：

```
Input - x tensor([0.4352, 0.6321, 0.2323, 0.1631, 0.8984, 0.8268])

TorchScript(Mypy): tensor([20.8704, 21.2641, 20.4646, 20.3261, 21.7969, 21.6535])
```

一般情况，数据属性或者局部变量可以在赋值语句中自动推断出来，但当变量和属性与不同类型值相关联时，需要显示扩充类型，代码如下：

```
LocalVarAnnotation ::= Identifier [":" TSType] "=" Expr
```

LocalVarAnnotation 表示给已定义的数据或局部变量扩充属性或类型，代码如下：

```
#第9章/9.1.2类型注释
#导入所需要的包
import torch

#定义一个属性变化的value值，并扩充它的属性
def f(a,setVal: bool):
    value: Optional[torch.Tensor] = None
    if setVal:
        value = a
return value

#脚本化函数f
Test = torch.jit.script(f)
```

定义完测试的函数后，可分别输入 True 和 False 对注释进行测试，检查 value 的属性是否是选择的，代码如下：

```
#第9章/9.1.2类型注释
#生成随机张量a
a = torch.rand([6])

#打印输入值a
print("Input-a",a)
#分别打印setVal是True和False时,返回的value的变化
print("TorchScript(True):",Test(a, True))
print("TorchScript(False):",Test(a, False))
```

结果如下：

```
Input-a tensor([0.1016, 0.3639, 0.3938, 0.3669, 0.4237, 0.6682])

TorchScript(True): tensor([0.1016, 0.3639, 0.3938, 0.3669, 0.4237, 0.6682])

TorchScript(False): None
```

对于模型类，可以使用 Python 3 风格注释，代码如下：

```
"class" ClassIdentifier "(torch.nn.Module):"
InstanceAttrIdentifier ":" ["Final("] TSType [")"]
...
```

InstanceAttrIdentifier 是实例属性的名称，Final 是可供选择的，选择后属性不能被初始化函数__init__()外的函数重新赋值，或者被其子类覆盖，代码如下：

```
#第 9 章/9.1.2 类型注释
#导入所需要的包
import torch
import torch.nn as nn

#自定义一个 Module 并对 self 属性注释
class MyModule(nn.Module):
    offset: int

    def __init__(self, off):
        self.offset = off

    ...
```

除了可直接在函数或方法中进行注释外，TorchScript 也提供了 API 对表达式进行注释。通常在使用过程中，当默认表达式的类型不是所期待的类型时可以用 torch.jit.annotate(T, expr)进行注释，有些时候也被用来初始化空列表，更改列表默认的 Tensor 属性，共同使用 tensor.tolist()注释返回值。注意，不能使用 torch.jit.annotate(T,expr)注释模型中的__init__()函数，需要用 torch.jit.Attribute()替换，代码如下：

```
#第 9 章/9.1.2 类型注释
#导入所需要的包
import torch
from typing import List

#定义函数 g
def g(l: List[int], val: int):
    l.append(val)
    return l

#使用 torch.jit.annotate 声明 List 的值不是默认 Tensor
def f(val: int):
    l = g(torch.jit.annotate(List[int],[]),val)
```

```
    return l

#脚本化函数 f
Test = torch.jit.script(f)
```

打印脚本化后的结果,代码如下:

```
#打印原始函数 f 的结果
print("Eager:",f(5))
#打印调用后的结果
print("TorchScript:",Test(3))
```

结果如下:

```
Eager: [5]

TorchScript: [3]
```

TorchScript 支持 Python 3 中的神经网络方法,但部分功能和方法是受限的。PyTorch 1.10.0 版本的 TorchScript 不支持或部分支持的方法见表 9-2。

表 9-2　TorchScript 不支持或部分支持的方法

方　法	现　状
typing. Any	拓展中
typing. NoReturn	不支持
typing. Union	拓展中
typing. Callable	不支持
typing. Literal	不支持
typing. ClassVar	不支持
typing. Final	支持模型属性、类属性和注释,不支持函数
typing. AnyStr	不支持
typing. overload	拓展中
类型别名	不支持
NewType	不支持
泛型	不支持

9.2　PyTorch 模块转换为 TorchScript

Java 程序在运行之前也有一个编译过程，但是并不是将程序编译成机器语言执行，而是通过 JVM 将它编译成字节码。类似地，PyTorch 模型也有一个中间表示 TorchScript，它是 Python 编程语言的子集，可以通过 TorchScript 编译器进行解析、编译和优化。此外，已编译的 TorchScript 可以选择序列化磁盘文件格式，然后可以在像 C++这样高性能的环境中运行。本节主要讲述将 PyTorch 模块转换为 TorchScript 的特定方法：跟踪现有模块、使用 script()方法直接编译模块、组合编译和跟踪两种方法及保存和加载 TorchScript 模块。

9.2.1　跟踪量子及经典神经网络

跟踪模型使用 torch.jit.trace()，trace 通过实例输入对模型的结构进行评估并记录这些输入在模型中的流向来捕获模型结构。虽然 PyTorch 1.10.0 更新后可跟踪具有控制流结构的模型，但是 trace 比较适用于控制流较少的模型。先检查已安装的 PyTorch 版本号，代码如下：

```
import torch
#查看已安装的 PyTorch 版本
print(torch.__version__)
```

如果输出为 1.10.0+cpu，则已为 2021 年的版本，1.10.0 之前的版本在接下来的跟踪和编译模块时会有部分报错，建议安装最新版 PyTorch。切换到命令行窗口后输入安装命令，代码如下：

```
conda activate 'your environments'
#如果忘记已创建的虚拟环境,则可使用 conda info --envs 命令查看
#使用 conda 或 pip 安装
conda& pip install torch==1.10.0
```

环境配置完成后开始跟踪模型，代码如下：

```
#导入所需要的包
import torch
import torch.nn as nn
```

接下来定义一个简单的模型尝试跟踪，代码如下：

```
#第9章/9.2.1跟踪量子及经典神经网络
class MyModule(nn.Module):
    #初始化函数，添加 self.linear 属性
    def __init__(self):
        super(MyModule,self).__init__()
        self.linear = torch.nn.Linear(4,4)

    #在 forward 中调用 self.linear
    def forward(self,x,h):
        new_h = torch.tanh(self.linear(x) + h)
        return new_h,new_h
```

torch.nn.Linear 是 PyTorch 标准库中的 Module，可以使用调用语法建立 Module 的层次结构。定义好模型后使用 torch.jit.trace()跟踪 MyModule()实例化模型并传递实例输入，代码如下：

```
#第9章/9.2.1跟踪量子及经典神经网络
#生成实例，输入随机数据
x = torch.rand(3,4)
h = torch.rand(3,4)
#实例化模型
module = MyModule()
#使用 torch.jit.trace()跟踪模型
traced_module = torch.jit.trace(module,(x,h))
```

打印 traced_module 的结果，代码如下：

```
#打印跟踪模型结构
print(traced_module)
#输出结果
traced_module(x,h)
```

结果如下：

```
#第9章/9.2.1跟踪量子及经典神经网络
MyModule(
original_name = MyModule
  (linear): Linear(original_name = Linear)
)
```

```
(tensor([[0.6493, 0.4018, 0.3991, 0.9194],
        [0.7994, 0.3863, 0.7865, 0.8155],
        [0.6857, 0.6420, 0.6507, 0.5481]], grad_fn=<TanhBackward0>),
 tensor([[0.6493, 0.4018, 0.3991, 0.9194],
        [0.7994, 0.3863, 0.7865, 0.8155],
        [0.6857, 0.6420, 0.6507, 0.5481]], grad_fn=<TanhBackward0>))
```

其中，grad_fn 是 PyTorch 自动微分的详细信息，称为 autograd，感兴趣的读者可以自行查阅 PyTorch 官方文档了解和学习。

torch.jit.trace()调用了 Module，记录了运行模型时发生的操作，并创建了 torch.jit.ScriptModule 的实例（TracedModule 是实例），TorchScript 将其定义记录在中间表示（TorchScriptIR）中，在深度学习中通常称为图，可以检查图结构，代码如下：

```
#打印.graph 属性的图
print(traced_module.graph)
```

结果如下：

```
#第 9 章/9.2.1 跟踪量子及经典神经网络
graph(%self.1 : __torch__.MyModule,
      %x : Float(3, 4, strides=[4, 1], requires_grad=0, device=cpu),
      %h : Float(3, 4, strides=[4, 1], requires_grad=0, device=cpu)):
  %linear : __torch__.torch.nn.modules.linear.Linear = prim::GetAttr[name="linear"]
(%self.1)
  %20 : Tensor = prim::CallMethod[name="forward"](%linear, %x)
  %11 : int = prim::Constant[value=1]()
#C:\Users\Administrator\AppData\Local\Temp/ipyKernel_7056/XXX.py:7:0
  %12 : Float(3, 4, strides=[4, 1], requires_grad=1, device=cpu) = aten::add(%20,
%h, %11)
#C:\Users\Administrator\AppData\Local\Temp/ipyKernel_7056/XXX.py:7:0
  %13 : Float(3, 4, strides=[4, 1], requires_grad=1, device=cpu) = aten::tanh(%12)
#C:\Users\Administrator\AppData\Local\Temp/ipyKernel_7056/XXX.py:7:0
  %14 : (Float(3, 4, strides=[4, 1], requires_grad=1, device=cpu), Float(3, 4, strides=[4,
1], requires_grad=1, device=cpu)) = prim::TupleConstruct(%13, %13)
  return (%14)
```

这是较低级的表示形式，.graph 中包含的大部分信息对终端用户是无用的。可以使用.code 属性给出 Python 的语法解释，代码如下：

```
#使用.code 检查
print(traced_module.code)
```

结果如下：

```
#第 9 章/9.2.1 跟踪量子及经典神经网络
def forward(self,x)
    x: Tensor,
    h: Tensor) -> Tuple[Tensor, Tensor]:
  linear = self.linear
  _0 = torch.tanh(torch.add((linear).forward(x, ), h))
  return (_0, _0)
```

跟踪书中的参数化量子线路，这里选择的是互信息中纯量子线路部分，不含经典神经网络层，代码如下：

```
#第 9 章/9.2.1 跟踪量子及经典神经网络
#导入所需要的包
import torch
import torch.nn as nn
Import numpy as np

#deepquamtum 包中所需要的类和函数
from deepquantum import Circuit
from deepquantum.utils import dag, measure_state, ptrace, multi_kron, encoding, expecval_ZI,
measure
```

接下来定义量子互信息模型，Qu_mutual()可根据需要自行定义量子线路比特数进行实例化，然后输入两个数据得到互信息后的结果，输入的数据为量子态数据，故需要在输入前将数据转换为半正定矩阵后进行归一化处理得到输入实例，代码如下：

```
#第 9 章/9.2.1 跟踪量子及经典神经网络
#声明量子互学习操作的类
class Qu_mutual(nn.Module):
    #初始化函数
    def __init__(self, n_qubits,
                 gain = 2 ** 0.5, use_wscale = True, lrmul = 1):
        super().__init__()
        he_std = gain * 5 ** (-0.5)
        if use_wscale:
            init_std = 1.0 / lrmul
            self.w_mul = he_std * lrmul
        else:
            init_std = he_std / lrmul
```

```
            self.w_mul = lrmul
        self.n_qubits = n_qubits  #输入比特数进行初始化
        self.weight = nn.Parameter(nn.init.uniform_(torch.empty(6 * self.n_qubits), a = 0.0,
b = 2 * np.pi) * init_std)
#定义互学习操作函数,返回对应的操作门
    def qumutual(self):
        w = self.weight * self.w_mul
    cir = Circuit(self.n_qubits)
        #量子线路深度
        deep_size = 6
        #旋转门
        for which_q in range(0, self.n_qubits):
            cir.rx(which_q, w[deep_size * which_q + 0])
            cir.ry(which_q, w[deep_size * which_q + 1])
            cir.rz(which_q, w[deep_size * which_q + 2])
        #受控门
        for which_q in range(0, self.n_qubits - 1):
            cir.cnot(which_q, which_q + 1)
        cir.cnot(self.n_qubits - 1,0)
        #旋转门
        for which_q in range(0, self.n_qubits):
            cir.rx(which_q, w[deep_size * (which_q) + 3])
            cir.ry(which_q, w[deep_size * (which_q) + 4])
            cir.rz(which_q, w[deep_size * (which_q) + 5])
        U = cir.get()
        return U

    #定义量子互学习的数据流,输出为两种信息交互后对应的信息
def forward(self, inputA, inputB):
        U_qum = self.qumutual()
        #对输入数据进行张量积计算,混合两个数据信息
        inputAB = torch.kron(inputA,inputB)
        U_AB = U_qum @ inputAB @ dag(U_qum)
        inputBA = torch.kron(inputB,inputA)
        U_BA = U_qum @ inputBA @ dag(U_qum)

        #偏迹运算保留 3 比特信息
        mutualBatA = ptrace(U_AB,3,1)
        mutualAatB = ptrace(U_BA,3,1)
        return mutualBatA, mutualAatB
```

实例化函数,然后生成随机数,将生成的数据转换为量子态数据,作为互信息模型的输入数据即输入实例,代码如下:

```
#第 9 章/9.2.1 跟踪量子及经典神经网络
#实例化一个 4 比特的互信息量子线路
QU = Qu_mutual(4)
#生成随机数据并转换为量子数据
A1 = torch.rand(4,4)
B1 = torch.rand(4,4)
A = encoding(A1)
B = encoding(B1)
```

跟踪互信息模型,代码如下:

```
#第 9 章/9.2.1 跟踪量子及经典神经网络
#使用 torch.jit.trace()跟踪模型并输出模型子结构
traced_QU = torch.jit.trace(QU,(A,B))
print('traced_module:',traced_QU)
```

结果如下:

```
traced_module: Qu_mutual(original_name = Qu_mutual)
```

纯量子线路没有使用 nn.Module 中的神经网络层,故直接输出看不了网络结构,可使用.code 或.graph 属性查看,代码如下:

```
print('traced_module.code:',traced_QU.code)
print('traced_module.graph:',traced_QU.graph)
```

结果如下:

```
#第 9 章/9.2.1 跟踪量子及经典神经网络
traced_module.code: def forward(self,
      inputA: Tensor,
      inputB: Tensor) -> Tuple[Tensor, Tensor]:
  weight = self.weight
  w = torch.mul(weight, CONSTANTS.c0)
  phi = torch.select(w, 0, 0)
  _0 = torch.cos(torch.div(phi, CONSTANTS.c1))
  _1 = torch.unsqueeze(_0, 0)
  _2 = torch.sin(torch.div(phi, CONSTANTS.c1))
  _3 = torch.mul(torch.unsqueeze(_2, 0), CONSTANTS.c2)
  _4 = torch.sin(torch.div(phi, CONSTANTS.c1))
```

```
    _5 = torch.mul(torch.unsqueeze(_4, 0), CONSTANTS.c2)
    _6 = torch.cos(torch.div(phi, CONSTANTS.c1))
    _7 = torch.cat([_1, _3, _5, torch.unsqueeze(_6, 0)])
  rst = torch.reshape(_7, [2, -1])
    _8 = torch.eye(2, dtype = 6, layout = None, device = torch.device("cpu"), pin_memory =
False)
    _9 = torch.add(_8, CONSTANTS.c3)
    rst0 = torch.kron(rst, _9)
    rst1 = torch.kron(rst0, _9)
    U = torch.kron(rst1, _9)
    phi0 = torch.select(w, 0, 1)
    _10 = torch.cos(torch.div(phi0, CONSTANTS.c1))
    _11 = torch.unsqueeze(_10, 0)
    _12 = torch.sin(torch.div(phi0, CONSTANTS.c1))
    _13 = torch.mul(torch.unsqueeze(_12, 0), CONSTANTS.c4)
    _14 = torch.sin(torch.div(phi0, CONSTANTS.c1))
    _15 = torch.unsqueeze(_14, 0)
    _16 = torch.cos(torch.div(phi0, CONSTANTS.c1))
    _17 = [_11, _13, _15, torch.unsqueeze(_16, 0)]
    _18 = torch.reshape(torch.cat(_17), [2, -1])
    rst2 = torch.add(_18, CONSTANTS.c3)
    _19 = torch.eye(2, dtype = 6, layout = None, device = torch.device("cpu"), pin_memory =
False)
...
    _277 = torch.matmul(_276, rhoAB0)
    _278 = torch.reshape(torch.select(id20, 0, 0), [2, 1])
    p1 = torch.matmul(_277, torch.kron(id10, _278))
    pout2 = torch.add_(pout1, p1)
    _279 = torch.kron(id10, torch.select(id20, 0, 1))
    _280 = torch.matmul(_279, rhoAB0)
    _281 = torch.reshape(torch.select(id20, 0, 1), [2, 1])
    p2 = torch.matmul(_280, torch.kron(id10, _281))
    return (_272, torch.add_(pout2, p2))

 traced_module.graph: graph( %self : __torch__.Qu_mutual,
       %inputA :ComplexFloat(4, 4, strides = [4, 1], requires_grad = 0, device = cpu),
       %inputB :ComplexFloat(4, 4, strides = [4, 1], requires_grad = 0, device = cpu)):
   %weight : Tensor = prim::GetAttr[name = "weight"](%self)
   %6 : Double(requires_grad = 0, device = cpu) = prim::Constant[value = {0.632456}]()
 #C:\Users\Administrator\AppData\Local\Temp/ipyKernel_14384/XXX.py:17:0
   %w : Float(24, strides = [1], requires_grad = 1, device = cpu) = aten::mul(%weight, %6)
 #C:\Users\Administrator\AppData\Local\Temp/ipyKernel_14384/XXX.py:17:0
   %33 : int = prim::Constant[value = 0]()
 #C:\Users\Administrator\AppData\Local\Temp/ipyKernel_14384/XXX.py:21:0
   %34 : int = prim::Constant[value = 0]()
 #C:\Users\Administrator\AppData\Local\Temp/ipyKernel_14384/XXX.py:21:0
```

```
  %phi.1 : Float(requires_grad=1, device=cpu) = aten::select(%w, %33, %34)
#C:\Users\Administrator\AppData\Local\Temp/ipyKernel_14384/XXX.py:21:0
  %36 : Long(requires_grad=0, device=cpu) = prim::Constant[value={2}]()
#...\lib\site-packages\deepquantum\gates.py:56:0
  %37 : Float(requires_grad=1, device=cpu) = aten::div(%phi.1, %36)
#...\lib\site-packages\deepquantum\gates.py:56:0
  %38 : Float(requires_grad=1, device=cpu) = aten::cos(%37)
#...\lib\site-packages\deepquantum\gates.py:56:0
  %39 : int = prim::Constant[value=0]()
#...\lib\site-packages\deepquantum\gates.py:56:0
...
%1561 :ComplexFloat(16, 8, strides=[8, 1], requires_grad=0, device=cpu) = aten::kron
(%id1, %1560)
#...\lib\site-packages\deepquantum\utils.py:141:0
  %p :ComplexFloat(8, 8, strides=[8, 1], requires_grad=1, device=cpu) = aten::matmul
(%1553, %1561)
#...\lib\site-packages\deepquantum\utils.py:141:0
  %1563 : int = prim::Constant[value=1]()
#...\lib\site-packages\deepquantum\utils.py:142:0
  %1564 :ComplexFloat(8, 8, strides=[8, 1], requires_grad=1, device=cpu) = aten::add_
(%pout, %p, %1563)
#...\lib\site-packages\deepquantum\utils.py:142:0
  %1565 : (ComplexFloat(8, 8, strides=[8, 1], requires_grad=1, device=cpu),
ComplexFloat(8, 8, strides=[8, 1], requires_grad=1, device=cpu)) = prim::TupleConstruct
(%1503, %1564)
  return (%1565)
```

9.2.2 script()方法编译量子模型及其函数

script()方法可编译函数或模型，在模型中添加装饰器，TorchScript 编译器可以根据 TorchScript 语言施加约束直接解析和编译模型代码。Python 中的装饰器是指任何可以修改函数或类的可调用对象，允许一些类似于其他语言的附加功能。这里 script()方法支持的类型包括 Tensor、Tuple[T0，T1]、int、float、List[T]。使用 TorchScript 编译一个函数，代码如下：

```
#导入所需要的包
import torch
```

定义一个函数，使用装饰符脚本化函数，使用装饰函数体来构造一个 ScriptFunction 对象，代码如下：

```
#第 9 章/9.2.2 script()方法编译量子模型及其函数
#使用装饰符脚本化函数 foo
@torch.jit.script
def foo(x, tup):
    #type: (int, Tuple[Tensor, Tensor]) -> Tensor
    t0, t1 = tup
return t0 + t1 + x
print(foo(3, (torch.rand(3), torch.rand(3))))
```

打印函数类型及编译后的图，代码如下：

```
#打印 foo 类型
print(type(foo))
#打印编译后的图
print(foo.code)
```

结果如下：

```
<class 'torch.jit.ScriptFunction'>

def foo(x: int,
    tup: Tuple[Tensor, Tensor]) -> Tensor:
  t0, t1, = tup
  return torch.add(torch.add(t0, t1), x)
```

根据结果可知，装饰符@torch.jit.script 脚本化了一个函数，构造了一个 ScriptFunction 的对象。脚本化一个函数，当该函数的输入和输出均为 Tensor 类型时，可直接编译；当输入类型不唯一时，需要声明输入类型及返回类型，如在上述代码中 # type：(int，Tuple[Tensor，Tensor]) —> Tensor，不可省略，否则会报错：

```
#第 9 章/9.2.2 script()方法编译量子模型及其函数
RuntimeError:
Tensor (inferred) cannot be used as a tuple:
  File
"C:\Users\Administrator\AppData\Local\Temp/ipyKernel_13296/XXX.py", line 4
def foo(x, tup):

    t0, t1 = tup
            ~~~ <--- HERE
    return t0 + t1 + x
```

脚本化 Pauli-X 门方法，代码如下：

```
#第9章/9.2.2 script()方法编译量子模型及其函数
#输入 Phi 后脚本化 Pauli - X 门
def rx(phi):
    return torch.cat((torch.cos(phi / 2).unsqueeze(dim = 0), torch.sin(phi / 2).unsqueeze
(dim = 0) * - 1j,
torch.sin(phi / 2).unsqueeze(dim = 0) * - 1j, torch.cos(phi / 2).unsqueeze(dim = 0)),dim = 0).
reshape(2, - 1)
```

注意，* －1j 只能写在表达式后面不能写在表达式之前，否则编译会出错，结果如下：

```
#第9章/9.2.2 script()方法编译量子模型及其函数
RuntimeError:
Arguments for call are not valid.
The following variants are available:

aten::cat(Tensor[] tensors, int dim = 0) -> (Tensor):
  Expected a value of type 'List[Tensor]' for argument 'tensors' but instead found type 'Tuple
[Tensor, complex, Tensor, Tensor]'.

aten::cat.names(Tensor[] tensors, str dim) -> (Tensor):
  Expected a value of type 'List[Tensor]' for argument 'tensors' but instead found type 'Tuple
[Tensor, complex, Tensor, Tensor]'.

aten::cat.names_out(Tensor[] tensors, str dim, * , Tensor(a!) out) -> (Tensor(a!)):
  Expected a value of type 'List[Tensor]' for argument 'tensors' but instead found type 'Tuple
[Tensor, complex, Tensor, Tensor]'.

aten::cat.out(Tensor[] tensors, int dim = 0, * , Tensor(a!) out) -> (Tensor(a!)):
  Expected a value of type 'List[Tensor]' for argument 'tensors' but instead found type 'Tuple
[Tensor, complex, Tensor, Tensor]'.

The original call is:
  File "<ipython - input - 13 - e0d70d0bf5aa>", line 9
    """

    return torch.cat((torch.cos(phi / 2).unsqueeze(dim = 0), - 1j * torch.sin(phi / 2).
unsqueeze(dim = 0),
          ~~~~~~~~~~ <--- HERE
torch.sin(phi / 2).unsqueeze(dim = 0) * - 1j, torch.cos(phi / 2).unsqueeze(dim = 0)),dim = 0).
reshape(2, - 1)
```

脚本化偏迹函数，代码如下：

```
#第 9 章/9.2.2 script()方法编译量子模型及其函数
@torch.jit.script
def ptrace(rhoAB, dimA, dimB):
    #type: (Tensor, int, int) -> Tensor
    """
    rhoAB : 输入密度矩阵
    dimA: 保留 dimA 比特数据
    dimB: 丢弃 dimB 比特数据
    """
    mat_dim_A = 2 ** dimA
    mat_dim_B = 2 ** dimB

    #强制性转换为整型,编译后会被转换为浮点型
    mat_dim_A = int (mat_dim_A)
    mat_dim_B = int (mat_dim_B)

    id1 = torch.eye(mat_dim_A) + 0.j
    id2 = torch.eye(mat_dim_B) + 0.j

    #不能赋值为 0,否则编译时会将其当作整型,返回时会报错
    pout = torch.zeros([mat_dim_A,mat_dim_A]) + 0.j
    for i in range(mat_dim_B):
        p = torch.kron(id1, id2[i]) @ rhoAB @ torch.kron(id1, id2[i].reshape(mat_dim_B, 1))
        pout += p
    return pout
```

注意，mat_dim_A = 2 * * dimA 使用的乘方运算在编译完后会转换为浮点型，需要将乘方结果强制转换为整型，否则会报错，结果如下：

```
#第 9 章/9.2.2 script()方法编译量子模型及其函数
RuntimeError:
Arguments for call are not valid.
The following variants are available:

aten::eye(int n, *, int? dtype = None, int? layout = None, Device? device = None, bool? pin_
memory = None) -> (Tensor):
  Expected a value of type 'int' for argument 'n' but instead found type 'float'.

aten::eye.m(int n, int m, *, int? dtype = None, int? layout = None, Device? device = None,
bool? pin_memory = None) -> (Tensor):
  Expected a value of type 'int' for argument 'n' but instead found type 'float'.

aten::eye.out(int n, *, Tensor(a!) out) -> (Tensor(a!)):
  Expected a value of type 'int' for argument 'n' but instead found type 'float'.
```

```
aten::eye.m_out(int n, int m, * , Tensor(a!) out) -> (Tensor(a!)):
  Expected a value of type 'int' for argument 'n' but instead found type 'float'.

The original call is:
  File
"C:\Users\Administrator\AppData\Local\Temp/ipyKernel_13296/XXX.py", line 24
 # mat_dim_B = mat_dim_B * 2

    id1 = torch.eye(mat_dim_A) + 0.j
          ~~~~~~~~~~ <--- HERE
    id2 = torch.eye(mat_dim_B) + 0.j
```

这里的 pout 不可以直接赋值为 0，否则在编译过程中无论后面怎样赋值都会将其当作整型数据而出现错误，结果如下：

```
RuntimeError:
Return value was annotated as having type Tensor but is actually of type int:
  File "<ipython-input-17-1bb6fc83cfa6>", line 31
      print(p)
      pout += p
    return pout
~~~~~~~~~~~~~ <--- HERE
```

脚本化一个模型时，默认编译模型的 forward()方法，并递归编译 nn.Module 的子模块及被 forward()调用的函数，使用 torch.jit.script()编译模型，代码如下：

```
#导入所需要的包
import torch
import torch.nn as nn
```

然后定义一个简单的神经网络模型作为编译测试，代码如下：

```
#第 9 章/9.2.2 script()方法编译量子模型及其函数
#定义一个含经典神经网络的模型
class MyModule(nn.Module):
    #初始化函数
    def __init__(self,N,M):
        super(MyModule,self).__init__()
        self.weight = nn.Parameter(torch.rand(N,M))
        #添加一个 self.linear 属性
        self.linear = nn.Linear(N,M)
```

```
    #向前传播
    def forward(self,input):
        output = self.weight.mv(input)
        #使用 self.linear 属性
        output = self.linear(output)

        return output
```

接下来使用 torch.jit.script()脚本化模型，并输出脚本化后的结果，代码如下：

```
scripted_module = torch.jit.script(MyModule(2,3))
print(type(scripted_module))
print(scripted_module.code)
```

脚本化模型时不需要输入示范，只需直接脚本化一个实例化的模型，打印结果如下：

```
#第 9 章/9.2.2 script()方法编译量子模型及其函数
<class 'torch.jit._script.RecursiveScriptModule'>

def forward(self,
    input: Tensor) -> Tensor:
  weight = self.weight
  output = torch.mv(weight, input)
  linear = self.linear
  return (linear).forward(output, )
```

脚本化 MyModule()构建了一个 RecursiveScriptModule 对象，使用 9.2.1 节的互信息模型进行脚本化，trace 只记录 Tensor 和对 Tensor 的操作，而 script()方法会去理解所有的代码，真正像一个编译器去进行词法分析、语法分析及句法分析，因此有些操作和语法 script()方法是不支持的，需要单独编写一些函数支持量子线路的编译，目前 DeepQuantum 仅 0.0.4 和 1.4.15 版本支持 script()编译，打开命令行窗口进行安装，代码如下：

```
conda activate 'your environments'
#可使用 conda 或 pip 安装
conda& pip install deepquantum == 0.0.1
#'conda & pip install deepquantum == 1.4.15'目前两个版本均支持编译
```

导入所依赖的包和模型定义，可沿用 9.2.1 节的互信息模型，这里不再赘述。接下来直接使用 torch.jit.script()脚本化模型并输出结果，代码如下：

```
#脚本化量子互信息模型
scripted_module = torch.jit.script(QU)
#输出编译后的结果
print(type(scripted_module))
print(scripted_module.code)
```

脚本化模型后结果如下：

```
#第9章/9.2.2 script()方法编译量子模型及其函数
<class 'torch.jit._script.RecursiveScriptModule'>

def forward(self,
    inputA: Tensor,
    inputB: Tensor) -> Tuple[Tensor, Tensor]:
  U_qum = (self).qumutual()
  inputAB = torch.kron(inputA, inputB)
  _0 = torch.matmul(U_qum, inputAB)
  _1 = __torch__.deepquantum.utils.dag(U_qum, )
  U_AB = torch.matmul(_0, _1)
  inputBA = torch.kron(inputB, inputA)
  _2 = torch.matmul(U_qum, inputBA)
  _3 = __torch__.deepquantum.utils.dag(U_qum, )
  U_BA = torch.matmul(_2, _3)
  mutualBatA = __torch__.deepquantum.utils.ptrace(U_AB, 3, 1, )
  mutualAatB = __torch__.deepquantum.utils.ptrace(U_BA, 3, 1, )
  return (mutualBatA, mutualAatB)
```

9.2.3 混合编译、跟踪及保存加载模型

在许多情况下，跟踪或脚本化是将模型转换为 TorchScript 更简单的方法。同时也可以将跟踪和脚本混合使用来满足模型一部分的特定要求。script()方法可以调用 trace()方法。当需要围绕简单的前馈模型使用控制流时，这尤其有用。混合使用时，代码如下：

```
#导入所需要的包
import torch
```

接下来定义函数并使用 script()和 trace()混合的方法，代码如下：

```
#第9章/9.2.3 混合编译、跟踪及保存加载模型
def foo(x, y):
    return 2 * x + y
```

```
traced_foo = torch.jit.trace(foo, (torch.rand(3), torch.rand(3)))

@torch.jit.script
def bar(x):
    return traced_foo(x, x)
```

打印跟踪和脚本混合结果，代码如下：

```
#打印类型
print(type(bar))
#打印计算图
print(bar.code)
```

结果如下：

```
<class 'torch.jit.ScriptFunction'>

def bar(x: Tensor) -> Tensor:
  return __torch__.foo(x, x, )
```

trace()方法可以调用 script()方法。这在模型的一小部分需要控制流时很有用，即使大部分模型只是一个前馈网络。当 script()方法有内部控制流语句时，调用 trace()方法可以正确保留控制流，代码如下：

```
#第 9 章/9.2.3 混合编译、跟踪及保存加载模型
@torch.jit.script
def foo(x, y):
    if x.max() > y.max():
        r = x
    else:
        r = y
    return r


def bar(x, y, z):
    return foo(x, y) + z
```

使用 torch.jit.script()跟踪，代码如下：

```
traced_bar = torch.jit.trace(bar, (torch.rand(3), torch.rand(3), torch.rand(3)))
```

打印跟踪和脚本混合结果，代码如下：

```
#打印类型
print(type(traced_bar))
#打印计算图
print(traced_bar.code)
```

结果如下：

```
#第9章/9.2.3 混合编译、跟踪及保存加载模型
<class 'torch.jit.ScriptFunction'>

def bar(x: Tensor,
    y: Tensor,
    z: Tensor) -> Tensor:
  y0 = __torch__.___torch_mangle_1.foo(x, y, )
  return torch.add(y0, z)
```

这种组合也适用于 nn.Module，第一种情况从脚本模块的方法调用跟踪生成子模块，代码如下：

```
#导入所需要的包
import torch
import torch.nn as nn
import torch.nn.functional as F
```

定义含 trace()方法的模型，代码如下：

```
#第9章/9.2.3 混合编译、跟踪及保存加载模型
#定义模型
class MyModule(nn.Module):
    def __init__(self):
        super(MyModule, self).__init__()
        #使用 torch.jit.trace()生成 ScriptModule 的 conv1 和 conv2
        self.conv1 = torch.jit.trace(nn.Conv2d(1, 20, 5), torch.rand(1, 1, 16, 16))
        self.conv2 = torch.jit.trace(nn.Conv2d(20, 20, 5), torch.rand(1, 20, 16, 16))

    #向前反馈
    def forward(self, input):
        input = F.ReLU(self.conv1(input))
        output = F.ReLU(self.conv2(input))
        return output
```

使用 torch.jit.script()脚本化函数并打印结果，代码如下：

```
scripted_module = torch.jit.script(MyModule())
#打印类型
print('scripted_module:',type(scripted_module))
#打印计算图
print('scripted_module.code:',scripted_module.code)
```

结果如下：

```
#第 9 章/9.2.3 混合编译、跟踪及保存加载模型
scripted_module: <class 'torch.jit._script.RecursiveScriptModule'>

scripted_module.code: def forward(self,
    input: Tensor) -> Tensor:
  conv1 = self.conv1
  input0 = __torch__.torch.nn.functional.ReLU((conv1).forward(input, ), False, )
  conv2 = self.conv2
  output = __torch__.torch.nn.functional.ReLU((conv2).forward(input0, ), False, )
  return output
```

第二种情况的代码如下：

```
#第 9 章/9.2.3 混合编译、跟踪及保存加载模型
#导入的包和上述一样
#模型沿用第一种情况中的 MyMoudle()
class MyModule(nn.Module):
    #初始化
    def __init__(self):
    super(MyModule, self).__init__()
        #定义两个 Conv2d 属性
        self.conv1 = nn.Conv2d(1, 20, 5)
        self.conv2 = nn.Conv2d(20, 20, 5)

#向前反馈
    def forward(self, input):
        input = F.ReLU(self.conv1(input))
        output = F.ReLU(self.conv2(input))
        return output

#定义模型
class WrapMyModule(nn.Module):
    def __init__(self):
```

```
        super(WrapMyModule,self).__init__()
        #使用 torch.jit.script()脚本化 MyModule()
        self.loop = torch.jit.script(MyModule())

  #向前反馈
    def forward(self,x):
        y = self.loop(x)
        return torch.ReLU(y)
```

跟踪模型并打印结果,代码如下：

```
#第9章/9.2.3 混合编译、跟踪及保存加载模型
#跟踪模型
traced_module = torch.jit.trace(WrapMyModule(),(torch.rand(1, 1, 16, 16)))
#打印类型
print('traced_module:',type(traced_module))
#打印计算图
print('traced_module.code:',traced_module.code)
print('traced_module.graph',traced_module.graph)
```

结果如下：

```
#第9章/9.2.3 混合编译、跟踪及保存加载模型
traced_module: <class 'torch.jit._trace.TopLevelTracedModule'>

traced_module.code: def forward(self,
    x: Tensor) -> Tensor:
  loop = self.loop
  y = (loop).forward(x, )
  return torch.ReLU(y)

traced_module.graph graph(%self : __torch__.___torch_mangle_29.WrapMyModule,
      %x : Float(1, 1, 16, 16, strides=[256, 256, 16, 1], requires_grad=0, device=cpu)):
  %loop : __torch__.___torch_mangle_28.MyModule = prim::GetAttr[name="loop"](%self)
  %y : Tensor = prim::CallMethod[name="forward"](%loop, %x)
  %22 : Float(1, 20, 8, 8, strides=[1280, 64, 8, 1], requires_grad=1, device=cpu) =
aten::ReLU(%y)
  #C:\Users\Administrator\AppData\Local\Temp/ipyKernel_14568/XXX.py:8:0
  return (%22)
```

保存并加载第二种结果的模型，这里 PyTorch 提供了 API，可以以存档格式将 TorchScript 模块保存到磁盘或从磁盘加载 TorchScript 模块。保存和加载模型的代码如下：

```
#保存 traced_module 模型
traced_module.save('wrapped_rnn.zip')
#加载模型
loaded = torch.jit.load('wrapped_rnn.zip')
```

存档格式包括代码、参数、属性和调试信息，这意味着 loaded 是模型的独立表示形式，可以在完全独立的过程中加载，代码如下：

```
#打印加载结果
print(loaded)
#打印加载结果的计算图
print(loaded.code)
```

结果如下：

```
#第 9 章/9.2.3 混合编译、跟踪及保存加载模型
RecursiveScriptModule(
original_name = WrapMyModule
  (loop): RecursiveScriptModule(
original_name = MyModule
    (conv1): RecursiveScriptModule(original_name = Conv2d)
    (conv2): RecursiveScriptModule(original_name = Conv2d)
  )
)

def forward(self,
    x: Tensor) -> Tensor:
  loop = self.loop
  y = (loop).forward(x, )
  return torch.ReLU(y)
```

9.3　Torch 自动求导机制

Torch 的自动求导机制 torch.autograd 并不是必须掌握的，但是熟悉它的机制有助于编写更高效、更清晰的程序，以便于程序调试。从概念上讲，autograd 用于记录用户在数据上创建的所有操作，生成一个有向无环图 DAG，它的叶子节点是输入张量，根节点是输出张

量，通过跟踪 DAG 从根到叶子的节点，使用链式规则自动计算求导。本节主要介绍自动求导机制在 Torch 中的使用方法及自动求导机制中的计算图。

9.3.1 自动求导机制的使用方法

经典神经网络简单理解是在某些输入数据上执行的嵌套函数的集合。这些函数由权重和偏差组成的参数定义，而参数就存储在 Torch 的张量中。

autograd 是 Torch 的自动求导机制，可为神经网络训练提供支持。训练神经网络可以分为两个步骤。

1. 正向传播

在正向传播中，神经网络通过对每个函数运行输入数据进行预测，以便能对正确的输出进行最佳预测。

2. 反向传播

在反向传播中，神经网络根据预测中的误差调整参数。反向传播通过从输出后向遍历，收集相关函数参数的误差导数并使用梯度下降优化参数实现，函数参数的误差导数即梯度。

为了更好地理解神经网络训练过程自动求导的使用方法，这里以第 4 章经典卷积神经网络训练为例，完成神经网络模型的创建后定义，加载数据集中的输入数据和标签数据，代码如下：

```
#自己创建的模型,可以自行修改
model = ConvNet(num_classes).to(device)
#images 是输入数据
images = images.to(device)
#labels 为正确输出的标签数据
labels = labels.to(device)
```

接下来进行正向传播，使用模型运行和预测输入数据，代码如下：

```
#正向传播,outputs 是预测结果
outputs = model(images)
```

使用模型的预测值和相应的标签值计算误差，即损失函数。在误差张量上调用 .backward()属性开始反向传播，自动求导机制会计算模型参数梯度并存储在参数的 .grad

属性中，代码如下：

```
#调用 CrossEntropyLoss()计算预测值和对应标签之间的误差
criterion = nn.CrossEntropyLoss()
loss = criterion(outputs,labels)
#反向传播，并把参数梯度记录在.grad 属性中
loss.backward()
```

加载优化器，在优化器中注册模型的所有参数，并调用.step()启动梯度下降。优化器通过.grad 中存储的梯度调整每个参数，代码如下：

```
#加载优化器
optimizer = torch.optim.SGD(module.parameters(), lr = learning_rate)
#启动梯度下降优化参数
optimizer.step()
```

上述是使用自动求导机制进行简单神经网络训练的过程。需要注意的是，神经网络的训练可以当作一个有向无环图，根据链式规则进行计算和求导。DAG 在 Torch 中是在每次迭代时动态地从头创建的，这正是允许在模型中使用控制流语句的原因，DAG 可做到在每次迭代时都改变整体的形状和大小。在准备训练求解微分时无须编码所有可能的路径。

9.3.2　自动求导的微分及有向无环图

requires_grad 是自动求导机制的重要属性，除非调用 nn.Parameter，否则默认为 False。它在正向和反向传播中都有意义，可用来精细地排除梯度图中的子图。在正向传播过程中最少有一个输入张量需要梯度才会被记录在反向传播的算子中；在反向传播过程中只有叶子节点张量的 requires_grad＝True 时才会将它的梯度信息记录在.grad 属性中。非叶子节点是 DAG 的各类 function(或称为算子)。叶子节点计算梯度时，非叶子节点是梯度计算的中间结果，一般情况下非叶子节点的 require_grad 自动被设置为 True。

为了进一步理解自动求导是怎样收集梯度的，首先创建两个张量 ***a*** 和 ***b***，它们的属性 requires_grad＝True，代码如下：

```
#导入 torch
import torch

#创建两个输入值并设置 requires_grad = True
x = torch.rand(3,requires_grad = True)
a = torch.rand(3,requires_grad = True)
```

使用 $\boldsymbol{a}$ 和 $\boldsymbol{b}$ 计算出张量 $\boldsymbol{y}$，计算公式如 $\boldsymbol{y}=5\times\boldsymbol{a}^2+5\times(\boldsymbol{b}-2)$，代码如下：

```
#根据计算公式计算张量 y
y = 5 * a ** 2 + 5 * (b - 2)
```

假设 $\boldsymbol{a}$ 和 $\boldsymbol{b}$ 是神经网络的参数，$\boldsymbol{y}$ 是误差。在神经网络的训练过程中，需要的相对误差（梯度）为 $\frac{\partial \boldsymbol{y}}{\partial \boldsymbol{a}}=10\times\boldsymbol{a}$ 和 $\frac{\partial \boldsymbol{y}}{\partial \boldsymbol{b}}=5\times\boldsymbol{b}$。当在 $\boldsymbol{y}$ 上调用. backward()时，autograd 会计算这些梯度并存储在各张量的. grad 属性中，接下来用反向传播进行验证，代码如下：

```
#反向传播
y.sum().backward()
#验证梯度是否正确且保存在.grad 属性中
print(10 * a == a.grad)
print(5 == b.grad)
```

结果如下：

```
tensor([True, True, True])
tensor([True, True, True])
```

从概念上讲，autograd 在由函数对象组成的 DAG 中记录张量和所有执行的操作产生的新张量，即输出数据。在正向传播时，autograd 执行计算请求的同时在 DAG 中维护操作的梯度函数。根节点调用. backward()开始反向传播，autograd 调用. grad_fn()计算梯度并将计算结果记录在. grad 属性中，然后使用链式规则跟踪到叶子节点为止。根据上述实例，DAG 更直观的表示如图 9-1 所示。

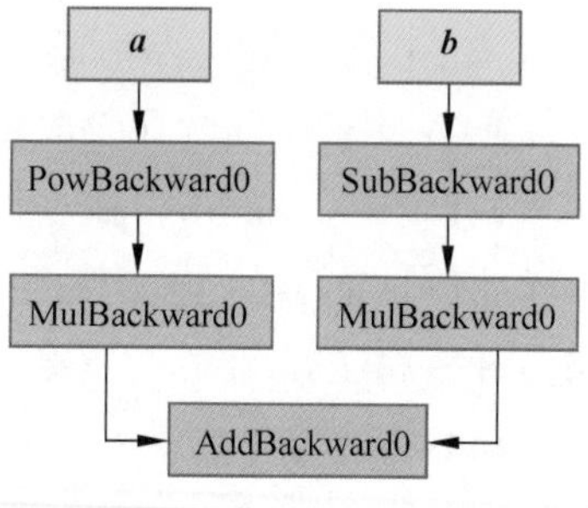

图 9-1　有向无环图

$\boldsymbol{a}$ 和 $\boldsymbol{b}$ 是输入张量作为 DAG 的叶子节点，PowBackward0、SubBackward0 等表示算子，箭头指向正向传播方向。在 DAG 中，autograd 会跟踪所有 requires_grad 属性为 True 的张量。如果将该属性设置为 False，则从梯度计算 DAG 中排除。DAG 中会记录对输入数据进行的算子操作并将输出结果作为下一节点的输入，再对输入进行算子操作并将输出结果作为下一节点的输入，这样重复进行直到跟踪完 DAG 为止，故图 9-1 也可以表示为如图 9-2。

图 9-2 中的 OP 代表算子，CPU/GPU 代表算子在中央处理器或图像处理器中进行，然后得到输出结果作为下一节点的输入，重复操作直到跟踪完 DAG 完成计算。在经典的神

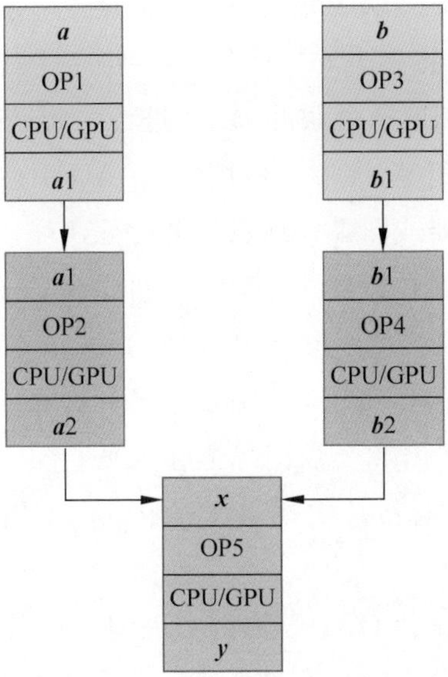

图 9-2　带计算设备的有向无环图

经网络过程中也会生成类似图 9-1 或图 9-2 所示的梯度 DAG，DAG 会记录每个带. grad 属性的张量数据及对数据的操作，以及在训练过程中根据图进行的预测、求导及优化等。

9.3.3　量子算子及编译原理

量子计算是一种遵循量子理论学习规律、调控量子信息单元进行计算的新型计算模式，现已有多种基于量子理论进行量子计算的框架和方法。本书中基于 DeepQuantum 的量子计算在 PyTorch 框架的基础上模拟量子线路并摆放不同的 Pauli 旋转门和受控门，对量子信息单元进行求导、优化等计算。以单比特 Pauli-X 门为例，代码如下：

```
#单比特旋转 sigmax 的角度,返回旋转操作后的 tensor
def rx(phi):
    return torch.cat((torch.cos(phi / 2).unsqueeze(dim = 0), - 1j * torch.sin(phi / 2).
unsqueeze(dim = 0),
                      - 1j * torch.sin(phi / 2).unsqueeze(dim = 0), torch.cos(phi / 2).
unsqueeze(dim = 0)),dim = 0).reshape(2, - 1)
```

基于 DeepQuantum 的量子计算过程模拟量子比特对数据进行处理，处理过程中调用了 Torch 自带的 torch. sin()、torch. cos()等操作。量子计算的数据和算子可以产生如图 9-2 所示的 DAG，然后跟踪从根节点到叶子节点完成梯度计算和优化，因此，纯量子算法或经典量子混合算法的训练和优化是在同一 DAG 中进行的。

量子计算使用的 torch()函数和方法对输入数据进行一系列的函数操作,这一系列的算子操作即为 DAG 中的 OP,可将多个 OP 看作 DAG 中一个较大的 OP,这一抽象操作并不会影响 DAG 的完整性,计算仍旧通过跟踪 DAG 进行。而这时由于 DeepQuantum 的量子计算是遵循量子理论的,在进行算法训练的过程中,DAG 中的量子 OP 可在模拟 QPU 上进行运算,经典 OP 在中央处理器或图像处理器中进行运算。

TorchScript 跟踪量子模型和经典神经网络得到能在 C++高性能环境中运行的中间表示,打印结果可以发现,对于经典神经网络中的 nn. Linear 等,nn. Module 中的子类操作会直接打印,而这些算子都是由 PowBackward0、SubBackward0 等基础操作构成后抽象的。同理,量子算法中的 Pauli 旋转门和受控门等操作也可直接抽象为 Rx、Ry、Rz、CNOT 等,将量子态数据输入特定比特数且按一定规律摆放 Pauli 旋转门、受控门并进行偏迹运算等操作的量子线路中。

程序员使用高级编程语言(如 C、C++等)将程序编写好后,会先使用编译器将源语言转换成汇编语言保存起来,等到执行时再通过汇编器或后端转换为机器语言执行。将量子算法放于模拟 QPU 中运行,实现过程如图 9-3 所示。

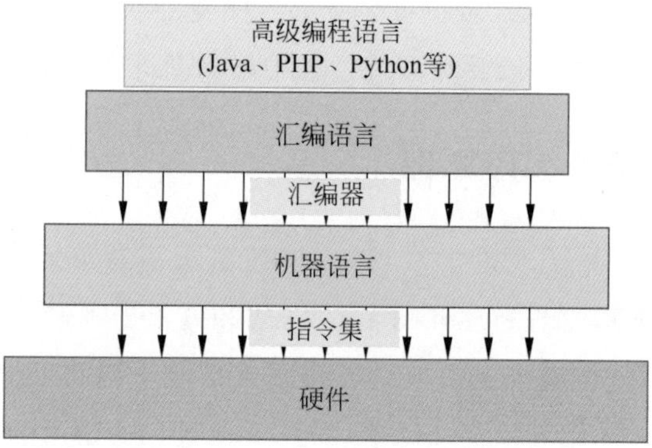

图 9-3　高级编程语言的执行过程

什么是编译器?编译器是一个程序,它可以阅读某种语言编写的程序,并把该程序翻译为一个等价的、用另一种语言编写的程序,即实现源语言到目标语言的等价转换。编译器可能产生一个汇编语言程序作为其输出,因为汇编语言比较容易输出和调试,传统编译器架构分为 3 部分,如图 9-4 所示。

图 9-4　传统编译器

前端主要对输入源语言进行词法分析、语法分析、语义分析、生成中间代码,然后优化器对中间代码进行优化,最后后端生成机器码。量子程序编译也不例外。量子软件程序运行的过程包括量子算法的编程实现、量子程序的编译、量子程序执行及结果分析。

1. 编译阶段

量子编译器的输入是用某种编程语言实现的量子算法，输出是采用中间表示描述的经典或量子程序。

2. 电路生成阶段

电路生成阶段是在计算机上执行的。输入是中间表示描述的量子或经典程序，输出是量子线路。

3. 执行阶段

执行阶段运行在量子计算机的控制器中。输入是量子线路中间表示所描述的量子线路，输出是测量结果。

词法分析是从文本文件中逐个字符地去扫描内容，然后按照语言的语法规则把字符序列识别成变量、数字、字符串、操作符和关键字等，这些变量、数字和字符串是组成程序的基本元素，基本元素可以称为单词（Token）。进行词法分析的程序或者函数叫作词法分析器（Lexical Analyzer，简称为 Lexer），也叫扫描器（Scanner）。

待分析的简单语言的词法分为 4 类：①单词，包括 begin、if、then、while、do 和 end；②其他单词，包括标识符（ID）和整型常数（NUM），如 ID＝letter（letter ｜ digit）* 和 NUM＝digit digit *；③运算符和界符，包括＋、－、*、/、:、:＝、＜、＜＞、＜＝、＞、＞＝、＝、;、(、)、#；④空格。

分析出 Token 后，编译器就开始尝试理清 Token 之间的逻辑关系，这样语法分析就产生了。语法分析的作用是在词法分析的基础上将单词序列组合成各类语法短语。语法分析程序判断源程序在结构上是否正确，源程序的结构由与上下文无关的语法描述，可通过抽象语法树（Abstract Syntax Tree，AST）直观地呈现，是中间代码的一种呈现形式，树中的每个内部节点表示一个运算，而该节点的子节点表示该运算的分量。以一个简单的代码为例生成 AST，代码如下：

```
while b ≠ 0
if a > b
a := a - b
else
b := b - a
return a
```

上述代码对应的 AST 如图 9-5 所示。

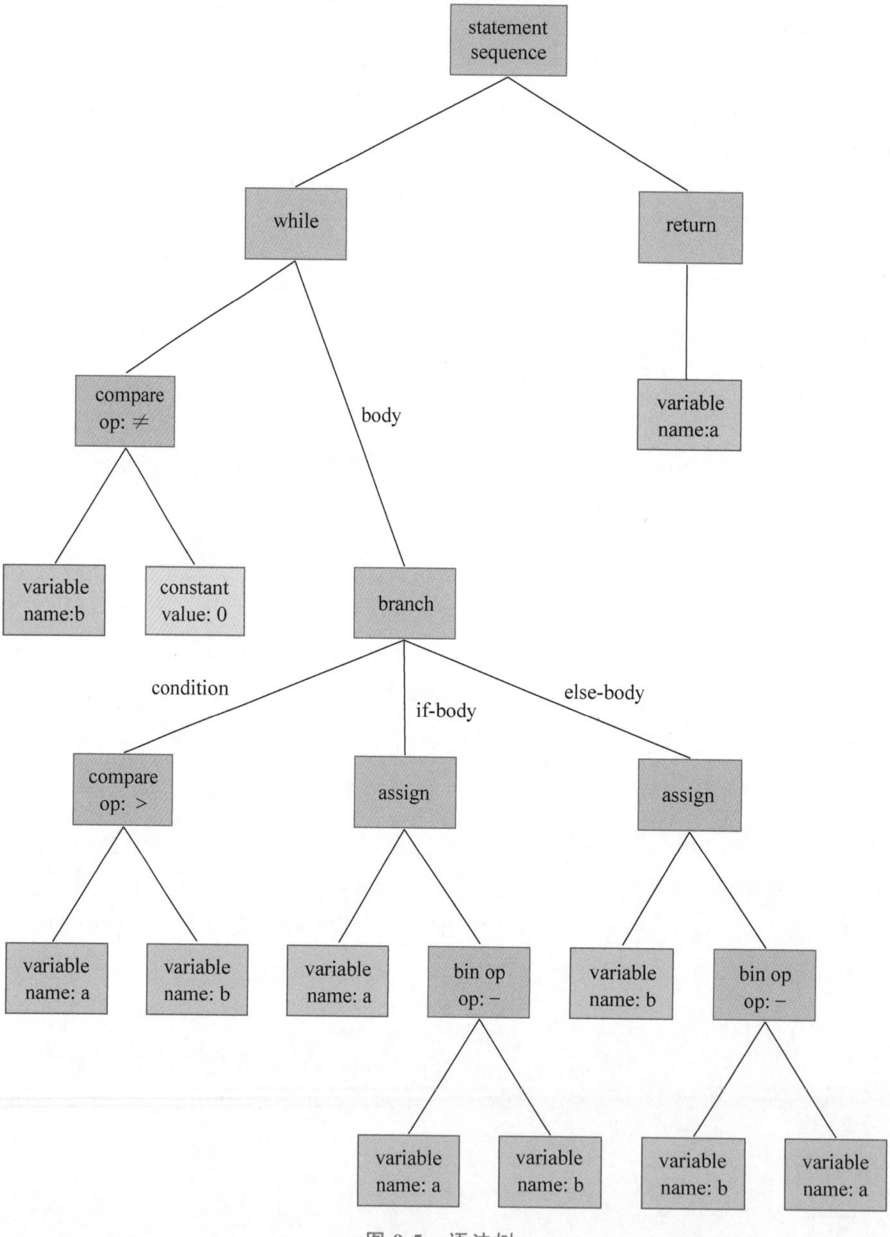

图 9-5　语法树

语法分析源语言得到中间表示，即中间代码。它主要有两种表示方法：一种表示方法是 AST，如图 9-5 所示；另一种表示方法是三地址代码，它是一个由三地址指令组成的序列，其中每个指令只执行一个运算。

9.3.4　量子求导及编译

PyTorch 提供了函数可以自行定义自动求导中的 forward 和 backward，即算法的正向传播和反向传播过程。根据量子互学习模块中量子模块的计算过程，导入所需要的包，代码如下：

```
#导入所需要的包
import torch
import torch.nn as nn
import deepquantum
import numpy as np
```

然后单独定义在量子算法中需要训练的参数，用于正向传播的计算和后向传播求导更新参数，代码如下：

```
#第 9 章/9.3.4 量子求导及编译
#定义参数
init_std = 1.0
lrmul = 1
he_std = 2 ** 0.5 * 5 ** ( - 0.5)
w_mul = he_std * lrmul
weight = nn.Parameter(nn.init.uniform_(torch.empty(6 * 6), a = 0.0, b = 2 * np.pi) * init_
std)
w = weight * w_mul
```

将量子线路结构定义在正向传播过程里，并将上述的训练参数传入，以保证在量子神经网络计算过程中，正向传播过程包含量子线路结构及更新参数。这里需要注意的是，正向传播输入的参数个数和反向传播输出的参数个数相同，并且不需要更新的参数返回 None，代码如下：

```
#第 9 章/9.3.4 量子求导及编译
class QML_QNN(torch.autograd.Function):
    #将需要更新的参数和初始态输入前向传播过程中
    @staticmethod                                    #@staticmethod  静态函数装饰器
    def forward(ctx, w,input_state):
        cir = Circuit(6)                             #生成 6 比特线路
        deep_size = 6                                #量子线路的深度是 6
        #摆放量子线路操作门
        for which_q in range(0, 6):
```

```
            cir.rx(which_q, w[deep_size * which_q + 0])
            cir.ry(which_q, w[deep_size * which_q + 1])
            cir.rz(which_q, w[deep_size * which_q + 2])
        for which_q in range(0, 5):
            cir.cnot(which_q, which_q + 1)
        cir.cnot(self.n_qubits - 1, 0)
        for which_q in range(0, 6):
            cir.rx(which_q, w[deep_size * (which_q) + 3])
            cir.ry(which_q, w[deep_size * (which_q) + 4])
            cir.rz(which_q, w[deep_size * (which_q) + 5])
        #获取线路结构资源
        ctx.circuit = cir
        #获取线路的 list
        ctx.assemble = cir.gate_list
        ctx.save_for_backward(input_state)
                        #compiler 正在开发
        result = compiler(ctx.assemble, input_state)
        return result
    @staticmethod
    def backward(ctx, grad_output):
        input_state, = ctx.saved_tensors
        ps = parameter_shift(ctx.circuit, input_state)
        #用参数位移法计算梯度
        grad = ps.cal_params_grad()
        return grad * grad_output, None
```

在正向传播过程中，可以自定义一个量子编译器对量子线路结构的代码进行编译，得到汇编指令或机器码，对量子计算芯片或超导设备进行调试得到比特数为 6 比特的线路并按定义结构摆放各类量子门，即编译器最终做到使量子计算芯片或超导设备构建量子算法中的量子线路，并将初态输入量子线路中进行演化，演化完后返回演化结果，该结果为量子算法前向传播的计算结果。

在 DeepQuantum 中使用 gate_list()方法可以得到定义 cir 最终的线路结构表示，代码如下：

```
#第 9 章/9.3.4 量子求导及编译
[{'gate': 'rx',
  'theta': tensor(0.0330, grad_fn=<SelectBackward0>),
  'which_qubit': 0},
 {'gate': 'ry',
  'theta': tensor(3.4195, grad_fn=<SelectBackward0>),
  'which_qubit': 0},
 {'gate': 'rz',
```

```
    'theta': tensor(0.2137, grad_fn=<SelectBackward0>),
    'which_qubit': 0},
  {'gate': 'rx',
    'theta': tensor(1.1925, grad_fn=<SelectBackward0>),
    'which_qubit': 1},
  {'gate': 'ry',
    'theta': tensor(3.1883, grad_fn=<SelectBackward0>),
    'which_qubit': 1},
  {'gate': 'rz',
    'theta': tensor(2.1116, grad_fn=<SelectBackward0>),
    'which_qubit': 1},
  {'gate': 'rx',
    'theta': tensor(2.4827, grad_fn=<SelectBackward0>),
    'which_qubit': 2},
  {'gate': 'ry',
    'theta': tensor(3.4056, grad_fn=<SelectBackward0>),
    'which_qubit': 2},
  {'gate': 'rz',
    'theta': tensor(2.6962, grad_fn=<SelectBackward0>),
    'which_qubit': 2},
  {'gate': 'rx',
    'theta': tensor(1.2420, grad_fn=<SelectBackward0>),
    'which_qubit': 3},
  {'gate': 'ry',
    'theta': tensor(1.6510, grad_fn=<SelectBackward0>),
    'which_qubit': 3},
  {'gate': 'rz',
    'theta': tensor(0.8176, grad_fn=<SelectBackward0>),
    'which_qubit': 3},
  {'gate': 'rx',
    'theta': tensor(3.2735, grad_fn=<SelectBackward0>),
    'which_qubit': 4},
  {'gate': 'ry',
    'theta': tensor(2.8650, grad_fn=<SelectBackward0>),
    'which_qubit': 4},
  {'gate': 'rz',
    'theta': tensor(1.8620, grad_fn=<SelectBackward0>),
    'which_qubit': 4},
  {'gate': 'rx',
    'theta': tensor(1.4789, grad_fn=<SelectBackward0>),
    'which_qubit': 5},
  {'gate': 'ry',
    'theta': tensor(2.5773, grad_fn=<SelectBackward0>),
    'which_qubit': 5},
  {'gate': 'rz',
```

```
    'theta': tensor(3.1008, grad_fn=<SelectBackward0>),
    'which_qubit': 5},
  {'gate': 'cnot', 'theta': 1, 'which_qubit': 0},
  {'gate': 'cnot', 'theta': 2, 'which_qubit': 1},
  {'gate': 'cnot', 'theta': 3, 'which_qubit': 2},
  {'gate': 'cnot', 'theta': 4, 'which_qubit': 3},
  {'gate': 'cnot', 'theta': 5, 'which_qubit': 4},
  {'gate': 'cnot', 'theta': 0, 'which_qubit': 5},
  {'gate': 'rx',
    'theta': tensor(3.7905, grad_fn=<SelectBackward0>),
    'which_qubit': 0},
  {'gate': 'ry',
    'theta': tensor(1.3680, grad_fn=<SelectBackward0>),
    'which_qubit': 0},
  {'gate': 'rz',
    'theta': tensor(3.4551, grad_fn=<SelectBackward0>),
    'which_qubit': 0},
  {'gate': 'rx',
    'theta': tensor(0.9840, grad_fn=<SelectBackward0>),
    'which_qubit': 1},
  {'gate': 'ry',
    'theta': tensor(3.5220, grad_fn=<SelectBackward0>),
    'which_qubit': 1},
  {'gate': 'rz',
    'theta': tensor(3.6117, grad_fn=<SelectBackward0>),
    'which_qubit': 1},
  {'gate': 'rx',
    'theta': tensor(3.8778, grad_fn=<SelectBackward0>),
    'which_qubit': 2},
  {'gate': 'ry',
    'theta': tensor(2.0701, grad_fn=<SelectBackward0>),
    'which_qubit': 2},
  {'gate': 'rz',
    'theta': tensor(3.7769, grad_fn=<SelectBackward0>),
    'which_qubit': 2},
  {'gate': 'rx',
    'theta': tensor(2.0700, grad_fn=<SelectBackward0>),
    'which_qubit': 3},
  {'gate': 'ry',
    'theta': tensor(2.3842, grad_fn=<SelectBackward0>),
    'which_qubit': 3},
  {'gate': 'rz',
    'theta': tensor(2.5100, grad_fn=<SelectBackward0>),
    'which_qubit': 3},
  {'gate': 'rx',
```

```
    'theta': tensor(3.6139, grad_fn=<SelectBackward0>),
    'which_qubit': 4},
  {'gate': 'ry',
    'theta': tensor(1.3289, grad_fn=<SelectBackward0>),
    'which_qubit': 4},
  {'gate': 'rz',
    'theta': tensor(1.1746, grad_fn=<SelectBackward0>),
    'which_qubit': 4},
  {'gate': 'rx',
    'theta': tensor(3.8433, grad_fn=<SelectBackward0>),
    'which_qubit': 5},
  {'gate': 'ry',
    'theta': tensor(3.6830, grad_fn=<SelectBackward0>),
    'which_qubit': 5},
  {'gate': 'rz',
    'theta': tensor(3.9700, grad_fn=<SelectBackward0>),
    'which_qubit': 5}]
```

这里的 gate 表示量子门，rx、ry 和 rz 表示 Pauli 旋转门，cnot 表示受控门，which_qubit 表示将旋转门摆放于某比特的量子线路上。

后向传播是基于参数化量子线路的梯度求导，有两种方案可以实现：第一种是使用自定义的参数位移法来计算酉矩阵参数的梯度；第二种是使用 TorchScript 对线路的操作进行跟踪，根据操作的类型分别在各自的自定义类 nn.Function 里编写求复值导数公式，最后计算得到每步操作参数的梯度。

第 10 章

量子 StyleGAN 预测新冠毒株 Delta 的变异结构

2019 年的新型冠状病毒(COVID-19)由严重急性呼吸综合征冠状病毒 2(SARS-CoV-2)引起,随着疫情的发展,新冠病毒产生了具有更强传染性和致病性的变异毒株例如 Delta,迅速传播并造成了较高的死亡率。根据现存的大量 SARS-CoV-2 突变 RNA 序列数据,尤其会提前预测新冠病毒流行株的变异结构,特别是棘突蛋白 Spike Protein,从而为早期预防和治疗提供可能,为控制疫情贡献力量。

本章主要利用量子机器学习和基于风格的生成对抗网络(StyleGAN),提出了一个名为 QuStyleGAN 的模型架构,实现新冠病毒流行株 Delta 的棘突蛋白变异结构的预测。此外,QuStyleGAN 还首次实现了类似于经典机器学习中深度卷积(Depthwise Convolution)的量子启发模糊卷积(Quantum-inspired Blur Convolution)和量子版本的渐进训练(Progressive Training)。QuStyleGAN 能够达到生成变异结构较高的保真度和较稳定收敛的训练过程,在变异结构预测领域有广泛的应用潜力。

10.1 经典 StyleGAN 模型

StyleGAN 是英伟达(NVIDIA)继 ProGAN 之后提出的新的生成网络。

ProGAN 解决了生成高质量高分辨率图像的问题,其核心思想在于渐进式训练:从分辨率非常低的图像(如 4×4)的生成器和判别器开始,逐步训练并增大图像分辨率以对越来越精细的细节进行建模,直到生成器能够生成高目标分辨率(如 1024×1024)的图像,但 ProGAN 难以控制所生成图像的特定特征,对输入的随机向量轻微修改也会引起最终生成图像中的多个属性一起变化。

StyleGAN 很好地解决了上述问题,它能够通过各层级的输入随机向量来控制特定的特征。以人脸为例，粗糙尺度（4×4～8×8）的输入能控制一些粗糙特征，如姿势、大致发型、脸型和眼镜等；中等尺度（16×16～32×32）的输入能控制一些中级特征，如更加细节的脸部特征、发型细节、嘴的张闭等；精细尺度（64×64～1024×1024）的输入能控制一些细节特征，如整体的色调（发色、肤色及背景色等）与一些微观结构。

StyleGAN 的创新主要在于生成器部分，判别器沿用了 ProGAN 中的判别器。接下来将通过 3 方面对它的生成器进行简要的概述，包括传统输入的移除、映射网络的添加和生成网络的特点。

10.1.1 移除传统输入

传统的 GAN 都需要给生成网络输入一个潜码（Latent Code）来生成图像，这个潜码决定了生成图像的视觉特征，但是在 StyleGAN 中，生成图像的特征是由映射网络的输出和自适应实例正则化（AdaIN）来控制的，这使传统输入的随机变量显得冗余，并且有假设认为，将这一传统输入移除，用可学习的常数替换，可以在一定程度上减少特征之间的纠缠，有益于生成图像的质量。

10.1.2 添加映射网络

StyleGAN 的映射网络包含 8 个全连接层，将潜码 $\boldsymbol{z}$ 映射到中间潜向量 $\boldsymbol{w}$，使中间潜向量 $\boldsymbol{w}$ 可以控制不同尺度的视觉特征。

若只依赖于潜码 $\boldsymbol{z}$，则模型所控制的特征常常是耦合的（coupled）或者说是纠缠的（entangled）。这是因为潜码 $\boldsymbol{z}$ 往往需要服从训练数据的概率密度分布，如果训练数据中某一类出现得多一些，则潜码 $\boldsymbol{z}$ 中的值就更可能被映射到这一类上。

但映射网络可以生成一个不用服从训练数据集分布的中间潜向量 $\boldsymbol{w}$，减少特征之间的相关性（解耦、特征分离），有利于实现模型特征的分离与控制，如图 10-1 所示。

10.1.3 生成网络与特征控制

StyleGAN 的生成网络一共包含 18 层，每个分辨率（4×4～1024×1024）所对应的模块包含 2 层卷积，如图 10-2 所示。

在各分辨率模块中的卷积层之后，都接有自适应实例正则化（AdaIN）操作，该操作用于控制分辨率层级的视觉特征。

$$\mathrm{AdaIN}(x_i, y) = y_{s,i}\frac{x_i - \mu(x_i)}{\sigma(x_i)} + y_{b,i} \tag{10-1}$$

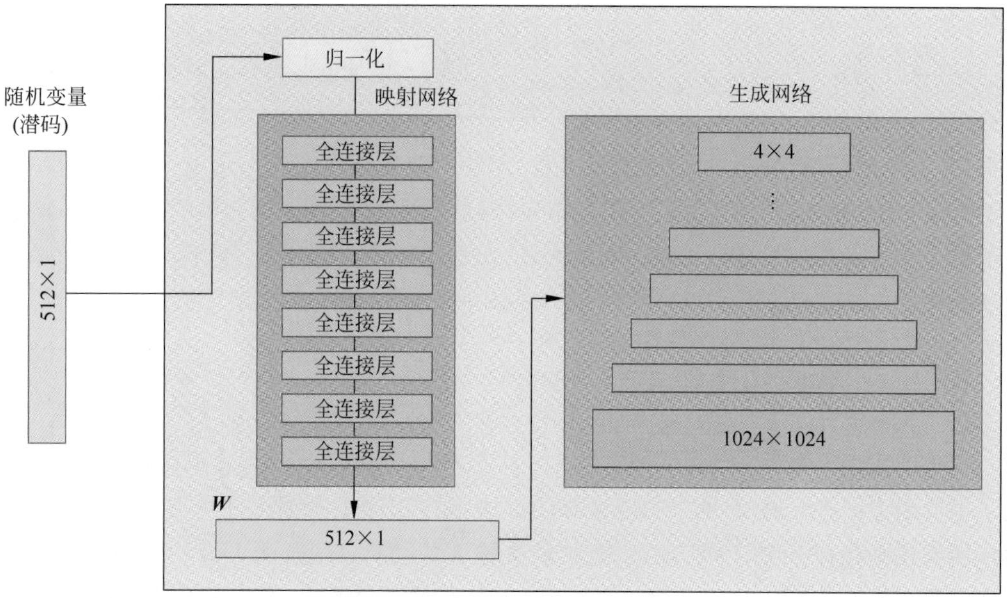

图 10-1 映射网络

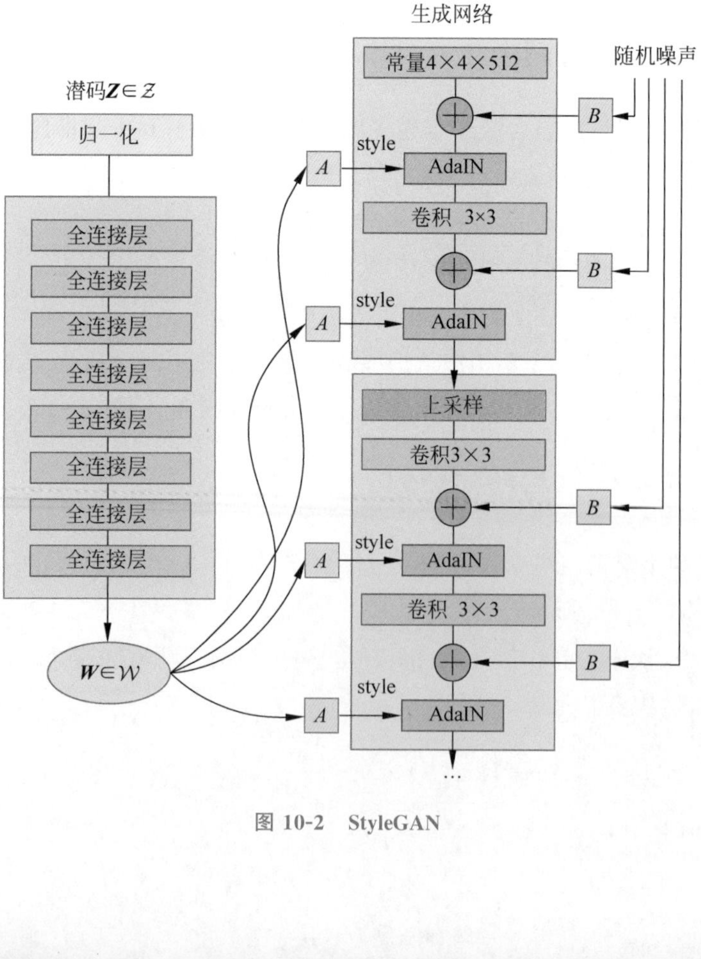

图 10-2 StyleGAN

具体操作是首先对卷积层的输出进行实例正则化，即对每个通道的特征图 x_i 进行归一化 $\frac{x_i-\mu(x_i)}{\sigma(x_i)}$，然后通过一个可学习的仿射变换（全连接层）$A$ 将中间潜向量 $\boldsymbol{W}$（维度为 512）转换为 style，即 AdaIN 中的缩放因子 $y_{s,i}$ 与平移因子 $y_{b,i}$，维度为 $2n$；最后对每个通道归一化后的特征图进行尺度和平移变换。通过训练，中间潜向量 $\boldsymbol{W}$ 所代表的权重能够被转换为视觉表示，如图 10-3 所示。

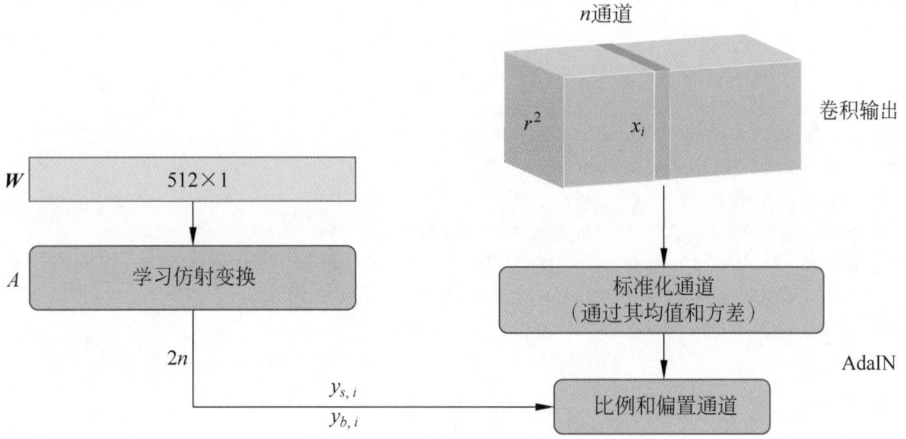

图 10-3　正则化操作（AdaIN）

为了增加生成图像的多样性和考虑一些人脸特征（例如雀斑、皱纹等）的随机性，StyleGAN 在各分辨率模块中的卷积层之后和 AdaIN 之前都添加了随机噪声。具体操作是将高斯噪声通过可学习的缩放变换（全连接层）B 加入卷积后的每个通道的特征图上。

10.2　StyleGAN 部分代码

StyleGAN 的完整代码比较复杂，此处主要展现生成器和经典判别器的模块搭建，代码如下：

```
#第 10 章/10.2 StyleGAN 部分代码
#导入包
import os
import datetime
```

```
import time
import timeit
import copy
import random
import numpy as np
from collections import OrderedDict
import numpy as np
import math
import torch
import torch.nn as nn
from torch.nn.functional import interpolate
from data.rna_process import get_ori_sp
import models.Losses as Losses
from data import get_data_loader
from models import update_average
from models.Blocks import DiscriminatorTop, DiscriminatorBlock, InputBlock,
GSynthesisBlock, QDiscriminatorBlock, QDiscriminatorTop
from models.CustomLayers import EqualizedConv2d, PixelNormLayer,
EqualizedLinear, Truncation, encoding
```

映射网络的搭建，代码如下：

```
#第 10 章/10.2 StyleGAN 部分代码
class GMapping(nn.Module):
def __init__(self, latent_size = 512, dlatent_size = 512,
dlatent_broadcast = None,
mapping_layers = 8, mapping_fmaps = 512,
mapping_lrmul = 0.01, mapping_nonlinearity = 'lReLU',
use_wscale = True, normalize_latents = True, **kwargs):
        super().__init__()
        self.latent_size = latent_size                          #潜码 Z 的维度
        self.mapping_fmaps = mapping_fmaps                      #映射层中的特征图数量
        self.dlatent_size = dlatent_size                        #中间潜向量 W 的维度
        self.dlatent_broadcast = dlatent_broadcast              #中间潜向量 W 是否广播
        #[minibatch, dlatent_size] or [minibatch, dlatent_broadcast, dlatent_size]
        #激活函数
        act, gain = {'ReLU': (torch.ReLU, np.sqrt(2)),
'lReLU': (nn.LeakyReLU(negative_slope = 0.2),
np.sqrt(2))}[mapping_nonlinearity]

        layers = []
        #潜码归一化
        if normalize_latents:
            layers.append(('pixel_norm', PixelNormLayer()))
```

```
        #映射层
        layers.append(('dense0',EqualizedLinear(self.latent_size,self.mapping_fmaps, gain = gain,
lrmul = mapping_lrmul, use_wscale = use_wscale)))
        layers.append(('dense0_act', act))
        for layer_idx in range(1, mapping_layers):
            fmaps_in = self.mapping_fmaps
            fmaps_out = self.dlatent_size if layer_idx == mapping_layers - 1
        else self.mapping_fmaps
        layers.append(('dense{:d}'.format(layer_idx),EqualizedLinear(fmaps_in, fmaps_out,
gain = gain, lrmul = mapping_lrmul, use_wscale = use_wscale)))
            layers.append(('dense{:d}_act'.format(layer_idx), act))
    #输出
            self.map = nn.Sequential(OrderedDict(layers))
    def forward(self, x):
        #最开始的输入：潜码 Z [mini_batch, latent_size]
        x = self.map(x)
        #Broadcast -> batch_size * dlatent_broadcast * dlatent_size
        if self.dlatent_broadcast is not None:
            x = x.unsqueeze(1).expand(-1, self.dlatent_broadcast, -1)
        return x
```

生成网络的搭建，代码如下：

```
#第 10 章/10.2 StyleGAN 部分代码
class GSynthesis(nn.Module):
def __init__(self, dlatent_size = 512, num_channels = 1, resolution = 1024,fmap_base = 8192,
fmap_decay = 1.0, fmap_max = 512,use_styles = True, const_input_layer = True, use_noise =
True, nonlinearity = 'lReLU', use_wscale = True, use_pixel_norm = False,use_instance_norm =
True, blur_filter = None,structure = 'linear', **kwargs):
        super().__init__()
#定义每个阶段的特征图数目
    def nf(stage):
        return min(int(fmap_base / (2.0 ** (stage * fmap_decay))),fmap_max)
        self.structure = structure                              #选择是否渐进式训练
        resolution_log2 = int(np.log2(resolution))              #分辨率
        assert resolution == 2 ** resolution_log2 and resolution >= 4
        self.depth = int(resolution_log2 / 2)                   #深度
        self.num_layers = 2 * self.depth                        #层数
        self.num_styles = self.num_layers if use_styles else 1  #是否使用风格
        act, gain = {'ReLU': (torch.ReLU, np.sqrt(2)),'lReLU': (nn.LeakyReLU(negative_slope = 0.2),
np.sqrt(2))}[nonlinearity]
        #生成网络的第 1 个模块
        self.init_block = InputBlock(nf(1), dlatent_size, const_input_layer, gain, use_
wscale, use_noise, use_pixel_norm, use_instance_norm, use_styles, act)
```

```
        #将输出转换为 RGB 图像
        rgb_converters = [EqualizedConv2d(nf(1), num_channels, 1, gain=1, use_wscale=use_
wscale)]
        #生成网络的其他模块
        blocks = []
        for res in range(4, resolution_log2 + 1, 2):
            last_channels = nf(res - 3)
            channels = nf(res - 1)
            #name = '{s}x{s}'.format(s=2 ** res)
            blocks.append(GSynthesisBlock(last_channels, channels, blur_filter,
dlatent_size, gain, use_wscale, use_noise, use_pixel_norm, use_instance_norm, use_styles,
act))
            rgb_converters.append(EqualizedConv2d(channels, num_channels, 1,
gain=1, use_wscale=use_wscale))
        self.blocks = nn.ModuleList(blocks)
        self.to_rgb = nn.ModuleList(rgb_converters)
        #生成临时上采样函数
        self.temporaryUpsampler = lambda x: interpolate(x, scale_factor=4)
    def forward(self, dlatents_in, depth=0, alpha=0., labels_in=None):
        assert depth < self.depth, "Requested output depth cannot be produced"
        #不采用渐进式训练
        if self.structure == 'fixed':
            x = self.init_block(dlatents_in[:, 0:2])
            for i, block in enumerate(self.blocks):
                x = block(x, dlatents_in[:, 2 * (i + 1):2 * (i + 2)])
            images_out = self.to_rgb[-1](x)
        #渐进式训练
        elif self.structure == 'linear':
            x = self.init_block(dlatents_in[:, 0:2])
            if depth > 0:
                for i, block in enumerate(self.blocks[:depth - 1]):
                    x = block(x, dlatents_in[:, 2 * (i + 1):2 * (i + 2)])
                residual = self.to_rgb[depth - 1](self.temporaryUpsampler(x))
                straight = self.to_rgb[depth](self.blocks[depth - 1](x,
dlatents_in[:, 2 * depth:2 * (depth + 1)]))
            images_out = (alpha * straight) + ((1 - alpha) * residual)
            else:
            images_out = self.to_rgb[0](x)
        else:
            raise KeyError("Unknown structure: ", self.structure)
```

生成器的构建，代码如下：

```
#第 10 章/10.2 StyleGAN 部分代码
class Generator(nn.Module):
```

```
    def __init__(self, resolution, latent_size = 512, dlatent_size = 512,
            truncation_psi = 0.7, truncation_cutoff = 8, dlatent_avg_beta = 0.995,
style_mixing_prob = 0.9, **kwargs):
        super(Generator, self).__init__()

        self.style_mixing_prob = style_mixing_prob      #训练时采用风格混合的概率

        self.num_layers = (int(np.log2(resolution)) / 2) * 2
        #映射网络
        self.g_mapping = GMapping(latent_size, dlatent_size,
dlatent_broadcast = self.num_layers, **kwargs)
        #生成网络
        self.g_synthesis = GSynthesis(resolution = resolution, **kwargs)
        #截断技巧乘数
        if truncation_psi > 0:
            self.truncation = Truncation(avg_latent = torch.zeros(dlatent_size),
                                         max_layer = truncation_cutoff,
                                         threshold = truncation_psi,
                                         beta = dlatent_avg_beta)
        else:
            self.truncation = None
    def forward(self, latents_in, depth, alpha, labels_in = None):
        dlatents_in = self.g_mapping(latents_in)
        if self.training:
            if self.truncation is not None:
                self.truncation.update(dlatents_in[0, 0].detach())
            #使用风格混合技巧
            if self.style_mixing_prob is not None and self.style_mixing_prob > 0:
                latents2 = torch.randn(latents_in.shape).to(latents_in.device)
                dlatents2 = self.g_mapping(latents2)
                layer_idx = torch.from_numpy(np.arange(self.num_layers)[np.newaxis, :,
np.newaxis]).to(latents_in.device)
                cur_layers = 2 * (depth + 1)
                mixing_cutoff = random.randint(1, cur_layers)
if random.random() < self.style_mixing_prob else cur_layers:
                dlatents_in = torch.where(layer_idx < mixing_cutoff, dlatents_in,dlatents2)
#应用截断技巧
            if self.truncation is not None:
                dlatents_in = self.truncation(dlatents_in)
        fake_images = self.g_synthesis(dlatents_in, depth, alpha)
        fi_min = fake_images.min()
        fi_max = fake_images.max()
        fake_images = (fake_images - fi_min)/(fi_max - fi_min) ##[0,1]
        return fake_images
```

判别器的构建，代码如下：

```
#第 10 章/10.2 StyleGAN 部分代码
class Discriminator(nn.Module):
def __init__(self, resolution, num_channels = 1, fmap_base = 8192,fmap_decay = 1.0, fmap_max = 512,
nonlinearity = 'lReLU', use_wscale = True, mbstd_group_size = 4, mbstd_num_features = 1,
            blur_filter = None, structure = 'linear', ** kwargs):
        super(Discriminator, self).__init__()
        #返回在第 stage 层中的特征图数量,stage < = 4,特征图数量为 512;
        #stage > 4,每多一层特征图数量减半
        def nf(stage):
           return min(int(fmap_base / (2.0 ** (stage * fmap_decay))), fmap_max)
        self.mbstd_num_features = mbstd_num_features #mbstd 通道数
        self.mbstd_group_size = mbstd_group_size     #mbstd 组数
        self.structure = structure
        resolution_log2 = int(np.log2(resolution))
        assert resolution == 2 ** resolution_log2 and resolution >= 4
        self.depth = int(resolution_log2 / 2)
        act, gain = {'ReLU': (torch.ReLU, np.sqrt(2)),
            'lReLU': (nn.LeakyReLU(negative_slope = 0.2), np.sqrt(2))}[nonlinearity]
        #构建判别器模块
        blocks = []
        from_rgb = []
        for res in range(resolution_log2, 2, - 2):
           #name = '{s}x{s}'.format(s = 2 ** res)
           blocks.append(DiscriminatorBlock(nf(res - 1), nf(res - 3), gain = gain,
use_wscale = use_wscale, activation_layer = act, blur_Kernel = blur_filter))
        #转换 RGB 图像输入
        from_rgb.append(EqualizedConv2d(num_channels, nf(res - 1),
Kernel_size = 1, gain = gain, use_wscale = use_wscale))
        self.blocks = nn.ModuleList(blocks)
        #构建最后一个判别器
        self.final_block = DiscriminatorTop(self.mbstd_group_size,
self.mbstd_num_features,in_channels = nf(1),intermediate_channels = nf(1),
                 gain = gain, use_wscale = use_wscale, activation_layer = act)
        from_rgb.append(EqualizedConv2d(num_channels, nf(1), Kernel_size = 1,
                                  gain = gain, use_wscale = use_wscale))
        self.from_rgb = nn.ModuleList(from_rgb)
        #生成临时下采样函数
        self.temporaryDownsampler = nn.AvgPool2d(4)
    def forward(self, images_in, depth, alpha = 1., labels_in = None):
        assert depth < self.depth, "Requested output depth cannot be produced"
        #不采用渐进式训练
```

```
        if self.structure == 'fixed':
            x = self.from_rgb[0](images_in)
            for i, block in enumerate(self.blocks):
                x = block(x)
            scores_out = self.final_block(x)
        #采用渐进式训练
        elif self.structure == 'linear':
            if depth > 0:
                residual = self.from_rgb[self.depth - depth]
(self.temporaryDownsampler(images_in))
                straight = self.blocks[self.depth - depth - 1]
(self.from_rgb[self.depth - depth - 1](images_in))
                x = (alpha * straight) + ((1 - alpha) * residual)
                for block in self.blocks[(self.depth - depth):]:
                    x = block(x)
            else:
                x = self.from_rgb[-1](images_in)
            scores_out = self.final_block(x)
else:
            raise KeyError("Unknown structure: ", self.structure)
        return scores_out
```

10.3 量子 QuStyleGAN 模型

QuStyleGAN 是一种用于预测新冠病毒流行株变异结构的经典量子混合模型。该模型将一些变种的棘突蛋白基因序列作为训练数据集，来生成具有 SARS-CoV-2 突变特征的变异结构，然后将生成结构映射到流行毒株(如 Delta)的棘突蛋白基因序列中。QuStyleGAN 主要包括两个关键部分，一个是经典生成器；另一个是量子渐进判别器。

10.3.1 QuStyleGAN 模型构建

生成器在前文已经详细讲解过，本节主要对判别器进行阐述。

量子渐进判别器包含 5 个量子线路模块，从 10 量子比特到 2 量子比特，每块比前一块减少 2 量子比特，如图 10-4 所示。前 4 个模块中的每一块均包含两个量子卷积层、两个量子池化层和一个量子模糊卷积层，并具有相应的量子比特数目。由于每个量子层都对应一个酉矩阵，以这种形式展示了量子判别器的网络结构。其中，量子观测算符表示偏迹操作，即将密度矩阵中的两个量子比特的信息丢弃，以达到量子网络里的下采样。量子渐进判别器的最后一个模块包含一个量子卷积层、一个量子池化层、一个量子稠密层和一个量子比特观测。该模块的输出将是最终的判断结果。

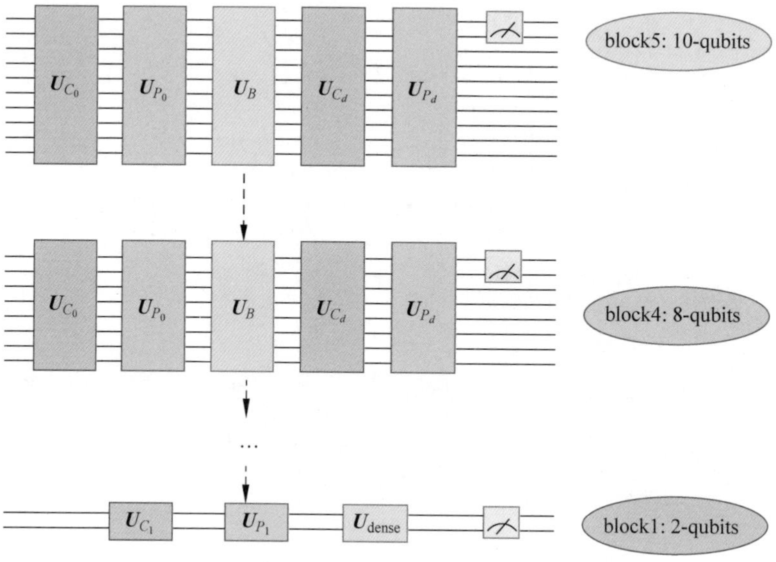

图 10-4　量子渐进判别器

QuStyleGAN 的工作流程如图 10-5 所示。棘突蛋白基因序列首先进行量子编码，代表真实的量子数据，同时，生成器生成假的棘突蛋白变异结构，然后将两种数据输入量子渐进判别器中，得到它们的真假判断分数。最后根据损失函数，更新生成器和判别器中的参数。至此，一步式模型训练已经完成。

10.3.2　量子启发模糊卷积

基于经典机器学习中的深度卷积(Depthwise Convolution)提出了量子机器学习中的量子启发模糊卷积(Quantum-inspired Blur Convolution)，这也使在本章提出的量子渐进判别器与经典的渐进判别器很好地对应。同时，期望量子启发模糊卷积具有与经典深度卷积同样的效果，即减少参数，同时对输入进行降噪和提取特征。

量子启发模糊卷积包含如图 10-6 所示的 3 个关键步骤。为了简洁，以 4 量子比特大小的特征图为例。首先将特征图划分为一些矩阵并编码为 2 量子比特量子态，然后，用 Ry 和 Ryy 量子门构造一个包含 5 个参数的量子模糊层，并定义相关的酉矩阵进行演化。最后，将所有经过演化的 2 量子比特密度矩阵按顺序组合起来，构建一个新的 4 量子比特密度矩阵。显然，由于只使用了 2 量子比特的量子线路，参数的数量显著减少。

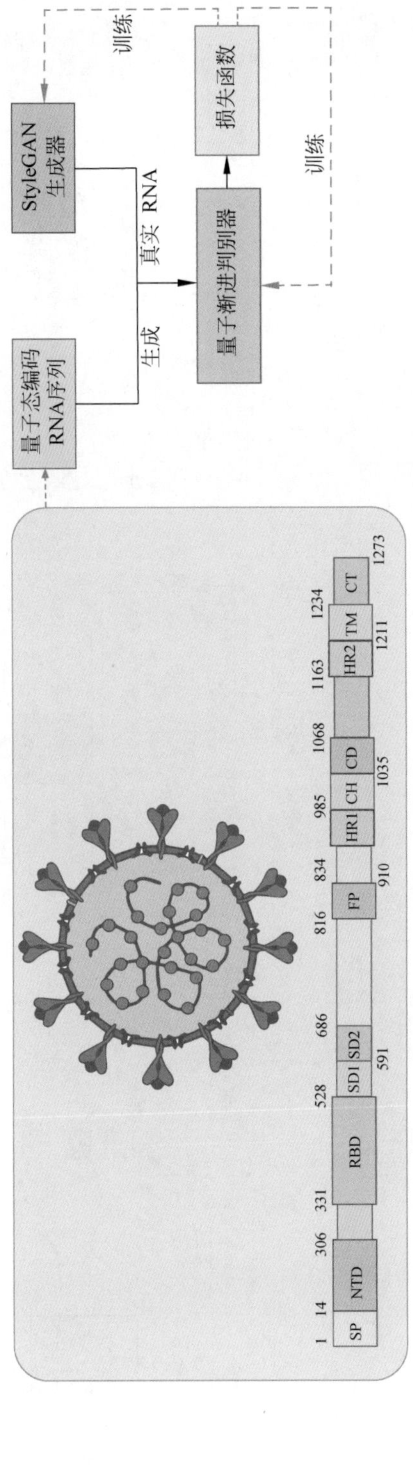

图 10-5　QuStyleGAN 的工作流程

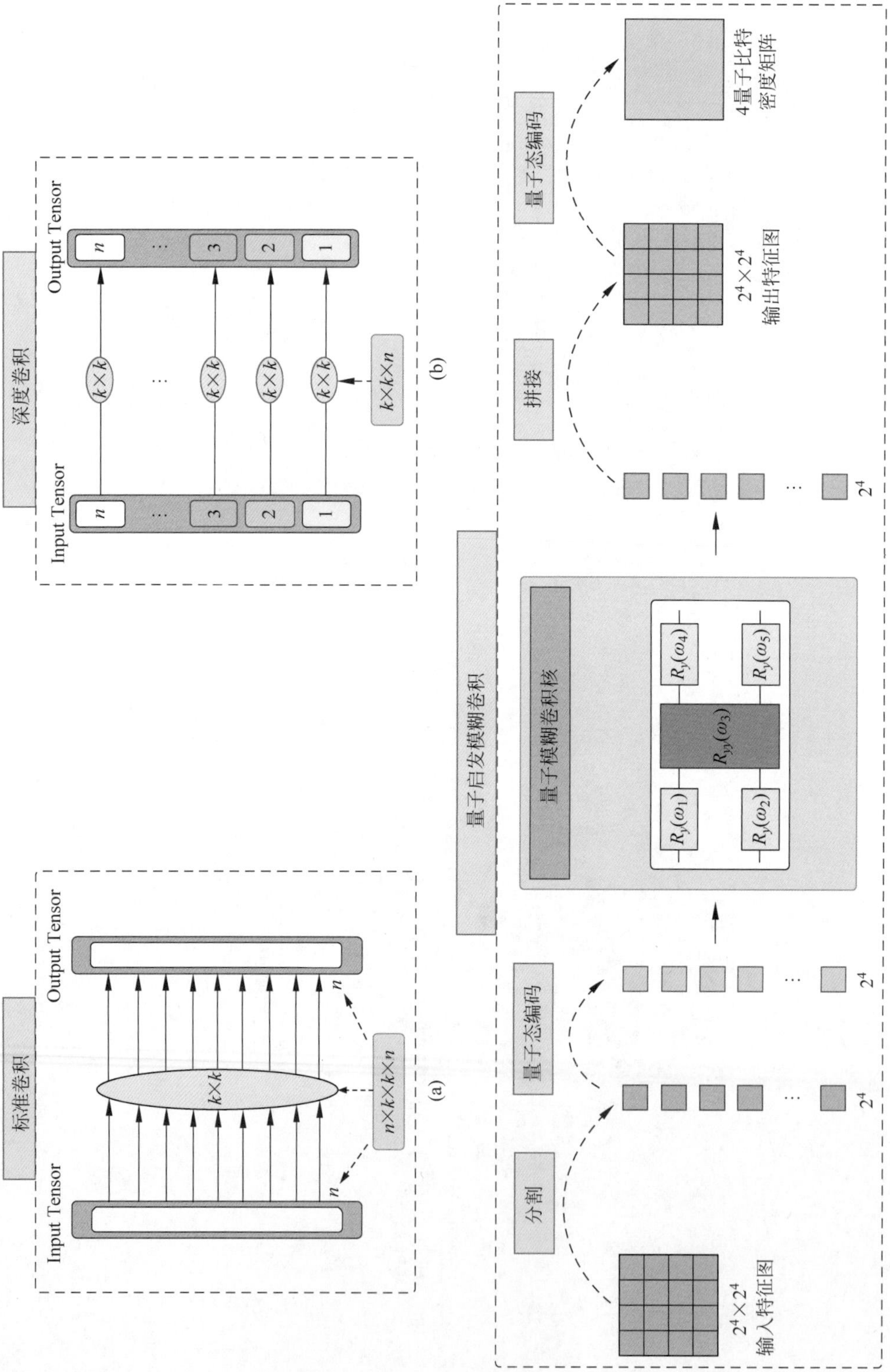

图 10-6　量子启发模糊卷积

10.3.3　量子渐进式训练

QuStyleGAN 训练采用与经典 StyleGAN 相同的渐进式生长方法，逐步引入预先配置的量子层，开始使用 2 量子比特块进行训练，然后将较大的 $2n$ 量子比特块添加到训练网络中。为了平滑地接入新量子层，QuStyleGAN 采用与 ResNet 类似的操作和密度矩阵下采样。与经典渐进式训练中的平均池化下采样不同，在量子渐进式训练中使用偏迹运算来对 $2n$ 量子比特密度矩阵下采样，如图 10-7 所示。量子渐进式训练的好处是简化了将潜码映射到变异结构的原始生成问题，稳定了训练过程并缩短了训练时间。

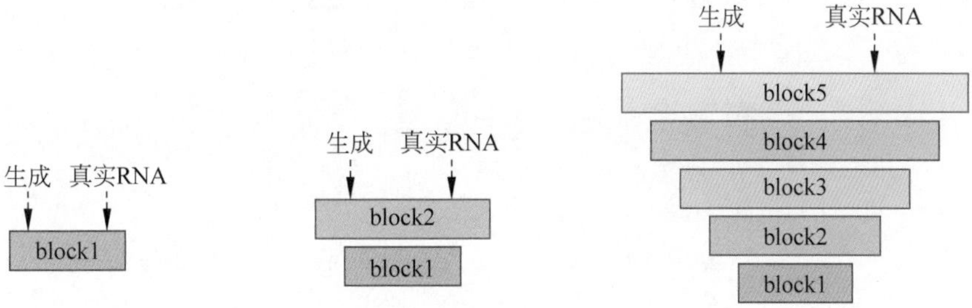

图 10-7　QuStyleGAN 中的 block

10.4　QuStyleGAN 部分代码

完整 QuStyleGAN 比较复杂，此处主要展现量子渐进判别器的构建。

3 种量子卷积层的构建如图 10-8 所示。

代码如下：

```
#第 10 章/10.4 QuStyleGAN 部分代码
class QEqualizedConv0(nn.Module):
    """
    量子卷积层 1
    放置 5 个量子门，即有 5 个参数。
    """
def __init__(self, n_qubits, gain = 2 ** 0.5, use_wscale = True, lrmul = 1):
        super().__init__()
        #初始化参数
        he_std = gain * 5 ** (-0.5)
```

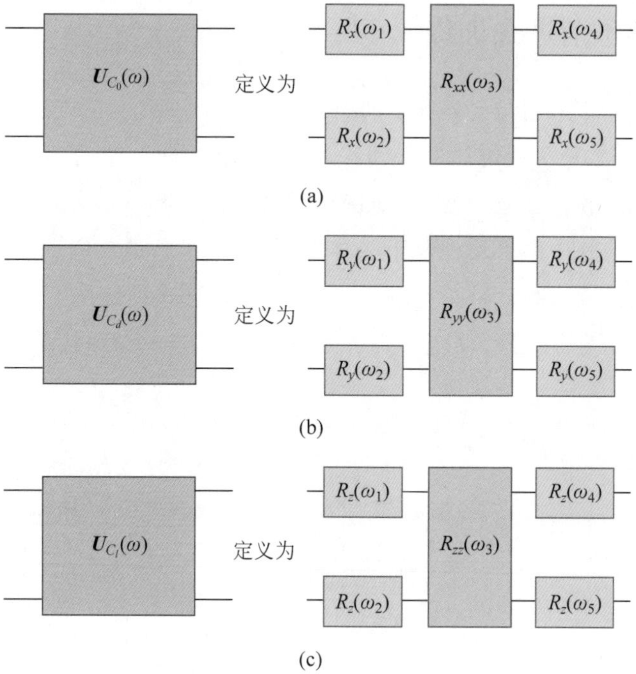

图 10-8　量子卷积层的构建

```
        if use_wscale:
            init_std = 1.0 / lrmul
self.w_mul = he_std * lrmul
        else:
            init_std = he_std / lrmul
            self.w_mul = lrmul
        self.weight = nn.Parameter(nn.init.uniform_(torch.empty(5), a = 0.0, b = 2 * np.pi) *
init_std)
        self.n_qubits = n_qubits
def qconv0(self):
        w = self.weight * self.w_mul
        cir = Circuit(self.n_qubits)
for which_q in range(0, self.n_qubits, 2):
        cir.rx(which_q, w[0])
        cir.rx(which_q, w[1])
        cir.ryy(which_q, which_q + 1, w[2])
        cir.rz(which_q, w[3])
        cir.rz(which_q + 1, w[4])
U = cir.get()
U = dag(U)
return U
```

```
    def forward(self, x):
        E_qconv0 = self.qconv0()
        qconv0_out = E_qconv0 @ x @ dag(E_qconv0)
        return qconv0_out
class QEqualizedConvDown(nn.Module):
    """
    量子卷积层 2
    放置 5 个量子门,即有 5 个参数。
    """
def __init__(self, n_qubits, gain = 2 ** 0.5, use_wscale = True, lrmul = 1):
        super().__init__()
        #初始化参数
        he_std = gain * 5 ** (-0.5)
        if use_wscale:
            init_std = 1.0 / lrmul
            self.w_mul = he_std * lrmul
        else:
            init_std = he_std / lrmul
            self.w_mul = lrmul
        self.weight = nn.Parameter(nn.init.uniform_(torch.empty(5), a = 0.0, b = 2 * np.pi) *
init_std)
        self.n_qubits = n_qubits
def qconv_down(self):
        w = self.weight * self.w_mul
        cir = Circuit(self.n_qubits)
for which_q in range(0, self.n_qubits, 2):
        cir.rz(which_q, w[0])
        cir.rz(which_q + 1, w[1])
        cir.rzz(which_q, which_q + 1, w[2])
        cir.rz(which_q, w[3])
        cir.rz(which_q + 1, w[4])
U = cir.get()
U = dag(U)
return U
def forward(self, x):
        E_qconv_down = self.qconv_down()
        qconv_down_out = E_qconv_down @ x @ dag(E_qconv_down)
        return qconv_down_out
class QEqualizedConvLast(nn.Module):
    """
    量子卷积层 3
    放置 5 个量子门,即有 5 个参数。
    """
def __init__(self, gain = 2 ** 0.5, use_wscale = True, lrmul = 1):
        super().__init__()
```

```
        #初始化参数
        he_std = gain * 5 ** (-0.5)
        if use_wscale:
            init_std = 1.0 / lrmul
            self.w_mul = he_std * lrmul
        else:
            init_std = he_std / lrmul
            self.w_mul = lrmul
        self.weight = nn.Parameter(nn.init.uniform_(torch.empty(5), a = 0.0, b = 2 * np.pi) *
init_std)
    def qconv_last(self):
        w = self.weight * self.w_mul
        cir = Circuit(self.n_qubits)
        cir.rx(2,0,w[0])
        cir.rx(2,1,w[1])
        cir.ryy(w[2])
        cir.rz(2,1,w[3])
        cir.rz(2,1,w[4])
        U = cir.get()
        return U
    def forward(self, x):
        E_qconv_last = self.qconv_last()
        qconv_last_out = E_qconv_last @ x @ dag(E_qconv_last)
        return qconv_last_out
```

3种量子池化层的构建，如图10-9所示。每个类的初始化都用到了与卷积层中类似的He初始化，为了突出结构，之后省略初始化操作，代码如下：

```
#第10章/10.4 QuStyleGAN部分代码
class QPool(nn.Module):
    """
    量子池化层1
    放置4个量子门，即2个参数。
    """
def __init__(self, n_qubits, gain = 2 ** 0.5, use_wscale = True, lrmul = 1):
        super().__init__()
    def qpool(self):
        w = self.weight * self.w_mul
        cir = Circuit(self.n_qubits)
        for which_q in range(0, self.n_qubits, 2):
            cir.rx(which_q,w[0])
            cir.rx(which_q + 1,w[1])
            cir.cnot(which_q,which_q + 1)
            cir.rx(which_q + 1,rx( - w[1])
```

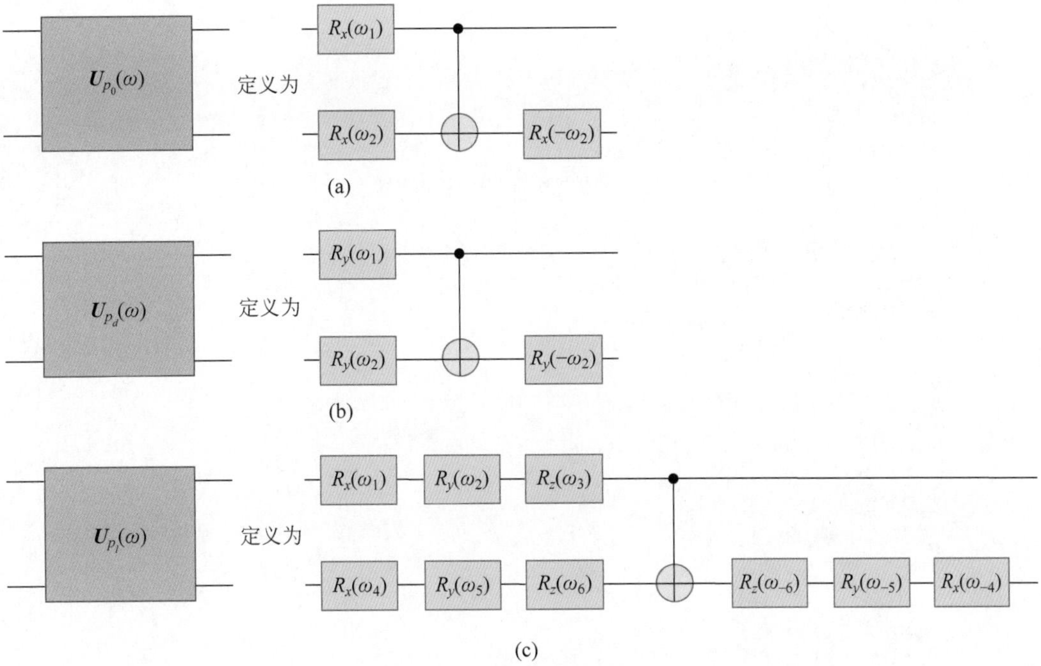

图 10-9　量子池化层的构建

```
        U = cir.get()
        return U
    def forward(self, x):
        E_qpool = self.qpool()
        qpool_out = E_qpool @ x @ dag(E_qpool)
        return qpool_out
class QPoolDown(nn.Module):
    """
    量子卷积层 2
    放置 4 个量子门,即 2 个参数。
    """
    def __init__(self, n_qubits, gain = 2 ** 0.5, use_wscale = True, lrmul = 1):
        super().__init__()

    def qpool_down(self):
        w = self.weight * self.w_mul
        cir = Circuit(self.n_qubits)
        for which_q in range(0, self.n_qubits, 2):
            cir.rx(which_q,w[0])
            cir.rx(which_q + 1,w[1])
            cir.cnot(which_q,which_q + 1)
            cir.rx(which_q + 1,rx( - w[1])
```

```
        U = cir.get()
        return U

    def forward(self, x):
        E_qpool_down = self.qpool_down()
        qpool_down_out = E_qpool_down @ x @ dag(E_qpool_down)
        #偏迹运算
        qpool_down_out_pt = ptrace(qpool_down_out, self.n_qubits - 2, 2)
        return qpool_down_out_pt
class QPoolLast(nn.Module):
    """
    量子卷积层 3
    放置 10 个量子门,即 6 个参数。
    """
    def __init__(self, gain = 2 ** 0.5, use_wscale = True, lrmul = 1):
        super().__init__()
    def qpool_last(self):
        w = self.weight * self.w_mul
        cir = Circuit(self.n_qubits)
        cir.rx(2,0,w[0])
        cir.ry(2,0,w[1])
        cir.rz(2,0,w[2])
        cir.rx(2,1,w[3])
        cir.ry(2,1,w[4])
        cir.rz(2,1,w[5])
        cir.cot()
        cir.rz(2,1, - w[5])
        cir.ry(2,1, - w[4])
        cir.rx(2,1, - w[3])
        U = cir.get()
        return U
    def forward(self, x):
        E_qpool_last = self.qpool_last()
        qpool_last_out = E_qpool_last @ x @ dag(E_qpool_last)
        return qpool_last_out
```

量子稠密层的构建如图 10-10 所示。

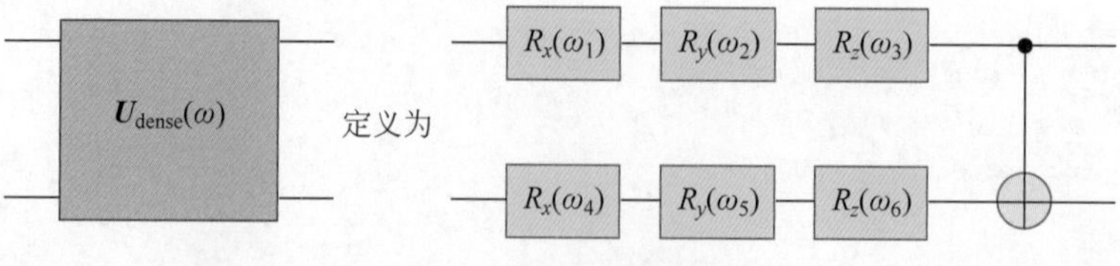

图 10-10 量子稠密层的构建

```
#第 10 章/10.4 QuStyleGAN 部分代码
class QDense(nn.Module):
    """
量子稠密层
放置 7 个量子门,即 6 个参数。
    """
    def __init__(self, gain = 2 ** 0.5, use_wscale = True, lrmul = 1):
        super().__init__()

    def qdense(self):
        w = self.weight * self.w_mul
        cir = Circuit(self.n_qubits)
        cir.rx(2,0,w[0])
        cir.ry(2,0,w[1])
        cir.rz(2,0,w[2])
        cir.rx(2,1,w[3])
        cir.ry(2,1,w[4])
        cir.rz(2,1,w[5])
        cir.cot()
        U = cir.get()
        return U

    def forward(self, x):
        E_qdense = self.qdense()
        qdense_out = E_qdense @ x @ dag(E_qdense)
        Hzi = torch.kron(z_gate(), torch.eye(2))
        qdense_out_measure = (qdense_out @ Hzi).trace()
        return (qdense_out_measure.real + 1) / 2
```

量子启发模糊卷积的代码如下：

```
#第 10 章/10.4 QuStyleGAN 部分代码
class QBlur(nn.Module):
    """
    量子启发模糊卷积
    放置 5 个量子门,即有 5 个参数。
    """
    def __init__(self, n_qubits, gain = 2 ** 0.5, use_wscale = True, lrmul = 1):
        super().__init__()
    def qblur(self):
        w = self.weight * self.w_mul
        cir = Circuit(self.n_qubits)
        cir.ry(2,0,w[0])
        cir.ry(2,1,w[1])
```

```
        cir.ryy(w[2])
        cir.ry(2,0,w[3])
        cir.ry(2,1,w[4])
        U = cir.get()
        return U
    def forward(self, x):
        E_qblur = self.qblur()
        chunk_list = qchunk(x, self.n_qubits)
        blur_list = []
        for i in range(len(chunk_list)):
            blur_inner_list = []
            for j in range(len(chunk_list[i])):
                if chunk_list[i][j].norm() != 0:
                    blur_inner_out = E_qblur @ encoding(chunk_list[i][j]) @ dag(E_qblur)
                else:
                    blur_inner_out = chunk_list[i][j]
                blur_inner_list.append(blur_inner_out)
            blur_list.append(blur_inner_list)
        blur_out = qconcat(blur_list)
        blur_out = encoding(blur_out)
        return blur_out
```

量子模块构建的代码如下：

```
#第 10 章/10.4 QuStyleGAN 部分代码
class QDiscriminatorBlock(nn.Sequential):
    def __init__(self, n_qubit, gain, use_wscale):
        super().__init__(OrderedDict([
            ('qconv0',QEqualizedConv0(n_qubit, gain = gain,use_wscale = use_wscale)),
            ('qpool', QPool(n_qubit, gain = gain, use_wscale = use_wscale)),
            ('qblur', QBlur(n_qubit, gain = gain, use_wscale = use_wscale)),
            ('qconv_down', QEqualizedConvDown(n_qubit, gain = gain,use_wscale = use_wscale)),
            ('qpool_down', QPoolDown(n_qubit, gain = gain,use_wscale = use_wscale))]))
class QDiscriminatorTop(nn.Sequential):
    def __init__(self, gain, use_wscale):
        layers = []
        layers.append(('qconv_last', QEqualizedConvLast(gain = gain,
                                    use_wscale = use_wscale)))
        layers.append(('qpool_last', QPoolLast(gain = gain, use_wscale = use_wscale)))
        layers.append(('qdense', QDense(gain = gain, use_wscale = use_wscale)))
        super().__init__(OrderedDict(layers))
```

量子判别器构建的代码如下：

```
#第 10 章/10.4 QuStyleGAN 部分代码
class QDiscriminator(nn.Module):
def __init__(self, resolution, fmap_base = 8192, fmap_decay = 1.0,
fmap_max = 512, use_wscale = True, structure = 'linear'):
        super(QDiscriminator, self).__init__()
        def nf(stage):
            return min(int(fmap_base / (2.0 ** (stage * fmap_decay))),
                        fmap_max)
        self.structure = structure
        resolution_log2 = int(np.log2(resolution))
        assert resolution == 2 ** resolution_log2 and resolution >= 4
        self.depth = int(resolution_log2 / 2)
        gain = np.sqrt(2)
        #构造前 4 块
        blocks = []
        from_rgb = []
        for res in range(resolution_log2, 2, -2):
            #name = '{s}x{s}'.format(s = 2 ** res)
            blocks.append(QDiscriminatorBlock(res,gain = gain, use_wscale = use_wscale))
self.blocks = nn.ModuleList(blocks)
        #构造最后一块
        self.final_block = QDiscriminatorTop(gain = gain, use_wscale = use_wscale)
        self.temporaryDownsampler = nn.AvgPool2d(4)
    def forward(self, images_in, depth, alpha = 1.):
        """
        images_in:[1,1,2 ** res,2 ** res] or [2 ** res,2 ** res]经典数据
        """
        depth = int(depth)
        assert depth < self.depth, "Requested output depth cannot be produced"
        images_in = images_in.squeeze()
        if self.structure == 'fixed':
            x = encoding(images_in)
            for i, block in enumerate(self.blocks):
                x = block(x)
            scores_out = self.final_block(x)
        #ResNet
        elifself.structure == 'linear':
            if depth > 0:
                residual = encoding((self.temporaryDownsampler(images_in.unsqueeze(0))).squeeze())
                straight = self.blocks[self.depth - depth - 1](encoding(images_in))
                x = (alpha * straight) + ((1 - alpha) * residual)
                for block in self.blocks[(self.depth - depth):]:
                    x = block(x)
            else:
                x = encoding(images_in)
```

```
        scores_out = self.final_block(x)
    else:
        raise KeyError("Unknown structure: ", self.structure)
    return scores_out
```

10.5 QuStyleGAN 生成表现

量子网络搭建完毕后，用 Logistic Loss 和 Relativistic-Hinge Loss 对经典 StyleGAN 和 QuStyleGAN 分别进行训练，并对量子网络生成的变异结构用保真度进行衡量，得到如图 10-11 和图 10-12 所示的训练结果。

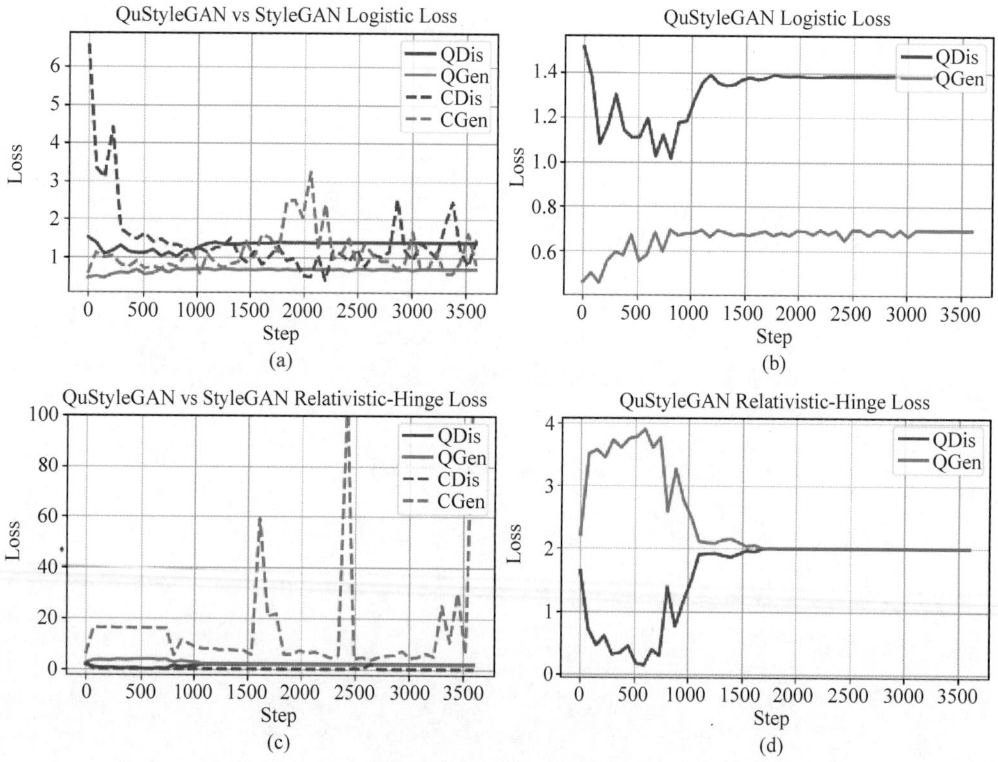

图 10-11　训练结果

可见，QuStyleGAN 相对经典模型训练稳定且收敛，并且生成的变异结构也能达到 96％及以上的保真度，展示了量子机器学习的巨大潜力。

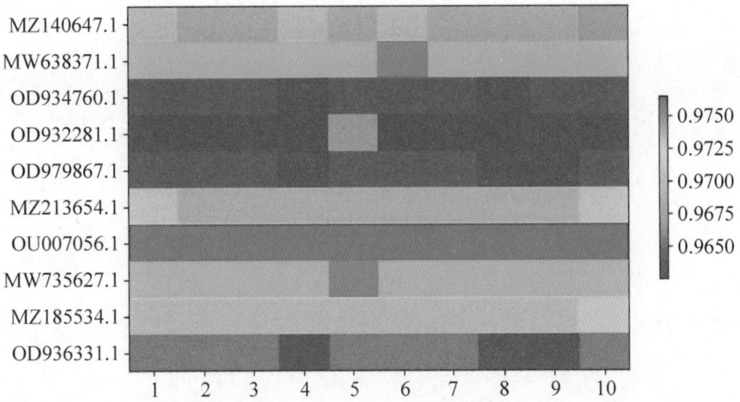
MZ140647.1
MW638371.1
OD934760.1
OD932281.1
OD979867.1
MZ213654.1
OU007056.1
MW735627.1
MZ185534.1
OD936331.1
1
2
3
4
5
6
7
8
9
10
0.9750
0.9725
0.9700
0.9675
0.9650

图 10-12　保真度热图

第 11 章

模拟材料相变过程路径搜索

随着机器学习方法的发展,利用机器学习加速材料合成已经被应用于某些材料领域。材料结构设计的一个主要挑战是如何有效地搜索广阔的化学设计空间,以找到具有所需性能的材料。一个有效的策略是开发搜索算法,用于在广阔的结构空间中模拟材料结构相变的过程,搜索出一些可行的合成路径及方法。

传统搜索算法的建立需要整个结构相变过程的全信息,在复杂材料领域的应用并不现实。与传统的搜索算法(例如 A^*)不同,强化学习算法不需要一个严格的模型支持整个搜索过程,对于建模要求较宽松,通过其探索-利用机制,只需整个过程的几种可选动作及预设的奖励值的反馈便能够迭代出一条价值最优或次优的路径。

11.1 建模方法

1. 环境的构建方式,材料问题物理过程对应

构建环境是强化学习应用于物理、材料等领域中的基础,可以视为对真实环境的仿真。

本节在仿真过程中采取的方法是将不同的材料结构分别进行特征表示,随后从特征空间中找出一条可行的材料结构的相变路径作为材料合成过程的一种指引。

环境构建的具体流程如下:

(1) 获取新型光伏材料 $Ca_6Sn_4S_{14}$-xOx 的多种可能组成结构,以及每种结构中所包含的原子在三维空间中的坐标。将三维坐标加上原子本身的化学属性组成 14×3 的高维数组,用这个数组区别在特征空间里多种不同结构的表示。

(2) 将上述获取的高维数组输入 t-SNE 可视化降维算法,利用 t-SNE 算法为大量结构的特征提供相似程度度量指标,并对数据进行压缩,获得每种结构在二维空间上的表示。

(3) 根据材料组成原子个数的不同,计算获取每种材料结构的能量初值。

(4) 将材料相变环境的初始温度设置为 500K，作为相变过程中材料能够吸收的最大能量阈值(0.04333eV)。

(5) 不同材料结构具有不同的相似度，本书设置的度量标准是在二维空间表示中两点间的距离，并且规定距离不大于 20 的为相似结构。

(6) 规定材料可以在相似度内的结构间进行变化，变化时需要根据自身的能量初始值大小吸收或释放能量，其中吸收能量有上限限制。

2. 强化学习搜索相变过程方式

强化学习的过程是一个马尔可夫过程，可以描述为状态在转置矩阵下的演化。在本节中，状态被设计为各种结构在特征空间的不同表示，动作被设计为选取相似度内的结构进行相变。奖励函数可以分情况进行设置：

(1) 若未知起点或终点，则可以利用相变过程中的能量吸收或释放值作为奖励设置参考值。

(2) 若已知起点和终点，则可以自行设计奖励来加快强化学习的过程，以便于找到最优的相变路径。

本节的材料问题具有起点和终点，起点是一个低能效的点，终点是一个高能效的点，因此可采用第二种情况对奖励进行设置。

为了使智能体能够尽快找出所需的最优路径，设置智能体在不超出能量阈值的情况下，每步奖励为－1，在到达终点时，将获得一个较大的正值奖励。当智能体转移到超出能量阈值所能允许的范围外时，任务结束。

11.2　实现方案

本节使用 7.4.2 节提出的参数化量子强化学习模型 Q-Policy Gradient 对晶体材料的相变过程进行搜索，智能体的具体代码如下：

```
#第 11 章/11.2 实现方案
import torch
import torch.nn as nn
import torch.nn.functional as F
import torch.optim as optim
```

```
from torch.distributions import Categorical
import numpy as np
import gym

class Policy(nn.Module):
    //放置 n 个量子门,有 x 个参数,参数视门的多少由量子门的多少决定
    def __init__(self, n_qubits = 4, gain = 2 ** 0.5, use_wscale = True, lrmul = 1):
        super().__init__()
        //可对训练参数进行标准化
        he_std = gain * 5 ** (-0.5)
        if use_wscale:
            init_std = 1.0 / lrmul
            self.w_mul = he_std * lrmul
        else:
            init_std = he_std / lrmul
            self.w_mul = lrmul
        self.weight1 = nn.Parameter(nn.init.uniform_(torch.empty(8), a = 0.0, b = 2 * np.pi) *
init_std)
        self.weight2 = nn.Parameter(torch.FloatTensor(16))
        self.weight3 = nn.Parameter(nn.init.uniform_(torch.empty(8), a = 0.0, b = 2 * np.pi) *
init_std)

        self.n_qubits = n_qubits
        self.saved_log_probs = []
        self.rewards = []
        //读取数据
        c = np.loadtxt('D:/工作/0624/Qx_encoding.txt')
        self.c = c

def layers(self, x):
        #w = self.weight * self.w_mul
        cir = Circuit(self.n_qubits)   #线路列表
        x = x
        #量子门的放置

        for which_q in range(0, self.n_qubits):
            cir.rz(which_q, self.weight1[which_q])

        for which_q in range(0, self.n_qubits):
            cir.ry(which_q, self.weight1[which_q + self.n_qubits])

        for which_q in range(0, self.n_qubits - 1):
            cir.cnot(which_q, which_q + 1)
        cir.cnot(self.n_qubits - 1, 1)
```

```
        for which_q in range(0, self.n_qubits):
            cir.ry(which_q, self.weight2[which_q] * x[which_q])

        for which_q in range(0, self.n_qubits):
            cir.rz(which_q, self.weight2[which_q + self.n_qubits] * x[which_q + self.n_
qubits])

        for which_q in range(0, self.n_qubits):
            cir.ry(which_q, self.weight2[which_q + self.n_qubits * 2] *  x[which_q + self.n_
qubits * 2])

        for which_q in range(0, self.n_qubits):
            cir.rz(which_q, self.weight2[which_q + self.n_qubits * 3] * x[which_q + self.n_
qubits * 3])
        for which_q in range(0, self.n_qubits):
            cir.rz(which_q, self.weight3[which_q])

        for which_q in range(0, self.n_qubits):
            cir.ry(which_q, self.weight3[which_q + self.n_qubits])

        for which_q in range(0, self.n_qubits - 1):
            cir.cnot(which_q, which_q + 1)
        cir.cnot(self.n_qubits - 1, 1)

    for which_q in range(0, self.n_qubits):
        cir.ry(which_q, self.weight4[which_q] * x[which_q])
    for which_q in range(0, self.n_qubits):
        cir.rz(which_q, self.weight4[which_q + self.n_qubits] * x[which_q + self.n_qubits])

    for which_q in range(0, self.n_qubits):
        cir.ry(which_q, self.weight4[which_q + self.n_qubits * 2]  *  x[which_q + self.n_qubits * 2])
    for which_q in range(0, self.n_qubits):
        cir.rz(which_q, self.weight4[which_q + self.n_qubits * 3] * x[which_q + self.n_qubits * 3])
    for which_q in range(0, self.n_qubits):
        cir.rz(which_q, self.weight5[which_q])
    for which_q in range(0, self.n_qubits):
        cir.ry(which_q, self.weight5[which_q + self.n_qubits])
    for which_q in range(0, self.n_qubits - 1):
        cir.cnot(which_q, which_q + 1)
    cir.cnot(self.n_qubits - 1, 1)
    u = cir.get()
     return u

    #计算输出的量子幺正变换。对比密度矩阵对角线元素的模组长度选择作用
    def forward(self, x):
```

```
        a = torch.ones(self.n_qubits ** 2)
        a = (a / a.sum()) ** 0.5
        a = a.type(dtype = torch.complex64).reshape(-1, 1)
        temp = self.c[x]
        temp = torch.tensor(temp, dtype = torch.complex64)
        output = self.layers(temp)
        temp_a = output @ a
        temp_a1 = dag(temp_a)
        q = []
        for i in range(16):
            eye = torch.zeros(16, 16)
            eye[i][i] = 1
            eye = eye.type(dtype = torch.complex64)
            q.append((temp_a1 @ eye @ temp_a).real)
        //返回概率值
        return q
```

第 12 章

蛋白质-生物分子亲和能力预测

相较于实验，计算机辅助药物设计能加速药物研制进程，同时节省时间和成本，药物筛选是计算机辅助药物设计最重要的任务之一，其对于新药的发现和老药新用都很有意义。药物和靶标间的结合需要具有专一性和稳定性，这样才能更好地发挥药效。这要求准确描述蛋白质和小分子间的相互作用。

药物分子与蛋白质之间有着一定的“吸引力”，如果要克服吸引力而将它们分开，则需要做一定的功，这个功的大小是结合能（结合亲和力），它反映了各部分结合的紧密程度。配体（药物分子）与蛋白质之间的生物分子识别在药物开发中起着至关重要的作用，结合能的预测在其中扮演着重要角色，通过预测配体与蛋白质的结合能，来加快药物发现的过程，节省时间和成本，如图 12-1 所示。

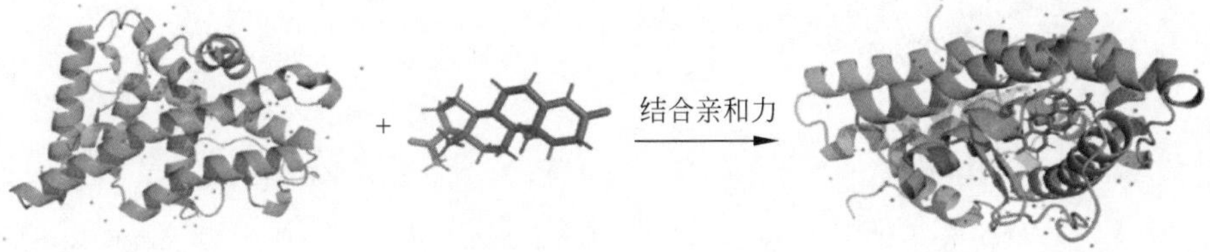

图 12-1　蛋白质-配体结合形成复合物

本章介绍两种基于量子线路预测结合能的模型：一种是基于多层量子卷积神经网络；另一种是基于量子互信息过程。

第 1 个模型利用量子卷积神经网络方法预测蛋白质和配体的结合能。该模型的特征包括三部分：结合口袋、小分子（配体药物）和蛋白质（受体蛋白质）。其中，结合口袋是具有口袋形结构的蛋白质，其形状与配体互补性越大，受体与配体的结合能也就越大。模型通过量子卷积神经网络利用数据之间的相互关联性高效地提取特征，克服了传统卷积神经网络模型过大就难以学习的缺点，能够稳定地训练，有效地预测结合能。模型包括量子卷积神经网络特征提取部分和经典全连接回归预测部分。

基于深度学习的方法，按照需要数据的维度可以被分为 1D、2D 和 3D，其中 1D 的方法使用最简单的一级序列数据；2D 的方法常常使用分子图的数据作为输入；3D 的方法则将复合物的三维空间结构作为原始输入数据。当然也有不少方法组合不同维度的数据作为输入。低维度的数据具有简单、占用内存小的优势，但往往需要更为复杂的模型去获得一定的准确度；高维度数据具有描述准确的优势，但存在数据量不够、质量不好的问题。基于此，这里采用1D的数据。

此模型分别对药物分子、蛋白质分子和结合口袋进行embedding，再通过encoding编码成量子态(生成密度矩阵)。3种数据分别当一次"主体"，每通过一次卷积层，都会有新种类的数据加进来继续通过下一个卷积层，直到3种数据全部参与运算，然后得到关于该主体的输出表达。分别得到3个主体相关的3个输出以后，输入进全连接层，进行结合能的预测，如图12-2所示。

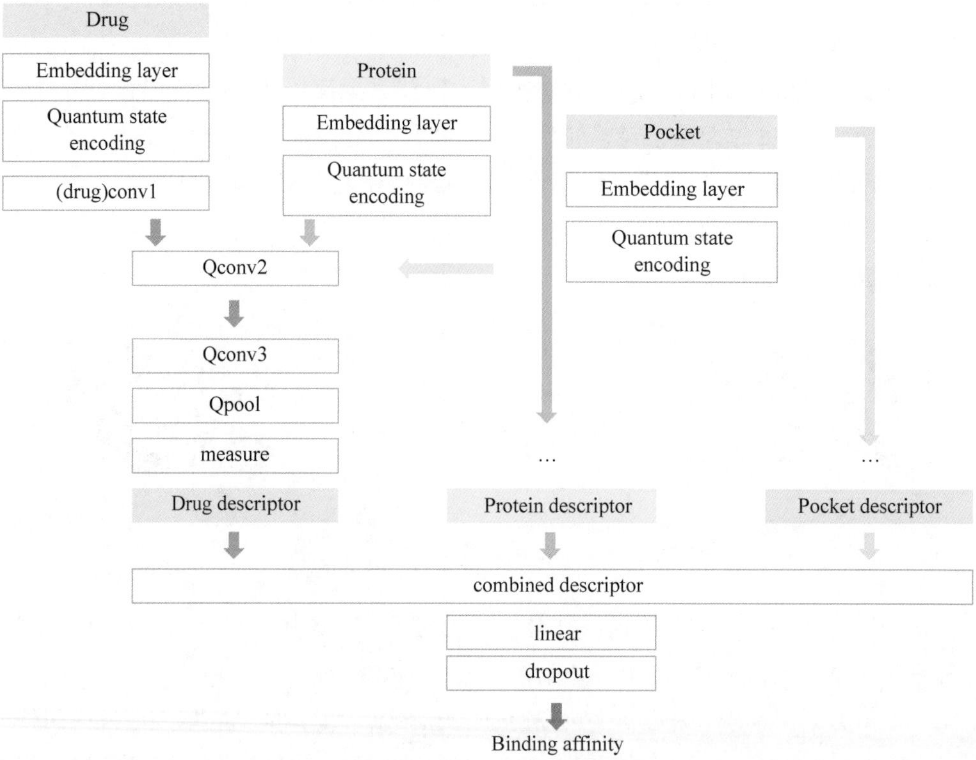

图12-2 算法流程图(模型1)

接下来，对量子算法部分进行详细介绍并附上实现代码。

首先需要加载环境中的DeepQuantum框架，代码如下：

```
#加载库文件
import numpy as np
```

```
import pandas as pd
import torch.nn as nn
import torch
import torch.nn.functional as F
from deepquantum.utils import dag, measure_state, ptrace, multi_kron, encoding
from deepquantum import Circuit
```

对结合口袋、小分子和蛋白质的数据进行预处理，将可能用到的字符进行整数编码。其中，smiles 指用 ASCII 字符串明确描述分子结构式的规范，代码如下：

```
#第 12 章
#使用针对口袋的 25 个维度特征向量编码局部口袋特征
VOCAB_PROTEIN = { "A": 1, "C": 2, "B": 3, "E": 4, "D": 5, "G": 6,
                  "F": 7, "I": 8, "H": 9, "K": 10, "M": 11, "L": 12,
             "O": 13, "N": 14, "Q": 15, "P": 16, "S": 17, "R": 18,
                  "U": 19, "T": 20, "W": 21,
                  "V": 22, "Y": 23, "X": 24,
                  "Z": 25 }
#将药物小分子 smiles 中的每个字符进行整数编码
VOCAB_LIGAND_ISO = {"#": 29, "%": 30, ")": 31, "(": 1, "+": 32, "-": 33, "/": 34, ".": 2,
                    "1": 35, "0": 3, "3": 36, "2": 4, "5": 37, "4": 5, "7": 38, "6": 6,
                    "9": 39, "8": 7, "=": 40, "A": 41, "@": 8, "C": 42, "B": 9, "E": 43,
                    "D": 10, "G": 44, "F": 11, "I": 45, "H": 12, "K": 46, "M": 47, "L": 13,
                    "O": 48, "N": 14, "P": 15, "S": 49, "R": 16, "U": 50, "T": 17, "W": 51,
                    "V": 18, "Y": 52, "[": 53, "Z": 19, "]": 54, "\\": 20, "a": 55, "c": 56,
                    "b": 21, "e": 57, "d": 22, "g": 58, "f": 23, "i": 59, "h": 24, "m": 60,
                    "l": 25, "o": 61, "n": 26, "s": 62, "r": 27, "u": 63, "t": 28, "y": 64}
#定义输入 smiles 序列转换成整数的函数
def smiles2int(drug):
return [VOCAB_LIGAND_ISO[s] for s in drug]
#定义输入蛋白质序列转换成整数的函数
def seqs2int(target):
return [VOCAB_PROTEIN[s] for s in target]
```

然后构建量子卷积神经网络中的卷积层，这里卷积层使用常用的学习率，并且学习率相等。放置 5 个量子门，有 5 个参数，代码如下：

```
#第 12 章
#声明量子卷积层的类
class QEqualizedConv0(nn.Module):
    #定义构造函数进行结构初始化
    def __init__(self, n_qubits,
```

```
            gain = 2 ** 0.5, use_wscale = True, lrmul = 1):
        super().__init__()
    #定义卷积层和卷积层参数
    #初始化参数
        he_std = gain * 5 ** (-0.5)
        if use_wscale:
            init_std = 1.0 / lrmul
            self.w_mul = he_std * lrmul
        else:
            init_std = he_std / lrmul
            self.w_mul = lrmul
        self.weight = nn.Parameter(nn.init.uniform_(torch.empty(5), a = 0.0, b = 2 * np.pi) *
init_std)
        self.n_qubits = n_qubits
    def qconv0(self):
        w = self.weight * self.w_mul
        cir = Circuit(self.n_qubits)
        for which_q in range(0, self.n_qubits, 2):
            cir.rx(which_q, w[0])
            cir.rx(which_q + 1, w[1])
            cir.ryy([which_q,which_q + 1], w[2])
            cir.rz(which_q, w[3])
            cir.rz(which_q + 1, w[4])
        U = cir.get()
        return U
    #定义卷积层数据流
    def forward(self, x):
        #数据 x 经过卷积层输出为 E_qconv0
        E_qconv0 = self.qconv0()
        qconv0_out = dag(E_qconv0) @ x @ E_qconv0
        return qconv0_out
```

在卷积层的后面是量子池化层，这里放置 4 个量子门，有两个参数，代码如下：

```
#第 12 章
#声明量子池化层的类
class QPool(nn.Module):
    def __init__(self, n_qubits, gain = 2 ** 0.5, use_wscale = True, lrmul = 1):
        super().__init__()
        he_std = gain * 5 ** (-0.5)
        if use_wscale:
            init_std = 1.0 / lrmul
            self.w_mul = he_std * lrmul
        else:
```

```
            init_std = he_std / lrmul
            self.w_mul = lrmul
        self.weight = nn.Parameter(nn.init.uniform_(torch.empty(6), a = 0.0, b = 2 * np.pi) *
init_std)
        self.n_qubits = n_qubits
    #定义池化层的函数
    def qpool(self):
        w = self.weight * self.w_mul
        cir = Circuit(self.n_qubits)
        for which_q in range(0, self.n_qubits, 2):
            cir.rx(which_q, w[0])
            cir.rx(which_q + 1, w[1])
            cir.ry(which_q, w[2])
            cir.ry(which_q + 1, w[3])
            cir.rz(which_q, w[4])
            cir.rz(which_q + 1, w[5])
            cir.cnot(which_q, which_q + 1)
            cir.rz(which_q + 1, ( - w[5]))
            cir.ry(which_q + 1, ( - w[3]))
            cir.rx(which_q + 1, ( - w[1]))
        U = self.get()
        return U
    #定义数据流
    def forward(self, x):
        #数据 x 经过池化层输出为 E_qpool
        E_qpool = self.qpool()
        qpool_out = E_qpool @ x @ dag(E_qpool)
        return qpool_out
```

接下来需要将 3 种序列的经典特征转化成量子态，通过量子卷积神经网络进行卷积、池化和测量。这里有药物分子、蛋白质和结合口袋 3 种不同的数据，一种数据经过 1 次量子卷积后会加入另一种数据一起进行第 2 次卷积操作，然后加入最后一种数据，一起进行第 3 次卷积操作。这 3 种数据各当一次“主体”，分别得到关于自己的表达（这样得到的表达包含着特征之间的关系）。需要注意，这里 embedding_num_drug 是 input 的 dim，而不是 size；embedding_dim_drug 是 output 的 dim，代码如下：

```
#第 12 章
#声明描述药物分子序列的类
class Q_seq_representation1(nn.Module):
    def __init__(self, embedding_num_drug, embedding_dim_drug, embedding_num_target,
embedding_num_pocket, embedding_dim_target = 4,embedding_dim_pocket = 4):
        super().__init__()
```

```
        #用 embedding 函数对数据进行降维
        self.embed_drug = nn.Embedding(embedding_num_drug, embedding_dim_drug, padding_idx = 0)
        self.embed_target = nn.Embedding(embedding_num_target, embedding_dim_target,
    padding_idx = 0)
        self.embed_pocket = nn.Embedding(embedding_num_pocket, embedding_dim_pocket,
    padding_idx = 0)
        #生成 3 个对象,分别对应 6、8 和 10 比特量子进行卷积
        self.qconv1 = QEqualizedConv0(6)
        self.qconv2 = QEqualizedConv0(8)
        self.qconv3 = QEqualizedConv0(10)
        #10 比特量子进行池化
        self.pool = QPool(10)
    #定义数据流
    def forward(self, drug, target, pocket):
        #对 drug、target、pocket 数据进行 embedding 降维,输出为 x、y、z
        x = self.embed_drug(drug)
        y = self.embed_target(target)
        z = self.embed_pocket(pocket)
        #x、y、z 矩阵的转置乘以本身得到 Gram 半正定矩阵(如 x.T@x),再通过 encoding 就完成了
        #到量子态 qinput_x 的转换
        qinput_x = encoding(x.T@x)
        #将编码的量子态经过第 1 个卷积操作输出 qconv1_x
        qconv1_x = self.qconv1(qinput_x)
        #将 y 矩阵转换为量子态 qinput_y
        qinput_y = encoding(y.T@y)
        #加入 y 的量子态数据到上一个卷积输出 qconv1_x 中(通过直积的方法),加入后将得到的
        #整体进行 encoding 操作转换成量子态 qinput_xy
        qinput_xy = encoding(torch.kron(qconv1_x,qinput_y))
        #将量子态 qinput_xy 经过第 2 个卷积操作输出 qconv1_y
        qconv2_y = self.qconv2(qinput_xy)
        #将 z 矩阵转换为量子态 qinput_z
        qinput_z = encoding(z.T@z)
#加入 z 的量子态数据到上一个卷积输出 qconv2_y 中(通过直积的方法),将加入后得到的整体
#进行 encoding 操作转换成量子态 qinput_xyz
        qinput_xyz = encoding(torch.kron(qconv2_y,qinput_z))
        #将量子态 qinput_xy 经过第 3 个卷积操作输出 qconv3_z
        qconv3_z = self.qconv3(qinput_xyz)
        #3 次量子卷积操作后,进行量子池化操作,输出 qpool_out
        qpool_out = self.pool(qconv3_z)
        #对池化后的结果进行测量,输出值为 classical_value,返回测量结果
cir = Circuit(self.n_qubits)
        classical_value = measure(qpool_out,10)
        return classical_value
```

将蛋白质分子作为主体,通过上述相似的过程得到关于蛋白质分子的表达,代码如下:

```
#第 12 章
#声明描述蛋白质分子序列的类
class Q_seq_representation2(nn.Module):
   def __init__(self, embedding_num_target, embedding_dim_target, embedding_num_drug,
embedding_num_pocket, embedding_dim_drug = 4,embedding_dim_pocket = 4):
      super().__init__()
      #用 embedding 函数对数据进行降维
      self.embed_drug = nn.Embedding(embedding_num_drug, embedding_dim_drug, padding_idx = 0)
      self.embed_target = nn.Embedding(embedding_num_target, embedding_dim_target,
padding_idx = 0)
      self.embed_pocket = nn.Embedding(embedding_num_pocket, embedding_dim_pocket,
padding_idx = 0)
      #对 6、8、10 量子比特进行卷积
      self.qconv1 = QEqualizedConv0(6)
      self.qconv2 = QEqualizedConv0(8)
      self.qconv3 = QEqualizedConv0(10)
      #对 10 比特量子进行池化
      self.pool = QPool(10)
   #定义数据流
   def forward(self, drug, target, pocket):
      #对 drug、target、pocket 数据进行 embedding 降维,输出为 x、y、z
      y = self.embed_drug(drug)
      x = self.embed_target(target)
      z = self.embed_pocket(pocket)
      #将 x 转换为量子态 qinput_x
      qinput_x = encoding(x.T@x)
      #量子态 qinput_x 通过第 1 个卷积层
      qconv1_x = self.qconv1(qinput_x)
      #将 y 转换为量子态 qinput_y
      qinput_y = encoding(y.T@y)
      #将量子态 qinput_y 加入第 1 次卷积的输出 qconv1_x 中,一起进行量子态的转换
      qinput_xy = encoding(torch.kron(qconv1_x,qinput_y))
      #量子态 qinput_xy 通过第 2 个卷积层得到 qconv2_y
      qconv2_y = self.qconv2(qinput_xy)
      #将 z 转换为量子态 qinput_z
      qinput_z = encoding(z.T@z)
      #将量子态 qinput_z 加入第 2 次卷积的输出 qconv2_y 中,一起进行量子态的转换
      qinput_xyz = encoding(torch.kron(qconv2_y,qinput_z))
      #量子态 qinput_xyz 通过第 3 个卷积层,得到输出 qconv3_z
      qconv3_z = self.qconv3(qinput_xyz)
      #3 次量子卷积操作后,进行量子池化操作,输出 qpool_out
      qpool_out = self.pool(qconv3_z)
      #将池化的输出进行测量,返回测量结果
      cir = Circuit(self.n_qubits)
      classical_value = measure(qpool_out,10)
      return classical_value
```

将结合口袋作为主体，跟上面两个过程的思路相同，代码如下：

```
#第 12 章
#声明描述结合口袋序列的类
class Q_seq_representation3(nn.Module):
    def __init__(self, embedding_num_pocket, embedding_dim_pocket, embedding_num_drug,
embedding_num_target, embedding_dim_drug = 4,embedding_dim_target = 4):
        super().__init__()
        self.embed_drug = nn.Embedding(embedding_num_drug, embedding_dim_drug, padding_idx = 0)
        self.embed_target = nn.Embedding(embedding_num_target, embedding_dim_target,
padding_idx = 0)
        self.embed_pocket = nn.Embedding(embedding_num_pocket, embedding_dim_pocket,
padding_idx = 0)
        self.qconv1 = QEqualizedConv0(6)
        self.qconv2 = QEqualizedConv0(8)
        self.qconv3 = QEqualizedConv0(10)
        self.pool = QPool(10)
    def forward(self, drug, target, pocket):
        z = self.embed_drug(drug)
        y = self.embed_target(target)
        x = self.embed_pocket(pocket)
        cir = Circuit(self.n_qubits)
        qinput_x = encoding(x.T@x)
        qconv1_x = self.qconv1(qinput_x)
        qinput_y = encoding(y.T@y)
        qinput_xy = encoding(torch.kron(qconv1_x,qinput_y))
        qconv2_y = self.qconv2(qinput_xy)
        qinput_z = encoding(z.T@z)
        qinput_xyz = encoding(torch.kron(qconv2_y,qinput_z))
        qconv3_z = self.qconv3(qinput_xyz)
        qpool_out = self.pool(qconv3_z)
        classical_value = measure(qpool_out,10)
        return classical_value
```

至此，量子算法的模型已经构建完成，将上述 3 种数据的各自表达整合到一起，通过线性的全连接层和激活层，得到最后的亲和力预测值。接下来构建经典算法的线性全连接层和激活层，代码如下：

```
#第 12 章
#声明经典算法的线性全连接层和激活层的类
class DTImodel(nn.Module):
    def __init__(self):
        super().__init__()
```

```
        # 输入为 30,输出为 512 的全连接层
        self.linear1 = n.Linear(30, 512)
        # 第 1 个 DropOut 层
        self.drop1 = nn.DropOut(0.1)
        # 输入为 512,输出为 512 的全连接层
        self.linear2 = nn.Linear(512, 512)
        # 第 2 个 DropOut 层
        self.drop2 = nn.DropOut(0.1)
        # 输入为 512,输出为 128 的全连接层
        self.linear3 = nn.Linear(512, 128)
        # 第 3 个 DropOut 层
        self.drop3 = nn.DropOut(0.1)
        # 输入为 128,输出为 1 的全连接层,也是全连接的输出层
        self.out_layer = nn.Linear(128, 1)
    # 定义数据流
    def forward(self, protein_x, pocket_x, ligand_x):
        # 拼接 3 种类型数据的表达,输出为 x
        x = torch.cat([protein_x, pocket_x, ligand_x], dim = 0)
        # 将 x 进行转置
        x = x.T
        # 通过第 1 个全连接层后运用激活函数,输出 x
        x = F.ReLU(self.linear1(x))
        # 通过第 1 个 DropOut 层
        x = self.drop1(x)
        # 通过第 2 个全连接层后运用激活函数,输出 x
        x = F.ReLU(self.linear2(x))
        # 通过第 2 个 DropOut 层
        x = self.drop2(x)
        # 通过第 3 个全连接层后运用激活函数,输出 x
        x = F.ReLU(self.linear3(x))
        # 通过第 3 个 DropOut 层
        x = self.drop3(x)
        # 经过全连接层的输出层
        x = self.out_layer(x)
        x = x.view(1)
        return x
```

到这里,经典全连接层也已经构建完成。用模型对数据集进行训练,代码如下:

```
# 第 12 章
# 建立一个全连接层模型
model = DTImodel()
# 损失函数是均方误差
criterion = nn.MSELoss()
```

```
import torch.optim as optim
#通过 SGD 随机梯度下降法训练模型
optimizer = optim.SGD(model.parameters(),lr = 0.001)
#迭代 20 次
for epoch in range(20):
    #初始化值
    running_loss = 0.0
    MSE = 0
    prelist = []
    explist = []
    avepre = 0
    aveexp = 0
    #加载数据
    dataset = pd.read_csv("E:/QDDTA/data/training_dataset.csv")
    for i in range(dataset.shape[0] - 2,dataset.shape[0]):
        data = dataset.iloc[i,]
        drug, target, pocket, label = data['smiles'], data['sequence'], data['pocket'], data
['label']
        drug = smiles2int(drug)
        if len(drug) < 150:
            drug = np.pad(drug, (0, 150 - len(drug)))
        else:
            drug = drug[:150]
        target = seqs2int(target)
        if len(target) < 1000:
            target = np.pad(target, (0, 1000 - len(target)))
        else:
            target = target[:1000]
        pocket = seqs2int(pocket)
        if len(pocket) < 63:
            pocket = np.pad(pocket, (0, 63 - len(pocket)))
        else:
            pocket = pocket[:63]
        #获取特征矩阵
        drug, target, pocket, exp = torch.tensor(drug, dtype = torch.long), torch.tensor
(target, dtype = torch.long), torch.tensor(pocket, dtype = torch.long), torch.tensor(label,
dtype = torch.float).unsqueeze(-1)
        embedding_num_drug = 64
        embedding_dim_drug = 64
        embedding_num_target = 25
        embedding_num_pocket = 25
        #将药物分子特征序列转换为量子态,并进行卷积、池化和测量(药物分子作为主体),得到
        #关于药物分子的表达
        drugencoder = Q_seq_representation1(embedding_num_drug, embedding_dim_drug,
embedding_num_target,embedding_num_pocket)
```

```
        ligand_x = drugencoder(drug, target, pocket)
        embedding_num_target = 25
        embedding_dim_target = 64
        embedding_num_drug = 64
        embedding_num_pocket = 25
        #将蛋白质分子特征序列转换为量子态,并进行卷积、池化和测量(蛋白质分子作为主体),
        #得到关于蛋白质分子的表达
        targetencoder = Q_seq_representation2(embedding_num_target, embedding_dim_target,
embedding_num_drug,embedding_num_pocket)
        protein_x = targetencoder(drug, target, pocket)
        embedding_num_pocket = 25
        embedding_dim_pocket = 64
        embedding_num_drug = 64
        embedding_num_target = 25
        #将结合口袋特征序列转换为量子态,并进行卷积、池化和测量(结合口袋作为主体),得到
        #关于结合口袋的表达
        pocketencoder = Q_seq_representation3(embedding_num_pocket, embedding_dim_pocket,
embedding_num_drug,embedding_num_target)
        pocket_x = pocketencoder(drug, target, pocket)
        #将 3 种表达拼接整合,并通过全连接层
        pre = model(protein_x,pocket_x,ligand_x)
        #通过 SGD 随机梯度下降法训练模型,学习误差通过量子神经网络进行反向传导以调节参
        #数,通过反复训练得到全局最优解
        optimizer.zero_grad()
        loss = criterion(pre,exp)
        loss.backward()
        optimizer.step()
        running_loss += loss.item()
        if (i + 1) % 2000 == 0:
            print('[ %d, %5d] loss: %.3f' % (epoch + 1,i + 1,running_loss/2000))
            running_loss = 0.0
        error2 = (float(pre - exp)) ** 2
        MSE = MSE + error2
        prelist.append(pre)
        explist.append(exp)
        avepre = avepre + pre
        aveexp = aveexp + exp
    MSE = MSE/(int(dataset.shape[0]))
    RMSE = MSE ** 0.5
    avepre = avepre/(int(dataset.shape[0]))
    aveexp = aveexp/(int(dataset.shape[0]))
    c = 0
    d = 0
    e = 0
    for j in range(0,len(prelist)):
```

```
        a = prelist[j]
        b = explist[j]
        c = c + (a - avepre) * (b - aveexp)
        d = d + (a - avepre) ** 2
        e = e + (b - aveexp) ** 2
    Rp = c/(d * e) ** 0.5
print('Train:Rp:' + '%.3f' % Rp + '\n' + 'MSE:' + '%.2f' % MSE + '\n' + 'RMSE:' + '%.2f' % RMSE)
print('Finished training')
```

至此,模型的搭建和训练工作结束,接下来进行测试,代码如下:

```
#第 12 章
#保存训练完的模型
PATH = './demoQ.pth'
torch.save(model.state_dict(),PATH)
with torch.no_grad():
    dataset = pd.read_csv("E:/QDDTA/data/validation_dataset.csv")
    MSE = 0
    prelist = []
explist = []
avepre = 0
aveexp = 0
    for i in range(dataset.shape[0] - 1,dataset.shape[0]): #0
        data = dataset.iloc[i,]
        drug, target, pocket, label = data['smiles'], data['sequence'], data['pocket'], data
['label']
        drug = smiles2int(drug)
        if len(drug) < 150:
            drug = np.pad(drug, (0, 150 - len(drug)))
        else:
            drug = drug[:150]
        target = seqs2int(target)
        if len(target) < 1000:
            target = np.pad(target, (0, 1000 - len(target)))
        else:
            target = target[:1000]
        pocket = seqs2int(pocket)
        if len(pocket) < 63:
            pocket = np.pad(pocket, (0, 63 - len(pocket)))
        else:
            pocket = pocket[:63]
        drug, target, pocket, exp = torch.tensor(drug, dtype = torch.long), torch.tensor
(target, dtype = torch.long), torch.tensor(pocket, dtype = torch.long), torch.tensor(label,
dtype = torch.float).unsqueeze( - 1)
```

```
        embedding_num_drug = 64
        embedding_dim_drug = 64
        embedding_num_target =  25
        embedding_num_pocket = 25
        drugencoder = Q_seq_representation1(embedding_num_drug, embedding_dim_drug,
embedding_num_target,embedding_num_pocket)
        ligand_x = drugencoder(drug, target, pocket)
        embedding_num_target = 25
        embedding_dim_target = 64
        embedding_num_drug = 64
        embedding_num_pocket = 25
        targetencoder = Q_seq_representation2(embedding_num_target, embedding_dim_target,
embedding_num_drug,embedding_num_pocket)
        protein_x = targetencoder(drug, target, pocket)
        embedding_num_pocket = 25
        embedding_dim_pocket = 64
        embedding_num_drug = 64
        embedding_num_target = 25
        pocketencoder = Q_seq_representation3(embedding_num_pocket, embedding_dim_pocket,
embedding_num_drug,embedding_num_target)
        pocket_x = pocketencoder(drug, target, pocket)
        pre = model(protein_x,pocket_x,ligand_x)
        error2 = (float(pre - exp)) ** 2
        MSE = MSE + error2
        prelist.append(pre)
        explist.append(exp)
        avepre = avepre + pre
        aveexp = aveexp + exp
    MSE = MSE/(int(dataset.shape[0]))
    RMSE = MSE ** 0.5
    avepre = avepre/(int(dataset.shape[0]))
    aveexp = aveexp/(int(dataset.shape[0]))
    c = 0
    d = 0
    e = 0
    for j in range(0,len(prelist)):
        a = prelist[j]
        b = explist[j]
        c = c + (a - avepre) * (b - aveexp)
        d = d + (a - avepre) ** 2
        e = e + (b - aveexp) ** 2
    Rp = c/(d * e) ** 0.5
print('Validation:Rp:' + '%.3f' % Rp + '\n' + 'MSE:' + '%.2f' % MSE + '\n' + 'RMSE:' + '%.2f' %
RMSE)
with torch.no_grad():
```

```
    dataset = pd.read_csv("E:/QDDTA/data/test_dataset.csv")
    MSE = 0
    prelist = []
    explist = []
    avepre = 0
    aveexp = 0
    for i in range(dataset.shape[0] - 1,dataset.shape[0]): #0
        data = dataset.iloc[i,]
        drug, target, pocket, label = data['smiles'], data['sequence'], data['pocket'], data
['label']
        drug = smiles2int(drug)
        if len(drug) < 150:
            drug = np.pad(drug, (0, 150 - len(drug)))
        else:
            drug = drug[:150]
        target = seqs2int(target)
        if len(target) < 1000:
            target = np.pad(target, (0, 1000 - len(target)))
        else:
            target = target[:1000]
        pocket = seqs2int(pocket)
        if len(pocket) < 63:
            pocket = np.pad(pocket, (0, 63 - len(pocket)))
        else:
            pocket = pocket[:63]
        drug, target, pocket, exp = torch.tensor(drug, dtype = torch.long), torch.tensor
(target, dtype = torch.long), torch.tensor(pocket, dtype = torch.long), torch.tensor(label,
dtype = torch.float).unsqueeze(-1)
        embedding_num_drug = 64
        embedding_dim_drug = 64
        embedding_num_target = 25
        embedding_num_pocket = 25
        drugencoder = Q_seq_representation1(embedding_num_drug, embedding_dim_drug,
embedding_num_target,embedding_num_pocket)
        ligand_x = drugencoder(drug, target, pocket)
        embedding_num_target = 25
        embedding_dim_target = 64
        embedding_num_drug = 64
        embedding_num_pocket = 25
        targetencoder = Q_seq_representation2(embedding_num_target, embedding_dim_target,
embedding_num_drug,embedding_num_pocket)
        protein_x = targetencoder(drug, target, pocket)
        embedding_num_pocket = 25
        embedding_dim_pocket = 64
        embedding_num_drug = 64
```

```
        embedding_num_target = 25
        pocketencoder = Q_seq_representation3(embedding_num_pocket, embedding_dim_pocket,
embedding_num_drug,embedding_num_target)
        pocket_x = pocketencoder(drug, target, pocket)
        pre = model(protein_x,pocket_x,ligand_x)
        error2 = (float(pre - exp)) ** 2
        MSE = MSE + error2
        prelist.append(pre)
        explist.append(exp)
        avepre = avepre + pre
        aveexp = aveexp + exp

    MSE = MSE/(int(dataset.shape[0]))
    RMSE = MSE ** 0.5
    avepre = avepre/(int(dataset.shape[0]))
    aveexp = aveexp/(int(dataset.shape[0]))
    c = 0
    d = 0
    e = 0
    for j in range(0,len(prelist)):
        a = prelist[j]
        b = explist[j]
        c = c + (a - avepre) * (b - aveexp)
        d = d + (a - avepre) ** 2
        e = e + (b - aveexp) ** 2
    Rp = c/(d * e) ** 0.5
print('Test:Rp:' + '%.3f' % Rp + '\n' + 'MSE:' + '%.2f' % MSE + '\n' + 'RMSE:' + '%.2f' % RMSE)
```

第 2 种模型用到的特征包括药物分子和蛋白质两种。与第 1 种模型的不同之处是利用了经典卷积层和量子互信息结构，如图 12-3 所示。

此模型用到的特征是药物分子和蛋白质的信息。两条线路是平行的，分别经过 embedding 层和经典卷积层，这时分成两条线路，一条线路通过量子态编码层后进行量子互信息，获取的互信息与另一条线路合并起来一起通过下一个经典卷积层。再将两个表达合并通过全连接层，最终得到结合能的预测值。

代码如下：

```
#加载库文件
import numpy as np
import pandas as pd
import torch.nn as nn
import torch
import torch.nn.functional as F
```

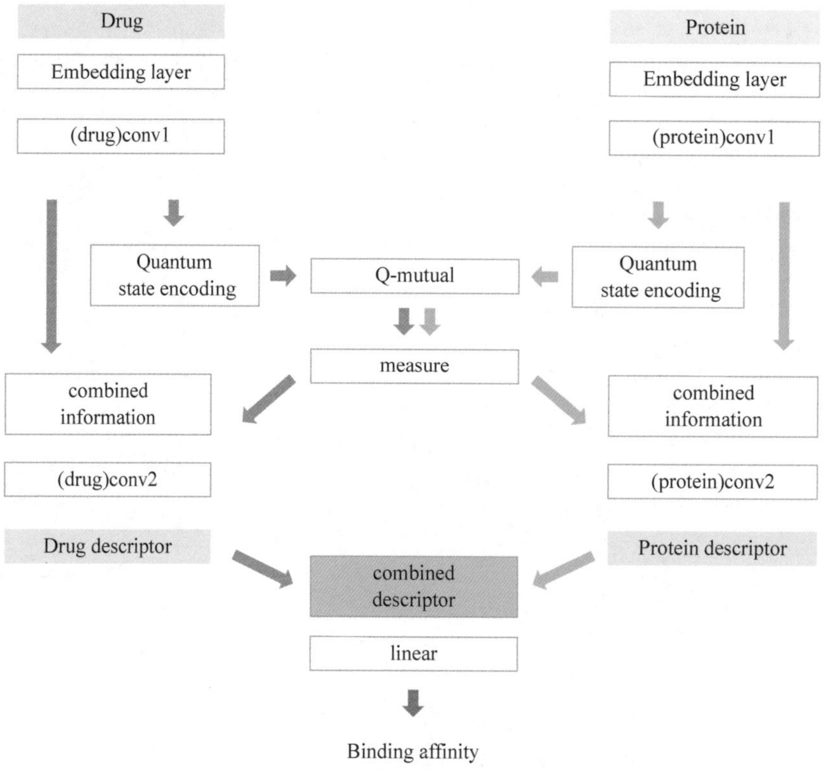

图 12-3　算法流程图（模型 2）

```
from deepquantum.utils import dag, measure_state, ptrace, multi_kron, encoding
from deepquantum import Circuit
```

与第 1 个模型同理，进行药物分子和蛋白质的编码，代码如下：

```
#第 12 章
#将可能用到的字符进行整数编码
VOCAB_PROTEIN = { "A": 1, "C": 2, "B": 3, "E": 4, "D": 5, "G": 6,
                  "F": 7, "I": 8, "H": 9, "K": 10, "M": 11, "L": 12,
          "O": 13, "N": 14, "Q": 15, "P": 16, "S": 17, "R": 18,
                  "U": 19, "T": 20, "W": 21,
                  "V": 22, "Y": 23, "X": 24,
                  "Z": 25 }
#将药物小分子 smiles 中的每个字符进行整数编码
VOCAB_LIGAND_ISO = {"#": 29, "%": 30, ")": 31, "(": 1, "+": 32, "-": 33, "/": 34, ".": 2,
                 "1": 35, "0": 3, "3": 36, "2": 4, "5": 37, "4": 5, "7": 38, "6": 6,
                 "9": 39, "8": 7, "=": 40, "A": 41, "@": 8, "C": 42, "B": 9, "E": 43,
```

```
                        "D": 10, "G": 44, "F": 11, "I": 45, "H": 12, "K": 46, "M": 47, "L": 13,
                        "O": 48, "N": 14, "P": 15, "S": 49, "R": 16, "U": 50, "T": 17, "W": 51,
                        "V": 18, "Y": 52, "[": 53, "Z": 19, "]": 54, "\\": 20, "a": 55, "c": 56,
                        "b": 21, "e": 57, "d": 22, "g": 58, "f": 23, "i": 59, "h": 24, "m": 60,
                        "l": 25, "o": 61, "n": 26, "s": 62, "r": 27, "u": 63, "t": 28, "y": 64}
#定义输入 smiles 序列转换成整数的函数
def smiles2int(drug):
return [VOCAB_LIGAND_ISO[s] for s in drug]
#定义输入蛋白质序列转换成整数的函数
def seqs2int(target):
return [VOCAB_PROTEIN[s] for s in target]
```

加载数据，代码如下：

```
#第 12 章
#加载数据
dataset = pd.read_csv("./test_dataset.csv")
for i in range(dataset.shape[0] - 1,dataset.shape[0]): #0
    data = dataset.iloc[i,]
    drug, target, pocket, label = data['smiles'], data['sequence'], data['pocket'], data
['label']
    drug = smiles2int(drug)
    if len(drug) < 150:
        drug = np.pad(drug, (0, 150 - len(drug)))
    else:
        drug = drug[:150]
    target = seqs2int(target)
    if len(target) < 1000:
        target = np.pad(target, (0, 1000 - len(target)))
    else:
        target = target[:1000]
    pocket = seqs2int(pocket)
    if len(pocket) < 63:
        pocket = np.pad(pocket, (0, 63 - len(pocket)))
    else:
        pocket = pocket[:63]
    drug, target, pocket, exp = torch.tensor(drug, dtype = torch.long), torch.tensor(target,
dtype = torch.long), torch.tensor(pocket, dtype = torch.long), torch.tensor(label, dtype =
torch.float).unsqueeze( - 1)
```

到这里，准备工作已经做好，过程与第 1 个模型基本一样。接下来开始构建这个模型的主体部分，包括经典卷积和量子互学习过程。利用经典卷积来提取特征，再经过互学习过程学习出对方对自己的影响，代码如下：

```
#第 12 章
#声明量子互信息操作的类
class Qu_mutual(nn.Module):
    def __init__(self, n_qubits,
                gain = 2 ** 0.5, use_wscale = True, lrmul = 1):
        super().__init__()
        #初始化参数
        he_std = gain * 5 ** (-0.5)
        if use_wscale:
            init_std = 1.0 / lrmul
            self.w_mul = he_std * lrmul
        else:
            init_std = he_std / lrmul
            self.w_mul = lrmul
        self.n_qubits = n_qubits
        self.weight = nn.Parameter(nn.init.uniform_(torch.empty(6 * self.n_qubits), a = 0.0,
b = 2 * np.pi) * init_std)
    #定义互信息操作函数
    def qumutual(self):
        w = self.weight * self.w_mul
        cir = Circuit(self.n_qubits)
        deep_size = 6
        for which_q in range(0, self.n_qubits):
            cir.rx(which_q, w[deep_size * which_q + 0])
            cir.ry(which_q, w[deep_size * which_q + 1])
            cir.rz(which_q, w[deep_size * which_q + 2])
        for which_q in range(0, self.n_qubits - 1):
            cir.cnot(which_q, which_q + 1)
cir.cnot(self.n_qubits - 1,0)
        for which_q in range(0, self.n_qubits):
            cir.rx(which_q, w[deep_size * (which_q) + 3])
            cir.ry(which_q, w[deep_size * (which_q) + 4])
            cir.rz(which_q, w[deep_size * (which_q) + 5])
        U = cir.get()
        return U
    #定义量子互信息的数据流,输出为两种信息交互后对应的信息
    def forward(self, inputA, inputB, dimA, dimB):
        U_qum = self.qumutual()
        inputAB = torch.kron(inputA, inputB)
        U_AB = U_qum @ inputAB @ dag(U_qum)
        inputBA = torch.kron(inputB, inputA)
        U_BA = U_qum @ inputBA @ dag(U_qum)
        mutualAatB = ptrace(U_AB, dimA, dimB)
        mutualBatA = ptrace(U_BA, dimB, dimA)
        return mutualAatB, mutualBatA
```

接下来定义一些参数，这里的超参数 hyber_para = 16，16 是 embedding 之后的维度，同时 16×16 又是密度矩阵的大小，qubits 数目为 $\log_2 16$，进行信息交互/拼接时，qubits 数目要乘以 2，代码如下：

```
#第 12 章
#16 是 embed 的输出 dim，同时 16×16 是 circuit 的输入密度矩阵 size，log2(16)是对应的 qubits
#数目
dim_embed = hyber_para
hyber_para = 16
#qubits 数目，进行信息交互/拼接时 qubits 数目乘以 2
qubits_cirAorB = int(np.log2(hyber_para))
qubits_cirAandB = 2 * qubits_cirAorB
dim_FC = qubits_cirAandB
```

然后构建模型中经典卷积与量子互学习操作的结构，通过一维卷积和量子互学习，再经过全连接层，最后输出结合能的预测值，代码如下：

```
#第 12 章
#声明经典卷积和量子互信息的类
class Qu_conv_mutual(nn.Module):
    def __init__(self, embedding_num_drug, embedding_num_target, embedding_dim_drug = dim_embed,
                embedding_dim_target = dim_embed, conv1_out_dim = qubits_cirAorB):
        super().__init__()
        self.embed_drug = nn.Embedding(embedding_num_drug, embedding_dim_drug, padding_idx = 0)
        self.embed_target = nn.Embedding(embedding_num_target, embedding_dim_target,
padding_idx = 0)
        #设置药物部分第 1 个卷积的参数(一维卷积)
        self.drugconv1 = nn.Conv1d(embedding_dim_drug, conv1_out_dim, Kernel_size = 4,
stride = 1, padding = 'same')
        #设置药物部分第 2 个卷积的参数(二维卷积)
        self.drugconv2 = nn.Conv2d(
            in_channels = 2,
            out_channels = 4,
            Kernel_size = 3,
            stride = 1,
            padding = 1
        )
        #设置蛋白质部分第 1 个卷积的参数(一维卷积)
        self.targetconv1 = nn.Conv1d(embedding_dim_target, conv1_out_dim, Kernel_size = 4,
stride = 1, padding = 'same')
        #设置蛋白质部分第 2 个卷积的参数(二维卷积)
        self.targetconv2 = nn.Conv2d(
            in_channels = 2,
```

```
            out_channels = 4,
            Kernel_size = 3,
            stride = 1,
            padding = 1
        #设置量子信息交互参数
        self.mutual = Qu_mutual(qubits_cirAandB)
        #设置全连接参数
        self.FC1 = nn.Linear(1 * 2 * 4 * qubits_cirAorB * qubits_cirAorB, 32)
        self.FC2 = nn.Linear(32,1)
    #定义数据流
    def forward(self, drug, target):
        #进行 embedding
        d = self.embed_drug(drug)
        t = self.embed_target(target)
        #生成半正定矩阵
        Gram_d = d.T@d
        Gram_d = Gram_d.view(1,hyber_para,hyber_para)
        #进行药物部分的第 1 次卷积,输出为 d1conv
        d1conv = (self.drugconv1(Gram_d)).view(qubits_cirAorB,dim_embed)
        #将 d1conv 进行 encoding 编码成量子态,以便接下来进行信息交互
        d_mutual_input = encoding(d1conv.T @ d1conv)
        #将 d1conv 进行转置相乘,得到输出 d2_conv_input,以便与信息交互后的信息进行拼接后
        #一起进行第 2 次卷积
        d2_conv_input = d1conv @ d1conv.T #conv1_out_dim * conv1_out_dim
        #对蛋白质的操作与对药物分子的操作一样
        Gram_t = t.T@t
        Gram_t = Gram_t.view(1,hyber_para,hyber_para)
        t1conv = (self.targetconv1(Gram_t)).view(qubits_cirAorB,dim_embed)
        t_mutual_input = encoding(t1conv.T @ t1conv)
        t2_conv_input = t1conv @ t1conv.T
        #药物和蛋白质信息交互后输出 d1att1 和 t1atd1,对应药物分子部分和蛋白质分子部分
        d1att1, t1atd1 = self.mutual(d_mutual_input, t_mutual_input, qubits_cirAorB, qubits_
cirAorB)
        #分别进行测量(每个 qubit 得到一个结果)
        cir = Circuit(self.n_qubits)
        d_measure = cir.measure(d1att1,qubits_cirAorB)
        t_measure = cir.measure(t1atd1,qubits_cirAorB)
        d2_conv_input_m = d_measure @ d_measure.T
        t2_conv_input_m = t_measure @ t_measure.T
        d2_conv_input = d2_conv_input.view(1, qubits_cirAorB, qubits_cirAorB)
        d2_conv_input_m = d2_conv_input_m.view(1, qubits_cirAorB, qubits_cirAorB)
        #将交互后流出的信息与各自的第 1 次经典卷积流出的信息进行拼接
        d2convinput = (torch.cat((d2_conv_input, d2_conv_input_m))).view(1, 2, qubits_
cirAorB,qubits_cirAorB)
        #合并后的信息进行第 2 次卷积(二维卷积),输出 d2conv
```

```
        d2conv = self.drugconv2(d2convinput)
        # 对蛋白质分子的操作与对药物分子的操作一样,输出 t2conv
        t2_conv_input = t2_conv_input.view(1, qubits_cirAorB, qubits_cirAorB)
        t2_conv_input_m = t2_conv_input_m.view(1, qubits_cirAorB, qubits_cirAorB)
        t2convinput = (torch.cat((t2_conv_input,t2_conv_input_m))).view(1,2,qubits_
cirAorB,qubits_cirAorB)
        t2conv = self.targetconv2(t2convinput)
        # 药物和蛋白质的信息合并后输入经典全连接网络,得到结合能输出
        input_linear = (torch.cat([d2conv,t2conv],dim = 0)).view(1, 1 * 2 * 4 * qubits_
cirAorB * qubits_cirAorB)
        out = F.leaky_ReLU(self.FC1(input_linear))
        out = F.leaky_ReLU(self.FC2(out))
        out = out.view(1)
        return out
```

以上是结合能预测第 2 种模型的主体部分(后面的训练及测试与第 1 种模型同理,故不再附上代码),该模型的主要思想是中间有一个量子互信息的过程,交互后的信息各自都包含着自己和对方的特征,再分别将各自量子互信息后的信息与经典卷积得到的信息拼接,最后进行卷积及全连接操作,得到预测的结合能。

第 13 章

基因表达

转录、翻译具有遗传信息的DNA片段，根据遗传信息合成具有生物活性的蛋白质是基因表达的过程和目的。针对某些疾病的药物设计，需要考虑药物分子结构对基因表达的影响，使药物分子能诱导基因表达符合预期，达到治疗的效果，同时可以根据药物对基因表达的影响对其副作用做出评估。

如图 13-1 所示，基因表达过程具有多样性，表达结果会直接对机体产生影响，也在一定程度上反映机体的变化。当患病状态和正常状态表达做对比时，基因表达往往有一定的差异。比较人类患病状态与正常状态下的全基因组表达谱及药物处理前后基因表达谱得到的差异表达基因，可以得到疾病表达信号及药物表达谱。在其基础上，引入有监督的量子对抗自编码生成模型可以学习分子结构与基因表达的分布概率和关联信息。

案例代码中先将简化分子线性输入规范（Simplified Molecular Input Line Entry System，SMILES）数据及基因表达谱的数据量子化，然后使用量子对抗自编码模型进行训练。其中，SMILES数据符号用字母、数字和符号组成的线性序列表示三维化学结构，因此，从语言学的角度来看，它是一种具有语法规范的语言；基因表达谱数据来源于 LINCS（the Library of Integrated Network-Based Cellular Signatures）的 L1000 数据集，LINCS 是美国国立卫生研究院（National Institutes of Health，NIH）旗下的通过化合物扰乱、干扰 shRNA、CRISPR（Clustered Regularly Interspersed Short Palindromic Repeats，成簇的规律间隔的短回文重复序列）等方式扰动细胞进程，然后对比细胞扰动前后细胞表达谱或细胞进程变化的数据库。L1000 数据集中包含约 1 059 450 个表达谱，其中主要的是约 718 055 个化学、158 003 个 shRNA、140 945 个 CRISPR 等扰动下的 978 个标记基因的表达谱。

在量子对抗自编码网络中，编码器对输入分子数据进行压缩，主要保留与基因表达谱无关的分子结构数据，应用于药物中则相当于影响基因表达的药效团以外的结构信息。解码器中的输入为混有基因表达差异的编码后分子结构信息的量子态数据，这里由于混入了基因数据，故输入量子态矩阵增大，使用的量子解码器线路比特数比编码器比特数大，希望通过解码最终重构输入分子数据，找到与基因表达相关的分子结构信息。通过对量子 SAAE 模型的训练，量子编码器和解码器可以区分出分子结构中的药效团，最终模型可以

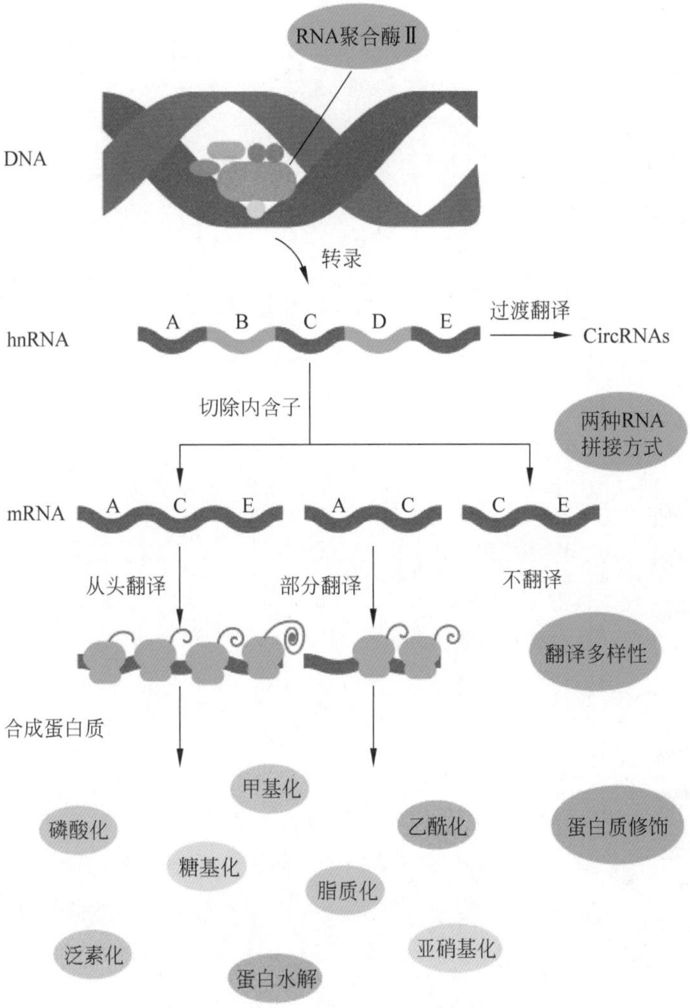

图 13-1　基因表达过程

产生新的分子结构，该结构具有诱导给定基因表达变化的作用，或预测已知分子结构的基因表达的影响。由于量子线路的特性，这里只选取了 64 个基因片段，在计算机性能允许和精确要求下可将 L1000 数据集中的所有基因考虑进去。

激活 PyTorch 框架的虚拟环境后导入包，代码如下：

```
#导入模型所需要的包
import torch
import torch.nn as nn
import numpy as np
import pandas as pd
```

```
from deepquantum import Circuit
from deepquantum.utils import dag, measure_state, ptrace, multi_kron, encoding, expecval_ZI,
measurefrom scipy.linalg import sqrtm, logm
```

导入完所需要的包后，进行数据预处理，需要将经典的 SMILES 和基因表达谱数据进行编码，转换成包含经典数据信息的量子态数据。首先，定义预处理 SMILES 数据和基因表达谱的函数，代码如下：

```
#第 13 章
#SMILES 数据的字典序
_t2i = {
    '>': 1, '<': 2, '2': 3, 'F': 4, 'Cl': 5, 'N': 6, '[': 7, '6': 8,
    'O': 9, 'c': 10, ']': 11, '#': 12, '=': 13, '3': 14, ')': 15,
    '4': 16, '-': 17, 'n': 18, 'o': 19, '5': 20, 'H': 21, '(': 22,
    'C': 23, '1': 24, 'S': 25, 's': 26, 'Br': 27, '+': 28, '/': 29, '7': 30, '8': 31, '@':32, 'I':
33, 'P':34, '\\':35, 'B':36, 'Si': 37
}

#根据字典序用数字表示 SMILES 数据
def smiles2int(drug):
return [_t2i[s] for s in drug]
```

然后，加载训练所需的数据，代码如下：

```
#第 13 章
#加载数据
def load_data(data_path='./data/'):
print('loading data!')
#YOUR_DATA: 训练的数据集
    trainset_molecular = pickle.load(open(data_path + "YOUR_DATA", "rb"))
    trainset_gene = pickle.load(open(data_path + "YOUR_DATA", "rb"))

    train_molecular_loader = torch.utils.data.DataLoader(trainset_molecular,
batch_size=train_batch_size, shuffle=True)

    train_gene_loader = torch.utils.data.DataLoader(trainset_gene,
batch_size=train_batch_size, shuffle=True)
    return train_molecular_loader, train_gene_loader
```

SMILES 数据根据字典序转换成数字组成的序列，并对序列进行量子化编码得到 SMILES 分子对应的量子态数据，代码如下：

```
#第 13 章
#将 SMILES 数据转换为量子态数据
def smiles2qstate(smiles):
    data_int = smiles2int(smiles)
    data_torch = torch.tensor(data_int,dtype = torch.long)
embedding_num_molecular = 64
#字典序长度为 37
    embedding_dim_molecular = 37
embed_data = nn.Embedding(embedding_dim_molecular,embedding_num_molecular,padding_idx = 0)
embed_matrix = embed_data(data_torch)
#约化矩阵
    embed_matrix = embed_matrix.T@embed_matrix
    out_data = encoding(embed_matrix)
return out_data
```

此处使用的是基因表达谱数据，由数据组成可直接编码转换为量子态数据，代码如下：

```
#第 13 章
#将基因数据转换为量子态数据
def genes2qstate(gene):
data = genes
data.shape = (1,978)
#取前 64 个基因片段输入模型
    a = data[:,0:64]
    a = torch.tensor(a)
    Qu_genes = a.T@a
    out_data = encoding(Qu_genes)
    return out_data
```

构建量子编码器对输入分子数据进行编码并压缩，输出分子的片段数据，用于后续模型的优化和学习，代码如下：

```
#第 13 章
#构建参数化量子线路编码器
class QuEn(nn.Module):
    #初始化参数
    def __init__(self, n_qubits, gain = 2 ** 0.5, use_wscale = True, lrmul = 1):
        super().__init__()

        he_std = gain * 5 ** (-0.5)
        if use_wscale:
```

```
            init_std = 1.0 / lrmul
            self.w_mul = he_std * lrmul
        else:
            init_std = he_std / lrmul
            self.w_mul = lrmul

        self.n_qubits = n_qubits
        #用 nn.Parameter 对每个 Module 的参数进行初始化
        self.weight = nn.Parameter(nn.init.uniform_(torch.empty(3 * self.n_qubits), a = 0.0,
b = 2 * np.pi) * init_std)

    #根据量子线路图摆放旋转门及受控门
    def layer(self):
        w = self.weight * self.w_mul
        cir = Circuit(self.n_qubits)

        #旋转门
        for which_q in range(0, self.n_qubits):
            cir.rx(which_q,w[which_q])
            cir.ry(which_q,w[which_q + 6])
            cir.rz(which_q,w[which_q + 12])

        #受控门
        for which_q in range(1,self.n_qubits):
            cir.cnot(which_q - 1,which_q)

        #旋转门
        for which_q in range(0, self.n_qubits):
            cir.rx(which_q, - w[which_q])
            cir.ry(which_q, - w[which_q + 6])
            cir.rz(which_q, - w[which_q + 12])
        U = cir.get()
        return U

    def forward(self, x):
        E_qlayer = self.layer()
        qdecoder_out = E_qlayer @ x @ dag(E_qlayer)
        #返回编码后的数据
        return qdecoder_out

class Q_Encoder(nn.Module):
    def __init__(self,n_qubits):
        super().__init__()
        #n_qubits 量子编码器可根据需要自行设置,这里设置 n_qubits = 6
        self.n_qubits = n_qubits
```

```
        self.encoder = QuEn(self.n_qubits)

    def forward(self, molecular,dimA):
        x = molecular
        x = self.encoder(x)

        dimB = self.n_qubits - dimA
        #偏迹运算
        x_out = ptrace(x,dimA,dimB)

        return x_out
```

构建量子解码器和量子判别器,并返回解码结果和判别结果,代码如下:

```
#第 13 章
#构建参数化量子线路解码器
class QuDe(nn.Module):
    def __init__(self, n_qubits, gain = 2 ** 0.5, use_wscale = True, lrmul = 1):
        super().__init__()
        #初始化参数
        he_std = gain * 5 ** (-0.5)
        if use_wscale:
            init_std = 1.0 / lrmul
            self.w_mul = he_std * lrmul
        else:
            init_std = he_std / lrmul
            self.w_mul = lrmul

        self.n_qubits = n_qubits
        #用 nn.Parameter 对每个 Module 的参数进行初始化
        self.weight = nn.Parameter(nn.init.uniform_(torch.empty(3 * self.n_qubits), a = 0.0,
b = 2 * np.pi) * init_std)

    #根据量子线路图摆放旋转门及受控门
    def layer(self):
        w = self.weight * self.w_mul
        cir = Circuit(self.n_qubits)
        #print(self.n_qubits)

        #旋转门
        for which_q in range(0, self.n_qubits):
            cir.rx(which_q,w[which_q])
            cir.ry(which_q,w[which_q + 10])
            cir.rz(which_q,w[which_q + 20])
```

```
        #受控门
        for which_q in range(1,self.n_qubits):
            cir.cnot(which_q-1,which_q)

        #旋转门
        for which_q in range(0, self.n_qubits):
            cir.rx(which_q, -w[which_q])
            cir.ry(which_q, -w[which_q+10])
            cir.rz(which_q, -w[which_q+20])
        U = cir.get()
        return U

    def forward(self, x):
        E_qlayer = self.layer()
        qdecoder_out = E_qlayer @ x @ dag(E_qlayer)
        #返回解码后的数据
        return qdecoder_out

class Q_Decoder(nn.Module):
    def __init__(self,n_qubits):
        super().__init__()
        #n_qubits量子解码器可根据需要自行设置,这里设置n_qubits=10
        self.n_qubits = n_qubits
        self.decoder = QuDe(n_qubits)

    def forward(self, molecular,gene,dimA):
        m = molecular
        g = gene
        #对输入数据进行张量积运算
        x = torch.kron(m,g)
        x = self.decoder(x)
        dimB = self.n_qubits - dimA
        #偏迹运算:保留dimA维度数据
        x_out = ptrace(x,dimA,dimB)
        #返回解码后的结果
        return x_out
#构建参数化量子线路判别器
class QuDis(nn.Module):
    #初始化参数
    def __init__(self, n_qubits, gain=2 ** 0.5, use_wscale=True, lrmul=1):
        super().__init__()
        he_std = gain * 5 ** (-0.5)
        if use_wscale:
            init_std = 1.0 / lrmul
            self.w_mul = he_std * lrmul
```

```
        else:
            init_std = he_std / lrmul
            self.w_mul = lrmul

        self.n_qubits = n_qubits
        #用 nn.Parameter 对每个 Module 的参数进行初始化
        self.weight = nn.Parameter(nn.init.uniform_(torch.empty(3 * self.n_qubits), a = 0.0, b =
2 * np.pi) * init_std)

    #根据量子线路图摆放旋转门及受控门
    def layer(self):
        w = self.weight * self.w_mul
        cir = Circuit(self.n_qubits)

        #旋转门
        for which_q in range(0, self.n_qubits):
            cir.rx(which_q,w[which_q])
            cir.ry(which_q,w[which_q + 4])
            cir.rz(which_q,w[which_q + 8])
        #受控门
        for which_q in range(1,self.n_qubits):
            cir.cnot(which_q - 1,which_q)
        cir.cnot(which_q - 1,which_q)
        U = cir.get()
        return U
    def forward(self, x):
        cir = Circuit(self.n_qubits)
        E_qlayer = self.layer()
        qdiscriminator = E_qlayer @ x @ dag(E_qlayer)
        qdiscriminator_out = measure(qdiscriminator,self.n_qubits)
        #返回测量值
        return qdiscriminator_out
class Q_Discriminator(nn.Module):
    def __init__(self,n_qubit):
        super().__init__()
        #n_qubits 量子判别器可根据需要自行设置,这里设置 n_qubits = 4
        self.n_qubit = n_qubit
        self.discriminator = QuDis(self.n_qubit)
    def forward(self, molecular):
        #x:进行判别的量子态数据
        x = molecular
        x_out = self.discriminator(x)
        return x_out
```

解码的结果是输入重建分子数据,缩小分子数据和重建数据完成重建训练过程。判定结果最大化数据分布，完成正则化过程。接下来定义训练过程，代码如下：

```
#第 13 章
#一个 epoch 训练过程
def train(molecular, gene, Quenc, Qudec, Qudis, data_loader):

    TINY = 1e-15
    #将网络设置为训练模式 2
    Quenc.train()
    Qudec.train()
    Qudis.train()
    loss_rec_lambda_x = 1
    loss_latent_lambda = 1
    #循环遍历数据集,从每个数据集中获取一批样本
    #数据集大小必须是批处理大小的整数倍,否则将返回无效样本
    for molecular, gene in data_loader:
        #将分子和基因数据编码为量子态
        x = smiles2qstate(molecular)
        y = genes2qstate(gene)
        #梯度清零
        P.zero_grad()
        Q.zero_grad()
        D_gauss.zero_grad()
        #正则化(对抗训练)阶段
        #量子生成器
        z_x = Quenc(x,4)
        rec_mel = Qudec(z_x, y,6)
        rec_x = -get_hybird_fid(x, rec_mel).mean()
        discr_outputs = QuDis(z_x)
        latent_loss = nn.BCEWithLogitsLoss()(discr_outputs,torch.ones_like(discr_outputs))
        g_loss = (rec_x * loss_rec_lambda_x + latent_loss * loss_latent_lambda)
        g_loss.backward()
        opt_encoder.step()
        opt_decoder.step()
        Quenc.zero_grad()
        Qudec.zero_grad()
        Qudis.zero_grad()
        #量子判别器
        real_inputs = z_x
        real_dec_out = Qudis(real_inputs)
        #返回一个和输入大小相同的张量,其由均值为 0、方差为 1 的标准正态分布填充。即
        #torch.randn_like(input)等价于 torch.randn(input.size() dtype = input.dtype,
        #layout = input.layout, device = input.device)
        fake_inputs = torch.randn_like(real_inputs)
        fake_dec_out = Qudis(fake_inputs)
```

```
        #将两个张量连接在一起
        probs = torch.cat((real_dec_out, fake_dec_out), 0)
        targets = torch.cat((torch.zeros_like(real_dec_out), torch.ones_like(fake_dec_
out)), 0)
        #用来衡量真实值和测量值之间的差距
        D_loss = nn.BCEWithLogitsLoss()(probs, targets)
        D_loss.backward()
        Qudis.step()
        Quenc.zero_grad()
        Qudec.zero_grad()
        Qudis.zero_grad()
    return D_loss, G_loss
```

训练模型并保存模型结果可用作后续可视化，代码如下：

```
#第 13 章
#训练模型
def generate_model(train_molecular_loader, train_gene_loader):
    torch.manual_seed(10)
    #量子编码器、解码器和判别器的比特数可在实例化时定义
    Quenc = Q_Encoder(6)
    Qudec = Q_Decoder(10)
    Qudis = Q_Discriminator(4)
    #设置学习率
    gen_lr = 0.0001
    reg_lr = 0.00005
    #设置优化器
    opt_decoder = optim.Adam(Quenc.parameters(), lr = gen_lr)
    opt_encoder = optim.Adam(Qudec.parameters(), lr = gen_lr)
    opt_dis = optim.Adam(Qudis.parameters(), lr = reg_lr)
    #开始训练
    for epoch in range(epochs):
        D_loss_gauss, G_loss, recon_loss = train(molecular, gene, Quenc, Qudec, Qudis, data_
loader)
        if epoch % 1 == 0:
            report_loss(epoch, D_loss, G_loss)
return Quenc, Qudec, Qudis
if __name__ == '__main__':
    train_molecular_loader, train_gene_loader = load_data()
    Quenc, Qudec, Qudis = generate_model(train_labeled_loader, train_unlabeled_loader)
    save_path = ''
    save_model(Quenc, save_path)
    save_model(Qudec, save_path)
    save_model(Qudis, save_path)
```

附录 A

神经网络基础简介

A.1 感知机

感知机(Perceptron)是弗兰克·罗森布拉特(Frank Rosenblatt)在 1957 年就职于康奈尔航空实验室(Cornell Aeronautical Laboratory)时发明的一种人工神经网络。它可以被视为一种最简单形式的前馈神经网络,是一种二元线性分类器。

弗兰克·罗森布拉特给出了相应的感知机学习算法,常用的有感知机学习、最小二乘法和梯度下降法。例如,感知机利用梯度下降法对损失函数进行极小化,求出可将训练数据进行线性划分的分离超平面,从而求得感知机模型。

感知机是生物神经细胞的简单抽象。神经细胞结构大致可分为树突、突触、细胞体及轴突,如图 A-1 所示。单个神经细胞可被视为一个只有两种状态的机器——激动时为"是",未激动时为"否"。神经细胞的状态取决于从其他神经细胞接收到的输入信号量,以及突触的强度(抑制或加强)。当信号量总和超过了某个阈值时,细胞体就会激动,产生电脉冲。电脉冲沿着轴突并通过突触传递到其他神经元。为了模拟神经细胞行为,与之对应的感知机基础概念被提出,如权量(突触)、偏置(阈值)及激活函数(细胞体)。

在人工神经网络领域中,感知机也被称为单层的人工神经网络,以区别于较复杂的多层感知机(Multilayer Perceptron)。作为一种线性分类器,(单层)感知机是最简单的前向人工神经网络形式。尽管结构简单,但感知机能够学习并解决相当复杂的问题。感知机主要的本质缺陷是它不能处理线性不可分问题。

1. 历史

1943 年,心理学家沃伦·麦卡洛克和数理逻辑学家沃尔特·皮茨在合作的"A Logical Calculus of the Ideas Immanent in Nervous Activity"论文中提出并给出了人工神经网络的概

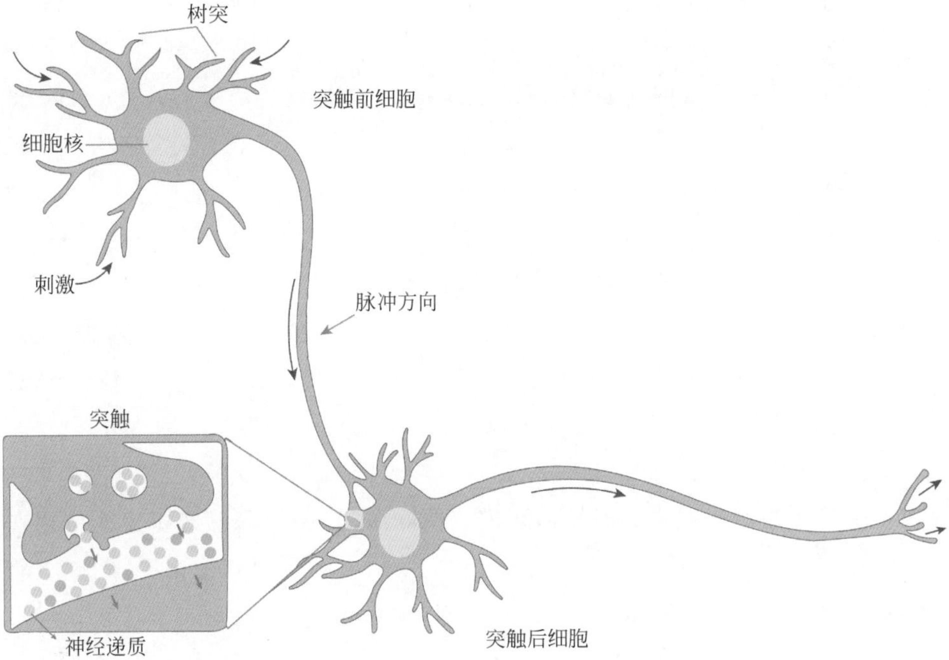

图 A-1 神经元

念及人工神经元的数学模型，从而开创了人工神经网络研究的时代。1949 年，心理学家唐纳德·赫布在"The Organization of Behavior"论文中描述了神经元学习法则——赫布型学习。

人工神经网络更进一步被美国神经学家弗兰克·罗森布拉特所发展。他提出了可以模拟人类感知能力的机器，称为感知机。1957 年，在康奈尔航空实验室中，他成功地在 IBM 704 机上完成了感知机的仿真。两年后，他又成功地实现了能够识别一些英文字母、基于感知机的神经计算机——Mark1，并于 1960 年 6 月 23 日展示于众。

为了教导感知机识别图像，弗兰克·罗森布拉特在 Hebb 学习法则的基础上，发展了一种迭代、试错、类似于人类学习过程的学习算法——感知机学习。除了能够识别出现较多次的字母，感知机也能对不同书写方式的字母图像进行概括和归纳，但是，由于本身的局限，感知机除了那些包含在训练集里的图像以外，不能对受干扰（半遮蔽、不同大小、平移、旋转）的字母图像进行可靠的识别。

首个有关感知机的成果，由弗兰克·罗森布拉特于 1958 年发表在"The Perceptron：A Probabilistic Model for Information Storage and Organization in the Brain"的文章里。1962 年，他又出版了 *Principles of Neurodynamics*：*Perceptrons and the theory of brain mechanisms* 一书，向大众深入解释感知机的理论知识及背景假设。此书介绍了一些重要的概念及定理证明，例如感知机收敛定理。

虽然最初感知机被认为有良好的发展潜能，但最终被证明不能处理诸多的模式识别问题。1969年，马文·明斯基和西摩尔·派普特在 *Perceptrons* 一书中，仔细分析了以感知机为代表的单层神经网络系统的功能及局限，证明感知机不能解决简单的异或(XOR)等线性不可分问题，但弗兰克·罗森布拉特与马文·明斯基和西摩尔·派普特等人在当时已经了解到多层神经网络能够解决线性不可分的问题。

由于弗兰克·罗森布拉特等人没能够及时将感知机学习算法推广到多层神经网络上，又由于 *Perceptrons* 在研究领域中的巨大影响，以及人们对书中论点的误解，造成了人工神经网络领域发展的长年停滞及低潮，直到人们认识到多层感知机没有单层感知机固有的缺陷，以及反向传播算法在20世纪80年代的提出，才有所恢复。1987年，书中的错误得到了校正，并再版更名为 *Perceptrons*: *Expanded Edition*。

近年，在弗罗因德及夏皮雷(1998)使用核技巧改进感知机学习算法之后，越来越多的人对感知机学习算法产生兴趣。后来的研究表明除了二元分类，感知机也能应用在较复杂、被称为 Structured Learning 类型的任务上(Collins, 2002)，又或使用在分布式计算环境中的大规模机器学习问题上(McDonald, Hall and Mann, 2011)。

2. 定义

感知机接收由某一事件或某样事物产生的多个输入信号，输出一个信号并且输出信号只可能取两个值之一(例如0或1，−1或1)从而将事件或者事物分为两类之一，属于二元分类模型，如图A-2所示。假设有 n 个输入信号，每个输入的值记为 $x_i, i=1,2,\cdots,n$，由于每个输入的重要性不同，感知机不能将输入的值简单地相加，而要赋予每个输入权值再相加。设相应的权值为 $w_i, i=1,2,\cdots,n$，感知机便根据 $\sum_{i=1}^{n} w_i x_i$ 是否大于某个值(设为 θ)输出一个值，写成数学公式为 $y=\begin{cases} 1, & \sum_{i=1}^{n} w_i x_i \geqslant \theta \\ -1, & \sum_{i=1}^{n} w_i x_i < \theta \end{cases}$ 从而将输入信号刻画的对象分类。写

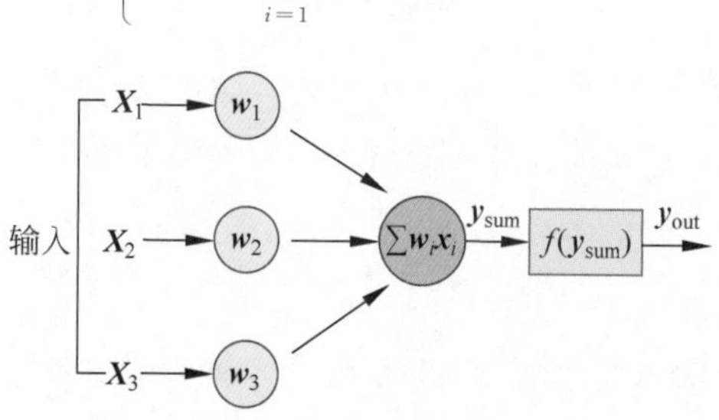

图 A-2　感知机

成向量形式并使用符号函数，再令 $-\theta=b$（称为偏置），公式可以写成 $f(\boldsymbol{x})=\mathrm{sign}(\boldsymbol{w}\cdot\boldsymbol{x}+b)$。

简而言之，感知机是使用特征向量表示的前馈神经网络，它是一种二元分类器，把矩阵上的输入 $\boldsymbol{x}$（实数值向量）映射到输出值 $f(\boldsymbol{x})$上（一个二元的值）。

3. 其他

感知机也有几何解释：$\boldsymbol{w}\cdot\boldsymbol{x}+b=0$ 是 $\mathbf{R}^n$ 中的超平面，将空间分为两部分，对应着两类。

利用感知机可以生成二元分类模型，需要给定样本让感知机学习，具体的学习算法和收敛性分析可参考李航著的《统计学习方法》。

由于感知机是线性模型，对样本有较高的要求（是线性可分的），简单的非线性分类问题无法实现（如异或），而多层感知机却可以实现。

A.2　多层感知机

首先介绍一种简单的神经网络——多层感知机，如图 A-3 所示。

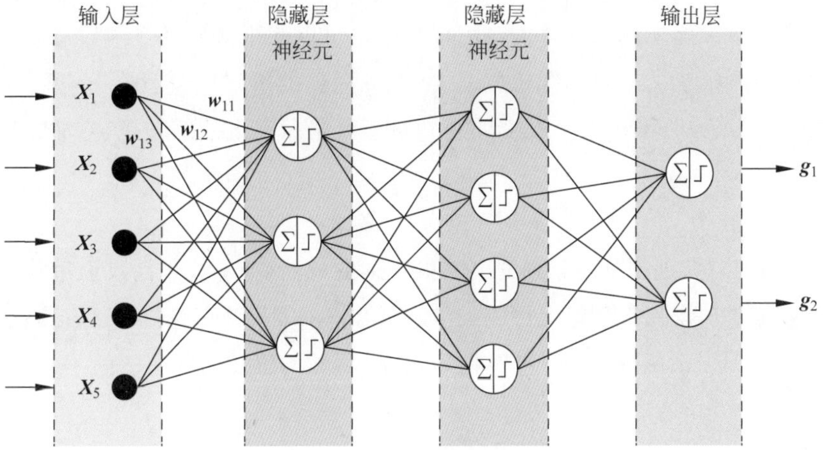

图 A-3　多层感知机

多层感知机（Multilayer Perception，MLP）是一种前向结构的人工神经网络，映射一组输入向量到一组输出向量。MLP 可以被看作一个有向图，由多个节点层组成，节点层由多个感知机组成，每一层都全连接到下一层。多层感知机的基本结构由三层组成：输入层、隐藏层和输出层。多层感知机遵循人类神经系统原理，学习并进行数据预测，它使用算法来调整权重并减少训练过程中的偏差，即实际值和预测值之间的误差，主要优势在于其快速解决复杂问题的能力。MLP 是感知机的推广，克服了感知机不能对线性不可分数据进行识别的弱点。

1. 构成

多层感知机由三部分组成：

(1) 输入层(Input Layer)，众多神经元(Neuron)接收大量非线性输入消息。输入的消息称为输入向量。

(2) 隐藏层(Hidden Layer)，也称为隐含层，是输入层和输出层之间众多神经元和连接组成的各个层面。隐藏层可以有一层或多层。隐藏层的节点(神经元)数目不定，但数目越多神经网络的非线性越显著，从而神经网络的强健性(控制系统在一定结构、大小等的参数摄动下，维持某些性能的特性)也越显著。习惯上会选输入节点 1.2～1.5 倍的节点。

(3) 输出层(Output Layer)，消息在神经元连接中传输、分析、权衡，形成输出结果。输出的消息称为输出向量。

2. 术语

术语多层感知机不是指具有多层的单层感知机，而是每一层由多个感知机组成，也称为多层感知机网络。此外，MLP 的感知机宽泛而言可以使用任何激活函数从而自由地执行分类或者回归。严格意义上的感知机则是 A.1 节提到的感知机，使用一个阈值激活函数，如阶跃函数，执行二元分类。本书提到的感知机指严格意义上的感知机，除非特别说明。

3. 其他

多层感知机可以实现比之前见到的电路更复杂的电路(如异或)，而仅通过与非门的组合就能实现计算机的功能，所以理论上可以说二层感知机就能构建计算机。已有研究证明，二层感知机(严格地说是激活函数使用了非线性 sigmoid 函数的感知机)可以表示任意函数。

A.3 神经网络

人工神经网络(Artificial Neural Network，ANN)，简称神经网络(Neural Network，NN)在机器学习和认知科学领域，是一种模仿生物神经网络(动物的中枢神经系统，特别是大脑)的结构和功能的数学模型或计算模型,用于对函数进行估计或近似。神经网络由大量的人工神经元联结进行计算。大多数情况下人工神经网络能在外界信息的基础上改变内部结构,是一种自适应系统,通俗地讲是具备学习功能。现代神经网络是一种非线性统计性数据建模工具,神经网络通常通过一个基于数学统计学类型的学习方法(Learning Method)得以优化,所以也是数学统计学方法的一种实际应用,通过统计学的标准数学方法能够得到大量可以用函数来表达的局部结构空间。另外,在人工智能学的人工感知领域,通过数学统计学的应用可以解决人工感知方面决定的问题,即通过统计学的方法,人工神经网络能够类似人一样具有简单的决定能力和简单的判断能力,这种方法比起正式的逻辑学推理演算更具有优势。

1. 背景

对人类中枢神经系统的观察启发了人工神经网络这个概念。在人工神经网络中,简单的人工节点称作神经元,连接在一起形成一个类似生物神经网络的网状结构。

人工神经网络目前没有一个统一的正式定义。不过,具有下列特点的统计模型可以被称作是“神经化”的:具有一组可以被调节的权重(被学习算法调节的数值参数);可以估计输入数据的非线性函数关系。这些可调节的权重可以被看作神经元之间的连接强度。

人工神经网络与生物神经网络的相似之处在于,它可以集体地、并行地计算函数的各部分,而不需要描述每个单元的特定任务。神经网络这个词一般指统计学、认知心理学和人工智能领域使用的模型,而控制中央神经系统的神经网络属于理论神经科学和计算神经科学。在神经网络的现代软件实现中,被生物学启发的方法已经很大程度上被抛弃了,取而代之的是基于统计学和信号处理的更加实用的方法。

2. 构成

典型的人工神经网络具有以下 3 部分:

(1) 结构(Architecture)指定了网络中的变量和它们的拓扑关系。例如,神经网络中的变量可以是神经元连接的权重(Weight)和神经元的激活值(Activities of the Neuron)。

(2) 激活函数(Activation Function)使用大部分神经网络模型具有一个短时间尺度的动力学规则,来定义神经元如何根据其他神经元的活动改变自己的激活值。一般激活函数依赖于网络中的权重(该网络的参数)。

(3) 学习规则(Learning Rule)指定了网络中的权重如何随着时间推进而调整,通常被看作一种长时间尺度的动力学规则。一般情况下,学习规则依赖于神经元的激活值。它也可能依赖于监督者提供的目标值和当前权重的值。例如,用于手写识别的神经网络有一组输入神经元,输入神经元会被输入图像的数据所激发。在激活值被加权并通过一个函数(由网络的设计者确定)后,这些神经元的激活值被传递到其他神经元。这个过程不断重复,直到输出神经元被激发。最后,输出神经元的激活值决定了识别出来的是哪个字母。

3. 种类

人工神经网络分类为以下两种:

(1) 根据学习策略(Algorithm)主要分为有监督式学习网络(Supervised Learning Network)、无监督式学习网络(Unsupervised Learning Network)、混合式学习网络(Hybrid Learning Network)、联想式学习网络(Associate Learning Network)和最适化应用网络(Optimization Application Network)。

(2) 根据网络架构(Connectionism)主要分为有前馈神经网络(Feed Forward Neural Network)、循环神经网络(Recurrent Neural Network)和强化式网络(Reinforcement Network)。

4. 其他

通过训练样本的校正,对各个层的权重进行校正而优化神经网络模型的过程称为自训练(Training)。具体的训练方法因网络结构和模型的不同而不同,常用的反向传播(Back Propagation,BP)算法通过计算损失函数对每个权重的偏导数更新权重,以最小化损失函数。

A.4 激活函数

感知机中的 sign 函数以阈值为界,一旦输入超过阈值,就切换输出。sign 将输入信号的总和转换为输出信号,这种函数一般称为激活函数(Activation Function)。激活函数是连接感知机和神经网络的桥梁,见表 A-1。

表 A-1 激活函数

名称	函数图形	方程式	导数	区间	连续性阶数
值等函数		$f(x)=x$	$f'(x)=1$	$(-\infty,\infty)$	C^{∞}
单位阶跃函数		$f(x)=\begin{cases}0, & x<0\\ 1, & x\geqslant 0\end{cases}$	$f'(x)=\begin{cases}0, & x\neq 0\\ 0, & x=0\end{cases}$	$\{0,1\}$	C^{-1}

续表

名　称	函数图形	方程式	导　数	区　间	连续性阶数
逻辑函数（也称为 S 函数）		$f(x)=\sigma(\lambda)=\dfrac{1}{1+e^{x}}$	$f'(x)=f(x)(1-f(x))$	$(0,1)$	C^{∞}
双曲正切函数	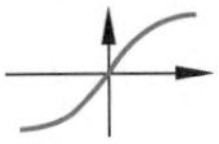	$f(x)=\tanh(x)=\dfrac{e^{x}-e^{-x}}{e^{x}+e^{-x}}$	$f'(x)=1-f(x)^{2}$	$(-1,1)$	C^{∞}
反正切函数	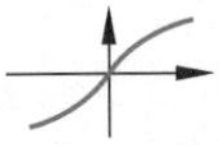	$f(x)=\tan^{-1}(x)$	$f'(x)=\dfrac{1}{x^{2}+1}$	$\left(-\dfrac{\pi}{2},\dfrac{\pi}{2}\right)$	C^{∞}
Softsign 函数	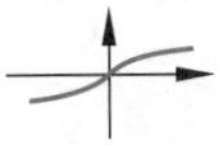	$f(x)=\dfrac{x}{1+\|x\|}$	$f'(x)=\dfrac{1}{(1+\|x\|)^{2}}$	$(-1,1)$	C^{1}
反平方根函数（ISRU）	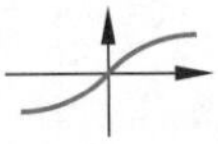	$f(x)=\dfrac{x}{\sqrt{1+\alpha x^{2}}}$	$f'(x)=\left(\dfrac{1}{\sqrt{1+\alpha x^{2}}}\right)^{3}$	$\left(-\dfrac{1}{\sqrt{\alpha}},\dfrac{1}{\sqrt{\alpha}}\right)$	C^{∞}
线性整流函数（ReLU）		$f(x)=\begin{cases}0, & x<0\\ x, & x\geqslant 0\end{cases}$	$f'(x)=\begin{cases}0, & x<0\\ 1, & x\geqslant 0\end{cases}$	$[0,\infty)$	C^{0}
带泄露线性整流函数（Leaky ReLU）	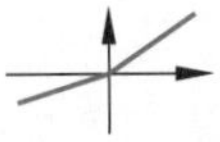	$f(x)=\begin{cases}0.01x, & x<0\\ x, & x\geqslant 0\end{cases}$	$f'(x)=\begin{cases}0.01, & x<0\\ 1, & x\geqslant 0\end{cases}$	$(-\infty,\infty)$	C^{0}
参数化线性整流函数（PReLU）	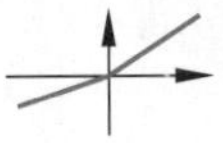	$f(\alpha,x)=\begin{cases}\alpha x, & x<0\\ x, & x\geqslant 0\end{cases}$	$f'(\alpha,x)=\begin{cases}\alpha, & x<0\\ 1, & x\geqslant 0\end{cases}$	$(-\infty,\infty)$	C^{0}
带泄露随机线性整流函数（RReLU）	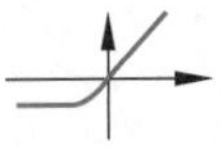	$f(\alpha,x)=\begin{cases}\alpha x, & x<0\\ x, & x\geqslant 0\end{cases}$	$f'(\alpha,x)=\begin{cases}\alpha, & x<0\\ 1, & x\geqslant 0\end{cases}$	$(-\alpha,\infty)$	C^{0}
指数线性函数（ELU）	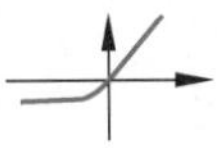	$f(\alpha,x)=\begin{cases}\alpha(e^{x}-1), & x<0\\ x, & x\geqslant 0\end{cases}$	$f'(\alpha,x)=\begin{cases}f(\alpha,x)+\alpha, & x<0\\ 1, & x\geqslant 0\end{cases}$	$(-\infty,\infty)$	$\begin{cases}C^{1}, & 当\ \alpha=1\ 时\\ C^{0}, & 其他\end{cases}$
S 型线性整流激活函数（SReLU）		$f_{t_l,a_l,t_r,a_r}(x)=\begin{cases}t_l+a_l(x-t_l), & x\leqslant t_l\\ x, & t_l<x<t_r\\ t_r+a_r(x-t_r), & x\geqslant t_r\end{cases}$	$f'(\alpha,x)=\lambda\begin{cases}\alpha e^{x}, & x<0\\ 1, & x\geqslant 0\end{cases}$	$(-\lambda\alpha,\infty)$	C^{0}

续表

名　称	函数图形	方程式	导　数	区　间	连续性阶数
反平方根线性函数(ISRLU)		$f(x)=\begin{cases}\dfrac{x}{\sqrt{1+\alpha x^2}}, & x<0\\ x, & x\geqslant 0\end{cases}$	$f'(x)=\begin{cases}\left(\dfrac{1}{\sqrt{1+\alpha x^2}}\right)^3, & x<0\\ 1, & x\geqslant 0\end{cases}$	$\left(-\dfrac{1}{\sqrt{a}},\infty\right)$	C^2
自适应分段线性函数(APL)		$f(x)=\max(0,x)+\sum\limits_{s=1}^{S}(a_i^s\max(0,-x+b_i^s))$	$f'(x)=H_{(x)}-\sum\limits_{s=1}^{S}a_i^sH(-x+b_i^s)$	$(-\infty,\infty)$	C^0
SoftPlus 函数	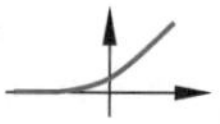	$f(x)=\ln(1+e^x)$	$f'(x)=\dfrac{1}{1+e^{-x}}$	$(0,\infty)$	C^∞
弯曲恒等函数	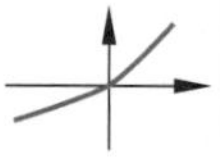	$f(x)=\dfrac{\sqrt{x^2+1}-1}{2}+x$	$f'(x)=\dfrac{x}{2\sqrt{x^2+1}}+1$	$(-\infty,\infty)$	C^∞
Sigmoid-weighted linear unit (SiLU)		$f(x)=x\cdot\sigma(x)$	$f'(x)=f(x)+\sigma_{(x)}(1-f(x))$	$[\approx-0.28,\infty)$	C^∞
SoftExponential 函数		$f(\alpha,x)=\begin{cases}-\dfrac{\ln(1-\alpha(x+\alpha))}{\alpha}, & \alpha<0\\ x, & \alpha=0\\ \dfrac{e^{x^2}-1}{\alpha}+\alpha, & \alpha>0\end{cases}$	$f'(\alpha,x)=\begin{cases}\dfrac{1}{1-\alpha(\alpha+x)}, & \alpha<0\\ e^{\alpha x}, & \alpha\geqslant 0\end{cases}$	$(-\infty,\infty)$	C^∞
正弦函数	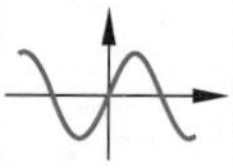	$f(x)=\sin x$	$f'(x)=\cos x$	$[-1,1]$	C^∞
Sinc 函数	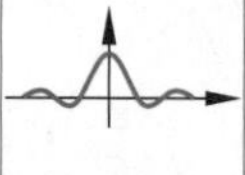	$f(x)=\begin{cases}1, & x=0\\ \dfrac{\sin x}{x}, & x\neq 0\end{cases}$	$f'(x)=\begin{cases}0, & x=0\\ \dfrac{\cos x}{x}-\dfrac{\sin x}{x^2}, & x\neq 0\end{cases}$	$[\approx-0.217\,234,1]$	C^∞
高斯函数	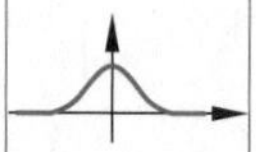	$f(x)=e^{-x^2}$	$f'(x)=-2xe^{-x^2}$		

A.5　损失函数

在最优化、统计学、计量经济学、决策论、机器学习和计算神经科学的领域中，损失函数或成本函数是指一种将一个事件（在一个样本空间中的一个元素）映射到一个表达与其事件相关的经济成本或机会成本实数上的一种函数，借此直观表示成本与事件的关联。一个最佳化问题的目标是将损失函数最小化。一个目标函数通常为一个损失函数的本身或者其负值。当一个目标函数为损失函数的负值时，目标函数的值寻求最大化。

（1）0-1 损失函数（Zero-One Loss）：

$$L(Y,f(X))=\begin{cases}1, & Y\neq f(X)\\ 0, & Y=f(X)\end{cases} \tag{A-1}$$

（2）平方损失函数（Quadratic Loss Function）：

$$L(Y,f(X))=(Y-f(X))^2 \tag{A-2}$$

（3）绝对损失函数（Absolute Loss Function）：

$$L(Y,f(X))=|Y-f(x)| \tag{A-3}$$

（4）对数损失函数（Logarithmic Loss Function）：

$$L(Y,P(Y\mid X))=-\log P(Y\mid X) \tag{A-4}$$

（5）二元交叉熵损失函数（Binary Cross-Entropy Loss Function）

$$L=-\frac{1}{N}\left[\sum_{i=1}^{N}t_i\log(P_i)+(1-t_i)\log(1-P_i)\right] \tag{A-5}$$

上述公式中，N 表示样本总量；t_i 是样本 i 的标签（0 或 1）；P_i 是模型预测样本 i 的 Softmax 概率。

A.6　误差反向传播

反向传播是误差反向传播的简称，是一种与最优化方法（如梯度下降法）结合使用的，用来训练人工神经网络的常见方法。该方法对网络中所有权重计算损失函数的梯度。这个梯度会反馈给最优化方法，用来更新权值以最小化损失函数。

反向传播要求有对每个输入值想得到的已知输出，来计算损失函数梯度，因此，它通常被认为是一种有监督式学习方法，虽然它也用在一些无监督网络（如自动编码器）中。它是多层前馈网络的 Delta 规则的推广，可以用链式法则对每层迭代计算梯度。反向传播要求人工神经元（或节点）的激活函数可微分。

反向传播算法（BP 算法）主要由两个阶段组成：激励传播与权重更新。

1. 激励传播

每次迭代中的传播环节包含两步：（前向传播阶段）将训练输入送入网络以获得激励响应；（反向传播阶段）将激励响应同训练输入对应的目标输出求差，从而获得输出层和隐藏层的响应误差。

2. 权重更新

对于每个突触上的权重，按照以下步骤进行更新：

（1）将输入激励和响应误差相乘，从而获得权重的梯度。

（2）将这个梯度乘以一个比例并取反后加到权重上。

这个比例（百分比）将会影响训练过程的速度和效果，因此称为训练因子。梯度的方向指明了误差扩大的方向，因此在更新权重时需要对其取反，从而减小权重引起的误差。

这两个阶段可以反复循环迭代，直到网络对输入的响应达到满意的预定目标范围为止。

A.7 参数更新

神经网络学习的目的是找到使损失函数的值尽可能小的参数。这是寻找最优参数的问题，解决这个问题的过程称为最优化（Optimization）。遗憾的是，神经网络的最优化问题非常难。这是因为参数空间非常复杂，无法轻易找到最优解（无法使用通过解数学式就求得最小值的方法），而且，在深度神经网络中，参数的数量非常庞大，从而导致最优化问题更加复杂。

随机梯度下降法（SGD）的算法见表 A-2。

表 A-2　随机梯度下降法(SGD)的算法

Require：学习率 η 和初始参数 Θ
repeat
从训练集中选择 m 个样本 $\{x^{(1)},x^{(2)},\cdots,x^{(m)}\}$，其中 $x^{(i)}$ 所对应的目标为 $y^{(i)}$；
梯度计算：$g \leftarrow \nabla_{\Theta} \sum_{i} L(f(x^{(i)};\Theta),y^{(i)})/m$；
参数更新：$\Theta \leftarrow \Theta - \eta g$。
until 达到收敛条件

使用动量的随机梯度下降法的算法见表 A-3。

表 A-3　使用动量的随机梯度下降法的算法

Require：学习率 η，动量参数 α，初始参数 Θ 和初始速度 v
repeat
从训练集中选择 m 个样本 $\{x^{(1)},x^{(2)},\cdots,x^{(m)}\}$，其中 $x^{(i)}$ 所对应的目标为 $y^{(i)}$；
梯度计算：$g \leftarrow \nabla_{\Theta} \sum_{i} L(f(x^{(i)};\Theta),y^{(i)})/m$；
速度更新：$\nu \leftarrow \alpha\nu - \eta g$；
参数更新：$\Theta \leftarrow \Theta + \nu$。
until 达到收敛条件

AdaGrad 算法见表 A-4。

表 A-4　AdaGrad 算法

Require：学习率 η，初始参数 Θ 和小常数 $\delta=10^{-7}$，初始化梯度累计变量 $r=0$
repeat
从训练集中选择 m 个样本 $\{x^{(1)},x^{(2)},\cdots,x^{(m)}\}$，其中 $x^{(i)}$ 所对应的目标为 $y^{(i)}$；
梯度计算：$g \leftarrow \nabla_{\Theta} \sum_{i} L(f(x^{(i)};\Theta),y^{(i)})/m$；
梯度累计：$r \leftarrow r + g \odot g$(每个元素逐一相乘)；
参数更新：$\Theta \leftarrow \Theta - \frac{\eta}{\sqrt{\delta + r}} \odot g$(每个元素应用除法和求平方根)。
until 达到收敛条件

RMSProp 算法见表 A-5。

表 A-5　RMSProp 算法

Require：学习率 η，初始参数 Θ，小常数 $\delta>0$ 和衰减速率 $\rho>0$，初始化累计变量 $r=0$
repeat
从训练集中选择 m 个样本 $\{x^{(1)},x^{(2)},\cdots,x^{(m)}\}$，其中 $x^{(i)}$ 所对应的目标为 $y^{(i)}$；
梯度计算：$g\leftarrow\nabla_{\Theta}\sum_{i}L(f(x^{(i)};\Theta),y^{(i)})/m$；
累计平方梯度：$r\leftarrow\rho r+(1-\rho)g\odot g$（每个元素逐一操作）；
参数更新：$\Theta\leftarrow\Theta-\frac{\eta}{\sqrt{\delta+r}}\odot g$（每个元素逐一应用）。
until 达到收敛条件

A.8　模型优化

机器学习中，过拟合是一个很常见的问题。过拟合只能拟合训练数据，但不能很好地拟合不包含在训练数据中的其他数据的状态。机器学习的目标是提高泛化能力，即使没有包含在训练数据里的未观测数据，也希望模型可以正确地识别。虽然机器学习可以制作复杂的、表现力强的模型，但是相应地，抑制过拟合的技巧也很重要。

1. 过拟合

在统计学中，过拟合（Overfitting，或称拟合过度）指过于紧密或精确地匹配特定数据集，以至于无法良好地拟合其他数据或预测未来观察结果的现象。过拟合模型指的是相较有限的数据而言，参数过多或者结构过于复杂的统计模型。发生过拟合时，模型的偏差小而方差大。过拟合的本质是训练算法从统计噪声中不自觉地获取信息并表达在模型结构的参数中。相较用于训练的数据总量来讲，一个模型只要结构足够复杂或参数足够多，就可以完美地适应数据。过拟合一般可以视为违反奥卡姆剃刀原则。

与过拟合相对应的概念是欠拟合（Underfitting，或称拟合不足），指相较于数据而言，模型参数过少或者模型结构过于简单，以至于无法捕捉到数据中有规律的现象。发生欠拟合时，模型的偏差大而方差小。

之所以存在过拟合的可能，是因为选择模型的标准和评价模型的标准是不一致的。举例来讲，选择模型时往往选取在训练数据上表现得最好的模型，但评价模型时则是观察模型在训练过程中不可见数据上的表现。当模型尝试“记住”训练数据而非从训练数据中学习规律时，就可能发生过拟合。一般来讲，当参数的自由度或模型结构的复杂度超过数据所包含信息内容时，拟合后的模型可能使用任意多的参数，这会降低或破坏模型泛化的能力。

在统计学习和机器学习中，为了避免或减轻过拟合现象，需要使用额外的技巧，如模型选择、交叉验证、提前停止、正则化、剪枝、贝叶斯信息量准则、赤池信息量准则或 DropOut。在 Treatment Learning 中，使用最小最佳支持值（Minimum Best Support Value）来避免过拟合。这些方法大致可分为两类：一类是对模型的复杂度进行惩罚，从而避免产生过于复杂的模型；另一类是在验证数据上测试模型的效果，从而模拟模型在实际工作环境数据上的表现。

2. 正则化

在数学与计算机科学中，尤其是在机器学习和逆问题领域中，正则化（Regularization）指为解决适定性或过拟合问题而加入额外信息的过程，正则项往往被加在目标函数中。

在机器学习的训练过程中，要找到一个足够好的函数 F^* 用于在新的数据上进行推理。为了定义什么是“好”，人们引入了损失函数的概念。一般地，对于样本 (x, y) 和模型 F，有预测值 $\hat{y}=F(x)$。损失函数是定义在 $\mathbf{R}\times\mathbf{R}\to\mathbf{R}$ 上的二元函数 $l(y, \hat{y})$，用来描述基准真相和模型预测值之间的差距。一般来讲，损失函数是一个有下确界的函数；当基准真相和模型预测值足够接近时，损失函数的值也会接近该下确界。

因此，机器学习的训练过程可以被转换为训练集$\mathcal{D}$上的最小化问题。目标是在泛函空间内，找到使全局损失 $L(F)=\sum_{i\in\mathcal{D}} l(y_i, \hat{y}_i)$ 最小的模型 F^*，$F^* := \arg\min_F L(F)$。由于损失函数只考虑在训练集上的经验风险，这种做法可能会导致过拟合。为了对抗过拟合，需要向损失函数中加入描述模型复杂程度的正则项 $\Omega(F)$，将经验风险最小化问题转换为结构风险最小化问题，$F^* := \arg\min_F \mathrm{Obj}(F)=\arg\min_F (L(F)+\gamma\Omega(F))$，其中，$\mathrm{Obj}(F)$ 称为目标函数，用于描述模型的结构风险；$L(F)$是训练集上的损失函数；$\Omega(F)$是正则项，用于描述模型的复杂程度；γ 是用于控制正则项重要程度的参数，$\gamma>0$。正则项通常包括对光滑度及向量空间内范数上界的限制，L_p 范数是一种常见的正则项。

从贝叶斯学派的观点来看，正则项是在模型训练过程中引入了某种模型参数的先验分布。

3. DropOut

DropOut 是谷歌公司提出的一种正则化技术，用以在人工神经网络中对抗过拟合，它能够避免在训练数据上产生复杂的相互适应。DropOut 这个术语指在神经网络中丢弃的神经元（包括隐藏神经元和可见神经元）。在训练阶段，DropOut 使每次迭代只有部分网络结构得到更新，是一种高效的神经网络模型平均化的方法。